U0544389

"十三五"国家重点出版物出版规划项目

知识产权经典译丛（第5辑）

国家知识产权局专利局复审和无效审理部◎组织编译

日本专利申请的中间手续概要（第4版）

［日］大贯进介◎著

张小珣◎译

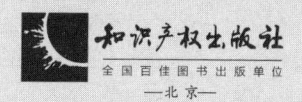

知识产权出版社
全国百佳图书出版单位
——北京——

© 2016 OHNUKI Shinsuke

图书在版编目（CIP）数据

日本专利申请的中间手续概要：第 4 版/（日）大贯进介著；张小珣译. —北京：知识产权出版社，2020.1

ISBN 978-7-5130-6553-5

Ⅰ.①日… Ⅱ.①大…②张… Ⅲ.①专利申请—手续—日本 Ⅳ.①G306.3

中国版本图书馆 CIP 数据核字（2019）第 232834 号

内容提要

本书基于原作者 30 余年从事专利业的经历，从应当如何取得可进行权利行使的专利权的角度出发，对日本专利申请的中间手续做了全方位、系统性、概要式解说，以期为中国专利申请人及代理人办理相关事务提供颇具实用性的参考。

责任编辑：卢海鹰　可　为	责任校对：谷　洋
装帧设计：卢海鹰　可　为	责任印制：刘译文

知识产权经典译丛

国家知识产权局专利局复审和无效审理部组织编译

日本专利申请的中间手续概要（第 4 版）

[日] 大贯进介　著

张小珣　译

出版发行：知识产权出版社有限责任公司	网　　址：http://www.ipph.cn
社　　址：北京市海淀区气象路 50 号院	邮　　编：100081
责编电话：010-82000860 转 8335	责编邮箱：keweicoca@163.com
发行电话：010-82000860 转 8101/8102	发行传真：010-82000893/82005070/82000270
印　　刷：三河市国英印务有限公司	经　　销：各大网上书店、新华书店及相关专业书店
开　　本：720mm×1000mm　1/16	印　　张：21.25
版　　次：2020 年 1 月第 1 版	印　　次：2020 年 1 月第 1 次印刷
字　　数：390 千字	定　　价：120.00 元
ISBN 978-7-5130-6553-5	
京权图字：01-2019-7106	

出版权专有　侵权必究
如有印装质量问题，本社负责调换。

《知识产权经典译丛》
编审委员会

主　任　申长雨

副主任　贺　化

编　审　葛　树　　诸敏刚

编　委　（按姓名笔画为序）

　　　　　马　昊　　王润贵　　卢海鹰　　朱仁秀

　　　　　任晓兰　　刘　铭　　汤腊冬　　李　越

　　　　　李亚林　　杨克非　　高胜华　　董　琤

　　　　　温丽萍　　樊晓东

总　序

当今世界，经济全球化不断深入，知识经济方兴未艾，创新已然成为引领经济发展和推动社会进步的重要力量，发挥着越来越关键的作用。知识产权作为激励创新的基本保障，发展的重要资源和竞争力的核心要素，受到各方越来越多的重视。

现代知识产权制度发端于西方，迄今已有几百年的历史。在这几百年的发展历程中，西方不仅构筑了坚实的理论基础，也积累了丰富的实践经验。与国外相比，知识产权制度在我国则起步较晚，直到改革开放以后才得以正式建立。尽管过去三十多年，我国知识产权事业取得了举世公认的巨大成就，已成为一个名副其实的知识产权大国。但必须清醒地看到，无论是在知识产权理论构建上，还是在实践探索上，我们与发达国家相比都存在不小的差距，需要我们为之继续付出不懈的努力和探索。

长期以来，党中央、国务院高度重视知识产权工作，特别是十八大以来，更是将知识产权工作提到了前所未有的高度，作出了一系列重大部署，确立了全新的发展目标。强调要让知识产权制度成为激励创新的基本保障，要深入实施知识产权战略，加强知识产权运用和保护，加快建设知识产权强国。结合近年来的实践和探索，我们也凝练提出了"中国特色、世界水平"的知识产权强国建设目标定位，明确了"点线面结合、局省市联动、国内外统筹"的知识产权强国建设总体思路，奋力开启了知识产权强国建设的新征程。当然，我们也深刻地认识到，建设知识产权强国对我们而言不是一件简单的事情，它既是一个理论创新，也是一个实践创新，需要秉持开放态度，积极借鉴国外成功经验和做法，实现自身更好更快的发展。

自 2011 年起，国家知识产权局专利复审委员会*携手知识产权出版社，每年有计划地从国外遴选一批知识产权经典著作，组织翻译出版了《知识产权经典译丛》。这些译著中既有涉及知识产权工作者所关注和研究的法律和理论问题，也有各个国家知识产权方面的实践经验总结，包括知识产权案

---

* 编者说明：根据 2018 年 11 月国家知识产权局机构改革方案，专利复审委员会更名为专利局复审和无效审理部。

件的经典判例等，具有很高的参考价值。这项工作的开展，为我们学习借鉴各国知识产权的经验做法，了解知识产权的发展历程，提供了有力支撑，受到了业界的广泛好评。如今，我们进入了建设知识产权强国新的发展阶段，这一工作的现实意义更加凸显。衷心希望专利复审委员会和知识产权出版社强强合作，各展所长，继续把这项工作做下去，并争取做得越来越好，使知识产权经典著作的翻译更加全面、更加深入、更加系统，也更有针对性、时效性和可借鉴性，促进我国的知识产权理论研究与实践探索，为知识产权强国建设作出新的更大的贡献。

当然，在翻译介绍国外知识产权经典著作的同时，也希望能够将我们国家在知识产权领域的理论研究成果和实践探索经验及时翻译推介出去，促进双向交流，努力为世界知识产权制度的发展与进步作出我们的贡献，让世界知识产权领域有越来越多的中国声音，这也是我们建设知识产权强国一个题中应有之意。

2015 年 11 月

作者简介

[日] 大贯进介（Shinsuke OHNUKI）

现职：日本伊东国际专利事务所高级副所长 日本专利商标代理人　特定侵害诉讼代理人

简历：1973 年　　　　东京都立国立高等学校毕业
　　　1980 年　　　　电气通信大学物理工学专业毕业
　　　1980~1988 年　 竹内法律专利事务所
　　　1984 年　　　　日本专利商标代理人注册（9121）
　　　1988~2001 年　 摩托罗拉日本　知识产权部部长
　　　2001 至今　　　伊东国际专利事务所　高级副所长
　　　2004　　　　　 特定侵害诉讼代理业务附记注册

学术成果：
《美国专利说明书的撰写方法》［社团法人发明协会］合著
《日本专利说明书的撰写方法》［财团法人经济产业调查会］合著
《知识产权案例集（1）~（4）》［社团法人发明协会］合著
《知识产权关键词词典》合著
《关于理想的说明书的调查研究》财团法人知识产权研究所合著
《知财管理》等杂志上发表的多篇论文

所属团体：日本专利商标代理人协会
　　　　　国际保护知识产权协会
　　　　　日本工业所有权法学会

使用语言：日语、英语、汉语

前　言

　　作为古代四大发明的指南针、火药、造纸术及印刷术均为中国发明的技术。近些年作为发明大国的中国所受理的专利申请件数正在飞速增长，发明专利申请件数于 2015 年已突破 100 万件，现今的中国已成为世界第一的专利大国。同时，从中国向日本提出的专利申请件数也在逐年增加。作为本书中文版的出版初衷，正是希望能在该背景下为中国专利申请人及中国专利代理人提供一本针对日本专利申请的中间手续进行系统性解说的实用书籍。

　　本人从事企业内发明发掘乃至专利权取得、针对无效主张的防御、许可及侵权诉讼等权利行使等各阶段专利业务已 30 年有余。基于上述自身经验深知中间手续业务的重要性，因此从应当如何取得可进行权利行使的专利权的角度出发，撰写了日文版原著并根据日本法律的最新修订数次再版。

　　本人从个人角度对中国及汉语也抱有极大兴趣，并且一直在努力学习汉语。此次承蒙中国知识产权出版社方面的支持和帮助使中文版得以出版，本人不胜欣喜并深表感谢。另外，在此对本书的译者张小珣先生也再次表示感谢。

　　希望在本书中解说的内容能够为中国读者的日本专利申请中间手续实务提供借鉴参考。同时也期待各方专家及各位读者对本书中文版给予批评指正，联系方式：ohnuki@ itohpat. co. jp。

日本专利商标代理人
大贯进介
2018 年 8 月

目　　录

第Ⅰ部　序　言

第1章　序章 ·· 3
  1.1　专利申请审查程序的流程和答复 ··· 3
  1.2　由审查员进行的审查（法第47条） ··· 4
  1.3　实质审查的请求（法第48条之3） ··· 6
  1.4　加快审查制度 ··· 8
  1.5　驳回理由通知书（法第50条） ··· 11
  1.6　补正书（法第17条） ··· 15
  1.7　意见书 ·· 18
  1.8　其他 ··· 20

第Ⅱ部　针对驳回理由通知书的答复

第2章　新颖性（法第29条第1款各项） ·· 23
  2.1　法第29条第1款各项的规定和解释 ·· 23
  2.2　新颖性的判断步骤（出版物记载发明的情况） ·························· 26
  2.3　针对缺乏新颖性的驳回理由通知书的答复 ······························· 37
  2.4　不丧失新颖性的例外（法第30条） ······································· 38
第3章　创造性（法第29条第2款） ·· 39
  3.1　法第29条第2款的规定和解释 ·· 39
  3.2　创造性的判断步骤 ··· 40
  3.3　否定创造性方面的要素 ·· 45
  3.4　肯定创造性方面的要素 ·· 48

3.5　关于功能性权利要求的创造性等的处理 ·················· 52
　　3.6　关于用途限定权利要求的创造性等的处理 ·················· 53
　　3.7　关于构件权利要求的创造性等的处理 ······················ 53
　　3.8　关于方法限定产品权利要求的创造性等的处理 ············ 54
　　3.9　关于数值限定权利要求的创造性等的处理 ·················· 55
　　3.10　关于选择发明的创造性等的处理 ·························· 56
　　3.11　关于创造性判断的注意事项 ······························ 56
　　3.12　针对缺乏创造性的驳回理由通知书的答复 ················ 58
　　3.13　非战略性的普通意见书 ·································· 86
　　3.14　战略性的意见书 ·· 90
　　3.15　战略性的补正书 ·· 104
　　3.16　其他注意事项 ·· 112

第 4 章　说明书等的记载缺陷（法第 36 条）·················· 114
　　4.1　可实施要件（法第 36 条第 4 款第 1 项）·················· 114
　　4.2　说明书的委任省令要件（法第 36 条第 4 款第 1 项）······ 126
　　4.3　现有技术文献信息公开要件（法第 36 条第 4 款第 2 项）··· 127
　　4.4　支持要件（法第 36 条第 6 款第 1 项）···················· 130
　　4.5　清楚性要件（法第 36 条第 6 款第 2 项）·················· 138
　　4.6　简洁性要件（法第 36 条第 6 款第 3 项）·················· 150
　　4.7　权利要求书的委任省令要件（法第 36 条第 6 款第 4 项）···· 151
　　4.8　关于针对权利要求书的记载缺陷的应对的注意事项 ·········· 153

第 5 章　发明的单一性（法第 37 条）························ 154
　　5.1　法第 37 条的规定及解释 ·································· 154
　　5.2　发明的单一性的判断 ···································· 156
　　5.3　发明单一性的基本判断类型 ······························ 160
　　5.4　审查对象的确定步骤 ···································· 162
　　5.5　特别技术特征的发现步骤的具体说明 ······················ 164
　　5.6　权利要求 1 具有特别技术特征的情况下的审查对象 ········ 166
　　5.7　权利要求 1 以外的权利要求具有特别技术特征的情况下的
　　　　审查对象 ·· 167
　　5.8　未发现特别技术特征的情况下的审查对象 ·················· 168
　　5.9　特定情况下的"相同或对应的特别技术特征"的判断类型 ····· 169
　　5.10　针对违反单一性的驳回理由通知书的应对 ················· 170

5.11　关于发明单一性的注意事项 ·· 174

第6章　不属于发明的客体以及产业上的可利用性
（法第29条第1款主段）··· 176

6.1　法第29条第1款主段的规定和解释 ······································· 176
6.2　"不属于发明的客体"的类型及应对 ······································· 177
6.3　计算机软件相关发明及应对 ·· 183
6.4　不满足"产业上的可利用性"要件的类型及应对 ······················ 185
6.5　针对不具备"不属于发明的客体"及"产业上的可利用性"
要件的驳回理由通知书的应对 ··· 192

第7章　先申请原则（法第39条）··· 194
7.1　法第39条的规定及解释 ·· 194
7.2　在先在后申请的判断对象 ·· 195
7.3　不会构成在先申请的申请 ·· 196
7.4　在先在后申请的申请日 ··· 198
7.5　发明的相同性的判断手法 ·· 199
7.6　关于先申请原则要件的判断手法 ·· 200
7.7　对于具有特定表述的权利要求等的处理 ································· 203
7.8　针对先申请原则的驳回理由通知书的应对 ······························ 204

第8章　抵触申请（法第29条之2）······································ 206
8.1　法第29条之2的规定和解释 ·· 206
8.2　抵触申请规定适用的判断 ·· 208
8.3　与法第39条的先申请原则规定的不同点 ································ 213
8.4　针对抵触申请的驳回理由通知书的应对 ································· 213

第Ⅲ部　修改、分案、复审等

第9章　修改的要件（法第17条之2）·································· 217
9.1　修改的时机要件 ··· 217
9.2　修改的实体要件 ··· 220
9.3　修改手续上的注意事项 ··· 222

第10章　超范围增加新内容修改（法第17条之2第3款）······· 224
10.1　超范围增加新内容修改的规定和要旨 ·································· 224
10.2　超范围新内容的基本判断方法 ·· 225

— 3 —

10.3 超范围新内容的具体判断手法 ·· 225
10.4 权利要求书的修改类型 ·· 227
10.5 说明书的修改的类型 ··· 230
10.6 附图的修改 ·· 232
10.7 申请人方的说明 ·· 232
10.8 超范围增加新内容修改的处理 ··· 233
10.9 针对超范围增加新内容的驳回理由通知书的应对 ···················· 233

第 11 章　技术特征变更修改（法第 17 条之 2 第 4 款） ·············· 235
11.1 技术特征变更修改的规定和要旨 ·· 235
11.2 基本的判断方法 ·· 236
11.3 修改前的权利要求 1 具有特别技术特征的情况下的修改后的审查对象（参见＜例 1 ＞） ··· 238
11.4 修改前的权利要求 1 以外的权利要求具有特别技术特征的情况下的修改后的审查对象（参见＜例 2 ＞） ·· 239
11.5 在修改前的特别技术特征发现步骤中未发现特别技术特征的情况下的修改后的审查对象（参见＜例 3 ＞） ·· 241
11.6 关于技术特征变更修改的注意事项 ······································· 243
11.7 关于技术特征变更修改的处理 ··· 245
11.8 关于技术特征变更修改的应对 ··· 245

第 12 章　目的外修改（法第 17 条之 2 第 5 款） ······················· 247
12.1 法第 17 条之 2 第 5 款的规定和要旨 ·································· 247
12.2 权利要求的删除（法第 17 条之 2 第 5 款第 1 项） ·············· 249
12.3 权利要求书的限定性缩小（法第 17 条之 2 第 5 款第 2 项及第 6 款） ··· 249
12.4 笔误的订正（法第 17 条之 2 第 5 款第 3 项） ···················· 253
12.5 不清楚记载的澄清（法第 17 条之 2 第 5 款第 4 项） ·········· 254
12.6 目的外修改的处理 ··· 256
12.7 关于目的外修改的应对 ·· 257
12.8 各审查阶段下的非法修改的通常的处理 ································ 260

第 13 章　分案申请（法第 44 条） ··· 261
13.1 分案申请制度的规定和概要 ·· 261
13.2 关于分案申请的要件 ·· 264
13.3 分案申请的手续 ·· 268

13.4　分案申请的效果 …………………………………………… 270
　13.5　分案申请的有效利用 ………………………………………… 272
　13.6　关于分案申请的注意事项 …………………………………… 273

第 14 章　复审（法第 121 条） ………………………………………… 277
　14.1　复审制度的规定和要旨 ……………………………………… 277
　14.2　可提出复审请求的人 ………………………………………… 277
　14.3　可提出复审请求的时机 ……………………………………… 278
　14.4　复审请求的手续 ……………………………………………… 279
　14.5　前置审查 ……………………………………………………… 280
　14.6　由复审合议组进行的审理 …………………………………… 282
　14.7　复审决定 ……………………………………………………… 290
　14.8　复审的有效利用及注意事项 ………………………………… 291

第 15 章　与审查员等的会晤 …………………………………………… 294
　15.1　会晤的参加人和会晤要求 …………………………………… 294
　15.2　会晤的对象、时机及地点 …………………………………… 295
　15.3　会晤的内容 …………………………………………………… 295
　15.4　会晤的效果 …………………………………………………… 295
　15.5　关于会晤的注意事项 ………………………………………… 296

原版用语索引 ……………………………………………………………… 298
原版条文索引 ……………………………………………………………… 308
原版判例索引 ……………………………………………………………… 316
原版专栏索引 ……………………………………………………………… 323
译者后记 …………………………………………………………………… 326

第Ⅰ部

序　言

专利（如无特别说明，本书中的"专利"特指发明专利）申请的"中间手续"或"中间处理"一般是指专利申请人从提出专利申请之后至收到授权通知书或授权复审决定或者驳回决定或维持驳回复审决定期间针对日本特许厅所进行的权利取得手续。专利申请人付出高额的手续费提出专利申请并取得专利权的本来目的是通过行使针对要保护的发明所取得的专利权来获得经济利益。即使取得了专利权，如果无法行使权利或难以行使权利，则高额的付出也会变成徒劳。因此，中间手续不得不考虑权利行使的可能性来进行。作为第Ⅱ部的导入篇，第Ⅰ部将对收到驳回理由通知书之前阶段的中间手续以及驳回理由通知书、补正书和意见书的概要进行说明。

第 *1* 章
序　章

1.1　专利申请审查程序的流程和答复

（1）图 1-1 示出了申请审查程序的典型流程和答复。

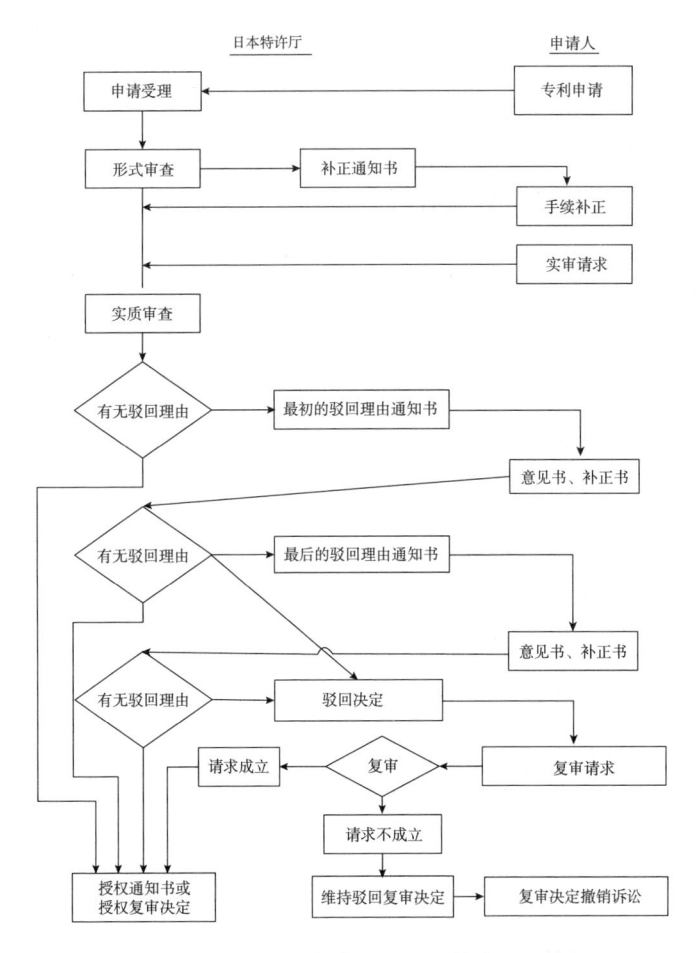

图 1-1　日本专利申请审查程序的流程和答复

（2）每件专利申请中的发明原则上各有不同，从日本特许厅收到的驳回理由通知书也各有不同。因此，作为这些不同发明和通知书组合的中间手续案件的内容也往往不同，针对每次新内容的案件进行分析并最终能够进行处理答复的中间处理业务是一种包含无尽乐趣的工作。另外，专利法（下称"法"）、专利法施行规则（下称"施行规则"）、发明实用新型审查基准（下称"审查基准"）等规定频繁修订，经常需要遵循最新的规则进行答复，并且在专利权取得处理中不仅需要考虑权利取得，还需要考虑权利行使。这虽然是中间手续的难点，但也是乐趣点。希望读者能灵活运用从本书或多或少所得到的知识，享受中间手续处理业务中的乐趣。

1.2　由审查员进行的审查（法第47条）

（1）向日本特许厅提出专利申请后请求就专利申请的实质性要件的审查（实质审查）是由一名特许厅审查员进行（法第47条第1款）。特许厅审查员的资格由政令（专利法施行令第12条）规定（法第47条第2款）。具体来说，审查员所进行的审查行为是现有技术检索、关于专利要件的分析判断、驳回理由的通知（法第50条）、修改不予接受的决定（法第53条）、驳回决定（法第49条）、授权通知书（法第51条）等的发文以及与申请人或代理人之间的会晤等。因此，申请人的中间手续的对手方基本上是特许厅审查员［复审中的审理由特许厅复审审查员的合议组进行（法第136条）］。

（2）审查员在对专利申请进行审查时，依据法、施行规则、审查基准对专利申请是否具备专利要件（法第49条）进行判断。审查业务执行中所需的手续性事项等被体系性地整理成发明实用新型审查手册（下称"手册"）。虽然这样能确保审查中的判断及手续的客观性，但审查员也是人，现实中有时也会因审查员的个性使得审查的判断或手续在一定程度上产生变动。因此，对于驳回理由通知书中所记载的审查员姓名也进行留意并针对相应的审查员进行应对也是一种策略。说句题外话，笔者认为由日本特许厅的审查员所进行的审查的同质性、审查的质量及逻辑性以及审查速度与其他各国专利局审查员相比水平还是很高的。

申请人方在针对审查员的判断进行答复时,除了上述法源❶外,还可以参考由日本特许厅复审审查员所作出的复审案例以及由知识产权高等法院所作出的复审决定撤销诉讼的判决案例等。

中间手续的法源

- 法令(法律和命令)　法、施行规则、表格〔注意事项〕等
- 审查基准等　审查基准、手册、各种指南或便览
- 复审决定及判决案例　特许厅复审决定、知识产权高等法院判决等

---

(3)审查基准

① 审查基准的性质

发明实用新型审查基准示出了在专利要件审查中作为审查员的基本想法,其对于申请人来讲被广泛用作中间手续等的指针。但是其仅仅是以帮助特许厅确保其针对专利申请是否适合专利法所规定的专利要件特许厅所进行的判断的公平性、合理性为目的而制定的判断基准。其并不是行政手续法第5条中所说的作为"审查基准"而规定的基准(该条的规定由法第195条之3被适用除外),并不是法律规范。

★对于适用于本案专利申请的发明实用新型审查基准中专利法的……规定的解释内容是否是具体地作为基准而被规定的,其并不影响(法规定的)解释〔知识产权高等法院平成17年(行ケ)第10042号〔偏光薄膜的制造法案〕〕。

② 审查基准

在以往的审查基准的表述中,存在对于专利申请人(或代理人)来说很难理解的表述。其原因是,审查基准不但采用了对于例外的情况也适合的相当严格(较为啰唆)的表述,而且并不是从为了获得专利权要如何做的角度来记述,而是从在何种情况下应如何驳回专利申请的角度来记述的。2015年对审查基准进行了全面修订,修订后的审查基准变得更加简洁明确。

在本书中,虽然为了对中间手续的方法进行说明而频繁地引用审查基准,但在引用时并非仅仅是抄写,而是尽量通过对表述更清楚地解释、更细致地说

---

❶ "法源"是指一般在适用法律时能够作为法律进行适用的法律形式、特别是法官能够在判决理由处援引其作为判决审判理由的法律形式。在本书中是指在日本特许厅审查、复审程序中能够作为处分决定的理由的依据。

明使初学者也能容易地理解，并且尽量从专利申请人的角度来记述。

1.3 实质审查的请求（法第 48 条之 3）

（1）意义

专利申请的实质审查是在对该专利申请进行了实质审查请求之后开始进行的（法第 48 条之 2）。

在专利申请之中，未必都是希望取得权利，也有仅出于防卫目的用于阻止他人取得权利的申请，另外还有些申请是需要在从专利申请起经过多年后对是否为真正具有专利性的发明或者是否为符合市场需求或技术标准等的发明进行判断的基础上才能了解申请的价值。因此，实质审查请求制度是通过自专利申请之日起的一定期间内使申请人针对真正希望取得权利的专利申请进行实质审查，使特许厅的审查员仅针对进行了实质审查请求的申请进行审查（法第 48 条之 2），从而整体上实现促进审查的制度。

（2）请求主体

实审请求通常是由专利申请人本人进行，但就专利法而言任何人都能够进行（法第 48 条之 3 第 1 款）。如果由其他人进行实审请求，则会通知本人（法第 48 条之 5 第 2 款）。实务中，由他人所进行的实审请求往往与公众意见（施行规则第 13 条之 2）一起提出。

如果提出实审请求并收到驳回理由，之后的修改限制会变得严格，因此针对竞争对手的专利申请尽早地匿名提出实审请求以使其难以有充分的时间对权利要求书的修改进行考虑也是一种策略。

（3）请求期限

实审请求应在专利申请之日起 3 年内提出（法第 48 条之 3 第 1 款）。但是，对于分案申请等，即使自原申请日起超过了 3 年，也能够在自分案申请日起 30 日内提出实审请求（该条第 2 款）。

当未在规定的期间内提出实审请求时，该专利申请会被视为撤回（该条第 4 款），因此申请人需要无疏漏地对实审请求进行期限管理。实审请求手续本身不能撤回（该条第 3 款）。

鉴于日本的实审请求期限针对 2001 年 9 月 30 日之前的专利申请为 7 年以及韩国专利的实审请求期限为 5 年等情况，一般认为日本的实审请求期限从 7 年缩短到 3 年缩短得有些操之过急。现实中在临近专利申请日起 3 年的期限进行实审请求的件数非常多。另外，从 2010 年 4 月 1 日至 2012 年 3 月 31 日的 2

年间临时实施的实审请求费延缓制度带来了与将实审请求期限实质上延长至 4 年同样的效果，因此受到申请人欢迎。

（4）请求费

向日本特许厅缴纳的实审请求手续费原则上为"每 1 件申请 118000 日元加上每 1 项权利要求 4000 日元的金额"（法第 195 条附表）。这样一来，权利要求的个数越多则实审请求手续费就越高。例如，如果权利要求个数为 30 项，则为 238000 日元。经过审查后，如果未发现特别技术特征（STF），如本书第 5 章"发明的单一性"的 5.8 中所述，将仅对权利要求 1 及其串列从属权利要求以及包括权利要求 1 全部特征的权利要求进行审查。假设这些发明仅为权利要求 2 至 10，而原则上不对权利要求 11 至 30 进行审查，因此作为实审请求费所缴纳的费用之中的 80000 日元等于白白浪费。即便针对权利要求 11 至 30 提出分案申请，也需要进一步缴纳作为分案申请的申请手续费的 14000 日元以及作为实审请求手续费的 198000 日元。这样会给申请人带来非常不利的后果，因此在提出实审请求时，最好根据需要对权利要求书进行修改，从特别技术特征的观点将其改成适当的权利要求序列，以使尽量多的权利要求成为审查对象。

专利申请时的平均权利要求数	
2007 年	10.1 项
2008 年	9.8 项
2009 年	9.7 项
2010 年	9.6 项
2011 年	9.7 项
2012 年	9.6 项
2013 年	9.8 项
2014 年	9.5 项
2015 年	10.2 项

（5）修改

在进行实审请求时，最好将权利要求 1 修改成具备新颖性并具有特别技术特征后再提出实审请求。并且，最好使权利要求 1 与其他独立权利要求之间存在相同或对应的特别技术特征。假设审查员会认定权利要求 1 不具有特别技术特征，如果将权利要求 1 的从属权利要求预先修改成串列从属权利要求，则就发明的单一性要件来讲非常有利。另外，最好对于多项引多项形式也加以有效利用。

如果能够预先将权利要求的项数也修改成真正所需的权利要求的项数,则也能够达到降低实审请求费的效果。

(6) 退款请求

从实审请求后到收到审查员发出的首次通知书的期间,在申请被撤回或放弃的情况下,通过自该日起 6 个月内提出退款请求将退回半额的实审请求手续费(法第 195 条第 9 款)。对于已决定进行撤回或放弃手续的申请,最好尽早向日本特许厅提出撤回声明或放弃声明,或者向日本特许厅进行说明以使其停止启动审查。

	审查启动前的撤回或放弃的件数
2007 年	22833 件
2008 年	18724 件
2009 年	33005 件
2010 年	16265 件
2011 年	11989 件
2012 年	8003 件
2013 年	5709 件
2014 年	2662 件
2015 年	3057 件

1.4　加快审查制度

(1) 主旨

专利申请的审查,原则上按照实审请求的顺序进行,现在从实审请求到首次通知书平均需要大约 10 个月。然而,在提出了实审请求的申请中,有希望尽快审查的申请,也有并不希望尽快审查的申请。因此,对于希望尽快审查的申请,存在一种制度,其利用特许厅的运作,在一定的条件下,接受来自申请人的利用情况说明书的申请,从而与通常的申请相比加快进行审查,这便是加快审查制度。

在加快审查制度中,常被利用的有通常的加快审查制度、超级加快审查制度及专利审查高速路(PPH)制度。此外,尽管还存在一种法定的优先审查制度(法第 48 条之 6),但其好像很少被利用。

平均审查时间（首次通知书时间）	
从审查请求到首次的驳回理由通知书或授权通知书所需的平均时间	
2007 年	26.7 个月
2008 年	28.5 个月
2009 年	29.1 个月
2010 年	28.7 个月
2011 年	25.9 个月
2012 年	20.1 个月
2013 年	14.1 个月
2014 年	9.6 个月
2015 年	9.5 个月

（2）通常的加快审查制度

① 对象

对象为满足以下任意一个条件的专利申请：

i）中小企业、个人、大学、公共研究机构等的申请；

ii）外国相关申请；

iii）实施相关申请；

iv）绿色相关申请；

v）地震灾害复兴支援相关申请；

vi）亚洲进驻推进法相关申请。

② 手续

加快审查的申请是通过向日本特许厅提出关于加快审查的情况说明书来进行，并且公开现有技术文献，记载与本发明的对比说明。日本特许厅免手续费。当未能成为加快审查的选定对象时，日本特许厅会发出加快审查非选定通知书。可以修改要件后再次申请。

③ 效果

在被选定的情况下，日本特许厅会发出选定的通知书，或者仅发出驳回理由通知书或授权通知书。2015 年，加快审查申请的件数为 17511 件，自加快审查申请日起平均 2.3 个月会发出首次通知书。

（3）超级加快审查制度

① 对象

对象为"实施相关申请"且"外国相关申请"，并且在申请前 4 周内所进行的所有手续均为电子方式手续的专利申请。

② 手续

向日本特许厅提出关于加快审查的情况说明书，并且公开现有技术文献，记载与本发明的对比说明。日本特许厅免手续费。

③ 效果

自超级加快审查的申请日起1个月以内，日本特许厅会发出首次通知书。要求在30日（外国申请人为2个月）内针对驳回理由通知书进行答复。二次审查以后的等待时间为1个月以内。

如果形式上不符合规定，日本特许厅则会发出超级加快审查非选定通知书，并作为通常的加快审查处理，不能再次申请超级加快审查。

(4) 专利审查高速路制度

PPH是针对要求巴黎公约优先权的专利申请或国际专利申请通过参考最先进行专利申请国家的专利局（首次局）等作出的审查结果来加快进行后续局（日本特许厅）的审查的制度。

① 通常的PPH

通常的PPH是以通过参考首次局的审查结果使得申请人在首次局以外容易地提前取得权利、同时减轻各国专利局的审查负担为目的的制度。

要件：向日本特许厅（后续局）提出要求基于向最先专利申请的外国专利局（首次局）提出的专利申请的优先权的专利申请，在该日本专利申请中存在首次局的审查结果判断为可授予专利的权利要求，日本申请的所有权利要求与被首次局判断为可授权的权利要求的任一项充分对应。

手续：通过提交"关于加快审查的情况说明书"，进行基于PPH的加快审查的申请。根据需要对权利要求书进行修改，以使所有权利要求与被首次局判断为可授权的权利要求的任一项充分对应。在情况说明书中无须记载与现有技术文献发明的对比说明。

② PCT – PPH

该制度是以通过利用国际申请的国际阶段的审查结果从而减轻各国专利局的审查负担为目的的程序，从2010年1月29日开始试行。

要件：提交基于国际申请进行进入日本国家阶段的手续。在国际检索单位的书面意见（WO/ISA）、国际初步审查单位的书面意见（WO/IPEA）或国际初步审查报告（IPER）最新的文件中存在判断为"有"专利性的权利要求，进行PCT – PPH申请的进入国家阶段申请的所有权利要求与上述的最新文件中判断为"有专利性"的权利要求的任一项充分对应。

手续：与通常的 PPH 相同。

根据日本特许厅的统计，在 2015 年的 PCT – PPH 案件中，到一通（首次通知书）为 1.7 个月，一通的授权率为 17.9%，通知书平均次数为 1.03 次，到最终处分决定为 9.3 个月，授权率为 80.4%。

③ PPH – MOTTAINAI

PPH – MOTTAINAI 是与通常的 PPH 相比放宽了申请条件的专利审查高速路试行程序，从 2011 年 7 月 15 日开始。在 PPH – MOTTAINAI 程序中，在已经与日本实施或试行了 PPH 的 PPH – MOTTAINAI 程序参加国之间，无论在先向哪一国提出了专利申请，只要存在同族申请之中的任一申请被任一参加国的审查局认定为可授权的审查结果，则可以进行 PPH 申请。

要件：任一参加国的审查局所作出的审查结果中存在判断为可授权的权利要求，日本申请的所有权利要求与被判断为可授权的该权利要求的任一项充分对应。

手续：与通常的 PPH 相同。

④ PPH 的特征

尽管在作为请求书的"关于加快审查的情况说明书"中无须记载与现有技术文献发明的对比说明因而较简便，但是由于必须使所有权利要求与被其他专利局等判断为可授权的权利要求充分对应，因此存在有可能需要过度缩小权利要求的缺点。

1.5 驳回理由通知书（法第 50 条）

（1）驳回理由的通知，是当审查员等针对说明书等[1]或专利申请中的发明等发现了驳回理由时，不直接发出驳回决定，而是通过发出驳回理由通知书向申请人通知该驳回理由（法第 50 条、法第 159 条第 2 款）。一方面，对于收到驳回理由通知书的申请人给予在指定期限内提出意见书（法第 50 条）及补正书等（法第 17 条之 2）的机会。作为答复期限，对于日本国内申请人指定为 60 日（可延长 2 个月），对于国外申请人指定为 3 个月（可延长 3 个月）。在第一次审查意见通知书中，原则上对所发现的所有驳回理由进行通知，记载有为了取得专利权进行修改时所需的信息，有时还有修改建议。因此，如果能够克服在驳回理由通知书中所指出的所有驳回理由，则该专利申请基本上会满足专利要件。另一方面，在驳回理由通知书中，由于是以分成发现了驳回理由的

---

[1] 本书中"说明书等"是指权利要求书、说明书及附图。

权利要求和未发现驳回理由的权利要求的方式进行表示，因此如果有未发现驳回理由的权利要求，则会在驳回理由通知书中明确表示。因此，如果在驳回理由通知书中指出了申请人若想获得授权应如何对该专利申请进行完善的线索，则申请人在中间手续处理中首先需要积极地领会该线索，而非针对驳回理由通知书徒劳地进行反驳。

（2）驳回理由在法第49条中被限定性地列出，主要的驳回理由如下。

主要的驳回理由

① 缺乏新颖性及创造性的驳回理由（法第29条第1款、第2款）

② 说明书等违反记载要件的驳回理由（法第36条）

③ 发明违反单一性的驳回理由（法第37条）

④ 关于不属于发明的客体及产业上可利用性的驳回理由（法第29条第1款主段）

⑤ 关于先申请原则、抵触申请的驳回理由（法第39条、法第29条之2）

⑥ 关于违反修改要件的驳回理由（法第17条之2）

⑦ 关于不授予专利权事由的驳回理由（法第32条）

（3）审查的步骤

本发明的认定→现有技术检索→发明的单一性分析→说明书及权利要求书（在本书中称为"专利说明书"）的记载要件分析→确定作为现有技术检索对象的发明→新颖性、创造性、抵触申请、先申请原则等的分析→驳回理由通知书

尽管审查的步骤是按照上述顺序进行的，但在本书中，与该顺序不同。本书首先对新颖性、创造性进行说明，接着对专利说明书等的记载要件、发明的单一性进行说明。这是因为新颖性、创造性是最频繁被指出的驳回理由，并且针对新颖性专利要件的理解对于针对发明单一性等其他专利要件的理解不可或缺。

（4）驳回理由通知书的种类

① 驳回理由通知书在手续上分为两种。一种是申请人最初收到的驳回理由通知书（下称"最初的驳回理由通知书"。法第17条之2第1款第1项），另一种是申请人在收到驳回理由通知书后进一步收到驳回理由通知书的情况下最后收到的驳回理由通知书（下称"最后的驳回理由通知书"。法第17条之2第1款第3项）。如果在驳回理由通知书中表示有"＜＜＜＜最后＞＞＞＞"，

则其为最后的驳回理由通知书。如果没有该表示，则为最初的驳回理由通知书。当收到最后的驳回理由通知书时，针对权利要求书可修改的范围将受到禁止所谓的目的外修改等的限制（法第17条之2第5款、第6款）。因此，最后的驳回理由通知书也可以被定义为强加有禁止目的外修改限制的驳回理由通知书。设立该制度的目的是通过将修改限制在对已经作出的审查结果进行有效利用的范围内从而实现迅速审查。

此外，需要注意对于附带法第50条之2的通知书的驳回理由通知书，即便是最初的驳回理由通知书，关于修改的限制也会与最后的驳回理由通知书一样来处理。

驳回理由通知书的种类

- 最初的驳回理由通知书
- 最后的驳回理由通知书
- 附带法第50条之2的通知书的驳回理由通知书

原则上，最后的驳回理由通知书是指仅针对由于对最初的驳回理由通知书答复时的修改而导致需要通知的驳回理由进行通知的驳回理由通知书。第二次以后的驳回理由通知书是否为最后的驳回理由通知书并非根据形式上的通知的次数决定，而是实际地进行判断。即便是第二次以后的通知书，在对并非是针对由于对驳回理由通知书答复时的修改而导致需要通知的驳回理由进行通知时，仍为最初的驳回理由通知书。

需要说明的是，当针对最初的驳回理由通知书答复时的修改未能克服已通知的驳回理由时，并不会发出最后的驳回理由通知书，而是发出驳回决定。

② 发出最后的驳回理由通知书的情况

（i）仅针对由于对最初的驳回理由通知书答复时的修改而导致需要通知的驳回理由进行通知的情况

例如，针对最初的驳回理由通知书进行答复，由于在已审查的权利要求中增加新的技术特征而导致需要对与已通知的驳回理由不同的新的缺乏进步性等驳回理由进行通知的情况或者进行了超范围增加新内容或导致形式缺陷的修改的情况等。

另外，例如，当对在最初的驳回理由通知书中未被审查创造性的权利要求进行修改，并对该修改后的权利要求的创造性进行审查后，需要仅针对缺乏创造性进行通知的情况。

（ii）可发出最后的驳回理由通知书的特殊情况

除了违反新颖性、创造性等驳回理由之外还存在轻微的形式缺陷之处，仅通知了关于新颖性、创造性等（法第29条）的驳回理由，未通知关于形式要件（法第36条）的驳回理由，修改后依然存在轻微的形式缺陷，就该形式缺陷通知驳回理由的情况等。

③ 针对最后的驳回理由通知书的答复

如本书的第12章"目的外修改"一章所说明的那样，针对最后的驳回理由通知书答复时的说明书等的修改受到非常大的限制（法第17条之2第5、6款），因此进行修改时要充分注意该限制。当违反修改的限制时，会发出修改不予接受的决定（法第53条）。

（5）针对法第29条第1款第3项情况的最初的驳回理由通知书的例子

驳回理由通知书

专利申请号	发明申请2000 – 123456
发文日	2016年4月1日
专利局审查员	＊＊＊＊　　　　＊＊＊＊　＊＊＊＊
专利申请人代理人	专利太郎
适用条款	第29条第1款

本申请由以下理由应被驳回。如对其有意见，请于本通知书发送之日起60日以内提出意见书。

理　由

（新颖性）本申请的以下权利要求所涉及发明由于是在其申请前在日本国内或外国公开发行的下列出版物中所记载的发明或公众通过电信线路可利用的发明，因此符合专利法第29条第1款第3项，不能获得专利。

　　　　注　（关于引用文献等参见引用文献等一览表）记

- 权利要求　　1
- 引用文献等　1
- 备考

认定引用文献1的XXX相当于权利要求1所记载的发明的YYY，限定两者发明的内容并无差异。

未发现驳回理由的权利要求

关于权利要求2、3所涉及发明，现阶段并未发现驳回理由。如果发现新的驳回理由，将对驳回理由进行通知。

```
               引用文献等一览表
  日本特开平××－××××号公报
         现有技术文献检索结果的记录
  • 检索领域        IPC  B43K 8/00 ~ 8/24 DB 名
  • 现有技术文献       日本特开平××－××××××号公报
  该现有技术文献检索结果的记录并不构成驳回理由。
  关于该驳回理由通知书内容如果希望询问或会晤，请联系以下联
  系人。
  专利审查第×部×××    ××××（审查员姓名）
  TEL. 03（3581）1101 分机×××   FAX. 03（3501）××××
```

2015 年 4 月 1 日对于驳回理由通知书的形式进行了变更，需要标记出表示新颖性、创造性、不属于发明的客体等驳回理由的标题。较以往驳回理由也被更详细地记载，更容易找出答复的方向性。

（6）针对驳回理由通知书的答复

在指定期间［对于日本申请人为驳回理由通知书发送日起 60 日（可延长 2 个月），对于外国申请人为驳回理由通知书发送日起 3 个月（可延长 3 个月）］以内向日本特许厅厅长提出意见书（法第 50 条）以及根据需要的补正书（法第 17 条之 2）［有时还有分案申请（法第 44 条）］。如果未能克服所指出的所有驳回理由则会发出驳回决定，因此需要在答复中克服所有驳回理由。

1.6 补正书（法第 17 条）

（1）补正包括对专利申请的请求书进行补正的形式补正和对说明书等文件进行补正的实质补正，只要案件在日本特许厅尚未结案，则在满足规定要件下可进行补正（法第 17 条）。本书中的补正专指实质补正。

补正书是以克服驳回理由为目的，为了对说明书等内容进行修改（订正、改变、增加、删除），由申请人向日本特许厅厅长提出的文件（法第 17 条）。关于修改的时机及内容需要满足法律上的各种要件。针对补正的内容是否合法，由审查员等进行判断。

① 关于时机要件（法第 17 条之 2 第 1 款各项），将在本书的第 9 章详细说明。

② 关于内容要件［禁止超范围增加新内容（该条第 3 款）、违反技术特征变更（该条第 4 款）以及禁止目的外修改（该条第 5 款）及独立专利要件（该条第 6 款）］，将分别在本书的第 10、11 及 12 章详细说明。

（2）补正的效果

合法的补正具有溯及申请时的效果，视为通过修改后的说明书等进行的专利申请。当修改不符合时机要件时，虽然会发出不予接受理由通知书并给予申请人辩白的机会，但是几乎所有案件都会针对该修改作出手续不予接受的处分决定（法第 18 条之 2）。当修改不符合内容要件时，会通知驳回理由或者作为修改不予接受的对象处理。对于该内容，将在本书的第 10、11 及 12 章详细说明。

一方面，对说明书等的修改的主要目的是克服驳回理由，合法且有效的修改可实现该专利申请的授权，对于申请人来说是非常有效的手段。

另一方面，补正构成申请文档的一部分，在确定专利发明的技术范围（法第 70 条）时，有时会考虑修改的记录。另外，其还是对适用等同侵权的第 5 要件的有意排除〔最高法院 1998 年 2 月 24 日判决，平成 6 年（才）第 1083［滚珠花键轴承案］〕进行判断时的判断对象，需注意其会在专利授权后对专利权人产生诸多不利。

补正的效果

- 溯及申请时的效果
- 专利授权
- 构成申请文档

（3）补正书的格式由施行规则表格第 13 规定，后文示出了补正书格式的例子。除了在实审请求后增加权利要求的情况，提交补正书所涉及的日本特许厅手续费为零。

（4）对于在专利授权后想删除权利要求的情况，尽管在专利授权后不能进行修改，但在专利权授予登记后能够以权利要求为单位进行专利权的放弃（法第 185 条、法第 98 条第 1 款第 1 项）。通过针对一部分权利要求放弃专利权，能够削减第 4 年以后的专利费。

（5）补正书的例子

【文件名】　　　　　手续补正书
【提交日】　　　　　2014年4月1日
【收件人】　　　　　特许厅厅长　××××　先生/女士
【案件的标示】
【申请号】　　　　　发明专利申请2000－123456
【补正提出人】
【识别号】　　　　　×××××××××
【姓名或住址】　　　××××
【代理人】
【识别号】　　　　　×××××××××
【专利代理人】
【姓名或名称】　　　专利太郎
【电话号码】　　　　××－××××－××××
（【因补正增加的权利要求的个数】　×）
【手续补正1】
　　【补正对象文件名】　权利要求书
　　【补正对象项目名】　全文
　　【补正方法】　　　　改变
　　【补正的内容】
【文件名】权利要求书
【权利要求1】
　　××
【手续补正2】
　　【补正对象文件名】　说明书
　　【补正对象项目名】　0012
　　【补正方法】　　　　改变
　　【补正的内容】
　　【0012】
　　××

1.7 意见书

（1）意见书是针对驳回理由通知书进行答复时由申请人向审查员等提交的文件，陈述在驳回理由通知书中所指出的驳回理由并不存在或已经被克服的意见（法第 50 条）。审查员在发出驳回理由通知书后，对由申请人所提出的意见书中的申请人的主张进行判断并对专利申请再次进行审查。

作为可提出意见书的答复期限，是在驳回理由通知书中由审查员来指定相应的期限，通常对于日本国内申请人指定为 60 日，对于外国申请人指定为 3 个月。当未能在驳回理由通知书的答复期限内进行答复时，根据申请人的请求，可以允许如图 1-2、图 1-3、图 1-4 和图 1-5 所示的答复期限的延长（法第 5 条第 1 款）。关于审查阶段的答复期限延长的适用是从 2016 年 4 月 1 日起开始变更的。当申请人为日本国内申请人时，仅允许对答复期限延长 2 个月并且仅允许延长 1 次。期限延长的请求原则上应当在答复期限内提出。

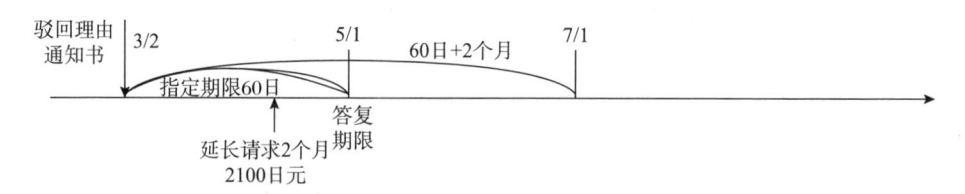

图 1-2　2016 年 4 月 1 日以后的意见书提出期限的延长（日本国内申请人）

申请人为国外申请人时，允许延长 2 个月 +1 个月（最长 3 个月）。期限延长的请求原则上应当在答复期限内提出。

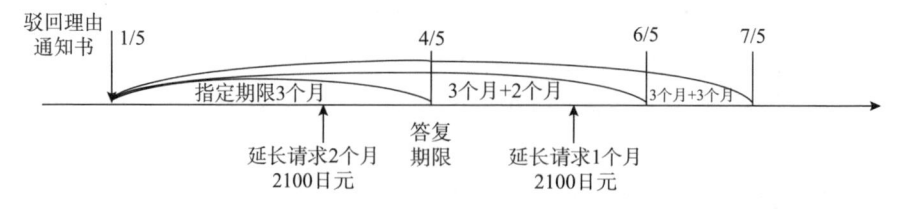

图 1-3　2016 年 4 月 1 日以后的意见书提出期限的延长（外国申请人）

即使超过答复期限，通过交纳高额的手续费，也可以延长 2 个月。

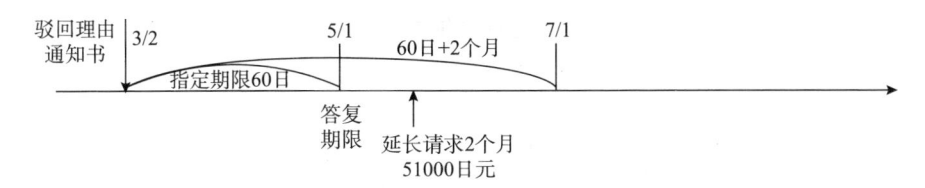

图 1-4　2016 年 4 月 1 日以后的超过期限后的延长（日本国内申请人）

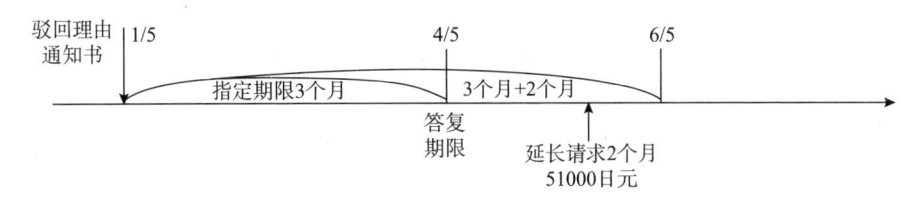

图 1-5　2016 年 4 月 1 日以后的超过期限后的延长（外国申请人）

（2）意见书的效果

审查员对意见书中的主张进行判断，并再次对该专利申请进行审查。因此，意见书是通过对审查员进行说服来实现该专利申请授权的重要文件。由于需要推翻审查员持有的该专利申请存在驳回理由的结论，因此意见书的撰写并不容易，同时也是专利实务专家显示其本领之处。

一方面，申请人（或代理人）为了获得专利授权，在意见书中对审查员的见解进行反驳，对该权利要求书中的用语进行说明，或针对与引用发明之间的技术问题、特征及效果上的不同进行陈述。另一方面，意见书构成申请文档的一部分，有时会在专利权授权后在确定专利发明的技术范围（法第 70 条）时被参考。由于意见书中的申请人的主张会对审查员的关于是否存在驳回理由的结论形成产生影响，并且该主张被认同时会导致授权，因此在对该专利权的专利发明的技术范围进行解释时意见书中的主张会被参考。依照禁止反悔原则的法理，不允许专利权人在行使专利权时进行与在审查阶段的意见书中的主张相反的主张〔东京高等法院 2000 年 2 月 1 日判决，平成 10（ネ）第 5507 号［血清 CRP 的简易迅速定量法案］〕。另外，其还是对适用等同侵权的第 5 要件的有意排除〔最高法院 1998 年 2 月 24 日判决，平成 6 年（オ）第 1083［滚珠花键轴承案］〕进行判断时的判断对象，需注意意见书中的主张会在专利授权后对于专利权人产生诸多不利。关于具体的注意事项，将在本书的第 3 章"创造性"一章中详细说明。

意见书的效果
● 专利权授权 ● 申请文档禁止反悔原则

（3）意见书的格式由施行规则表格第 48 号模板规定，以下示出了意见书格式的例子。

```
【文件名】           意见书
【提交日】           2014 年 4 月 1 日
【收件人】           特许厅审查员  ××××  先生/女士
【案件的标示】
【申请号】           发明专利申请 2000 - 123456
【专利申请人】
【识别号】           ×××××××××
【姓名或住址】       ××××
【代理人】
【识别号】           ×××××××××
【专利代理人】
【姓名或名称】       专利太郎
【电话号码】         ××-××××-××××
【发送号】
【意见的内容】
【证据方法】
【提出物件的目录】
```

关于意见书的"意见的内容"的记载方法，将在本书第 3 章说明。

1.8 其　他

作为针对驳回理由通知书的答复手段，除了提出意见书、补正书等以外，还包括专利申请的分案（法第 44 条）、申请的变更（实用新型法第 10 条、外观设计法第 13 条）、申请的撤回、放弃或搁置等。

第Ⅱ部

针对驳回理由通知书的答复

一方面，在第Ⅱ部中将针对驳回理由通知书的答复进行说明。在日本特许厅的审查实务中，在对发明进行认定之后，首先，针对发明的单一性要件（法第37条）以及说明书及权利要求书的记载要件（法第36条）进行判断，确定作为现有技术检索对象的发明。其次，关于新颖性、创造性及在先申请（法第29条、第29条之2、第39条）进行现有技术检索。

另一方面，作为本书中的驳回理由的说明顺序，考虑到针对新颖性要件的理解是针对发明的单一性要件等其他驳回理由的理解的前提以及实际上驳回理由的通知频度等因素，从针对缺乏新颖性的驳回理由通知书的答复开始说明。

第 2 章
新颖性（法第 29 条第 1 款各项）

2.1 法第 29 条第 1 款各项的规定和解释

> 法第 29 条第 1 款各项
> ……除了下列发明之外，可就该发明获得专利。
> 一、专利申请前在日本国内或外国为公众所知的发明
> 二、专利申请前在日本国内或外国公开实施的发明
> 三、专利申请前在日本国内或外国发布的出版物中所记载的发明或公众通过电信线路可利用的发明

（1）规定的宗旨

专利制度的宗旨是以发明的公布为代价授予独占权，因此获得专利权的发明必须是新的发明。法第 29 条第 1 款各项为了明确不具有新颖性的发明的范围，对其进行了类型化规定。

（2）规定的解释

"除了下列发明之外，可……获得专利"是指下列发明不能获得专利。

作为不能获得专利的发明，法第 29 条第 1 款各项规定了专利申请前在日本国内或外国为公众所知的发明（第 1 项）、公开实施的发明（第 2 项）、发布的出版物中所记载的发明或公众通过电信线路可利用的发明（第 3 项）。针对这些公知发明（有时将符合第 1 项、第 2 项及第 3 项任意一者的发明统称为"公知发明"或"现有技术"），即使提出了专利申请，也不能获得专利。

"专利申请前"与"专利申请之日前"不同，还要考虑到申请的时刻。专利申请请求书的提交通常是通过电子申请手续来进行，由日本特许厅的计算机

来受理，因此理论上能够确定到申请的时刻，但由日本特许厅以电子方式发送的受理书上仅记载申请日并未记载到时刻，实务上需要确定到时刻的极其少见（好像能够请求出具包括受理时刻的申请受理信息）。在专利申请日与出版物的发行日为同一天的情况下，除非出版物的发行时刻明显在专利申请的时刻之前，否则不会作为出版物发行时刻在专利申请前的情况来处理（如图 2-1 所示）。然而，在实务中也存在上午完成专利申请并在该日下午发表发明的情况。

图 2-1 公开日与申请日的关系

外国的公布时刻换算成日本时间处理。

国际申请的进入日本国家阶段申请（国际专利申请）以国际申请日为基准（法第 184 条之 3）、要求了合法的优先权的专利申请以优先权日（作为要求优先权基础的申请的申请日）为基准（《巴黎公约》第 4 条 B、法第 41 条第 2 款）、保留原申请日的专利申请以原申请日为基准（法第 44 条第 2 款、法第 46 条第 6 款或法第 46 条之 2 第 2 款）来判断新颖性。因此，关于国际申请日或《巴黎公约》上的优先权日，并不确定到时刻。

要求优先权的效果原则上对各个权利要求分别进行判断。要求基于多个基础申请的优先权的日本申请的情况中，原则上是根据各个权利要求在哪个基础申请中最初被公开来判断要求优先权的效果，并针对各个权利要求判断作为新颖性判断基准的优先权日。

当由于在日本申请的权利要求中记载了要求优先权的基础申请中未记载的特征使得在该权利要求与基础申请之间的关系上属于超范围增加新内容时，要求优先权的效果不被认可。

当由于在日本申请的说明书中记载了要求优先权的基础申请中未记载的实施方式而在该权利要求中包含超出基础申请的记载内容范围的部分的情况下，对于该超出的部分，要求优先权的效果不被承认。对于该权利要求之中被认定为基础申请的记载内容范围内的部分，要求优先权的效果被认可。

当日本申请的一个权利要求中的特征（技术特征）是通过并列选择项来表述时，对于各个并列选择项分别判断优先权日。当在一个权利要求中的多个串列的必要技术特征具有不同的最早优先权日时，考虑该权利要求整体适用最新（最晚）的优先权日。如图 2-2 所示。

```
                        具有新颖性
           发明公开日
             ↓
    ↑        ↑                              → 时间
  优先权日   专利申请日
```

图 2-2　优先权日与公开日的关系

一方面，"在日本国内或外国"：针对 1999 年 12 月 31 日以前申请的发明，在外国的为公众所知、公开使用（第 1 项、第 2 项）并不丧失新颖性，但在 2000 年 1 月 1 日以后，外国的为公众所知、公开使用的发明也作为无新颖性的发明来处理。

另一方面，由于 2000 年以后的专利申请的申请号使用公历而非年号（例如：2000-123456），因此为了使读者更清楚地了解专利申请适用于哪年的修订法，本书在表示修订法的适用年时使用公历而非平成等年号。

"为公众所知的发明"是指作为非秘密的发明被不特定的人实际知晓其内容的发明。发明人或申请人向负有保守秘密义务的人公开的发明并非"为公众所知的发明"，但是之后负有保守秘密义务的人向他人公开的作为非秘密的发明为"为公众所知的发明"。此时，与发明人或申请人有无保持秘密的意思无关（存在违反保密合同的问题）。当违反具有申请专利权的人的意志而为公众所知时、或因具有申请专利权的人的行为而为公众所知时，可以适用不丧失新颖性的例外规定（法第 30 条第 1 款、第 2 款）。

"公开实施的发明"是指以其内容被公众所知的状态或有被公众所知之虞的状态被实施的发明。对于这些为公众所知、公开使用的举证并不一定容易，在审查实务中，最常见的是使用以下"出版物中所记载的发明"的情况。

"出版物中所记载的发明"是指根据①出版物所记载的内容；以及②等于记载的内容所掌握的发明。

出版物中所记载的发明

根据

① 出版物所记载的内容；以及

② 通过参考本申请申请时的技术常识根据出版物所记载的内容所导出的内容而掌握的发明。

"出版物"是指以通过对公众发布而公开为目的所复制的文件、附图及其他类似的信息传递介质〔最高法院 1980 年 7 月 4 日判决，昭和 53 年（行ツ）

第69号［单镜反光相机案］］。在缺乏新颖性的驳回理由中最频繁引用的出版物为公开专利公报（例如：日本特开2000-123456号公报）。

"发布"是指使出版物处于不特定的人能够看到的状态。无须该出版物实际上被谁看过的事实。

"公众通过电信线路可利用的发明"是指在处于通过电信线路使不特定的人能够看到的状态的网页等上登载的发明。

"等于记载的内容"是指通过参考本申请申请时的技术常识根据所记载的内容所导出的内容。

"技术常识"是指在申请时所属领域技术人员普遍知晓的技术（包括公知技术、惯用技术）或根据经验规则显而易见的内容。因此，只要是被所属领域技术人员普遍知晓，则技术常识中包括实验、分析、制造的方法、技术上的理论等。对于是否被所属领域技术人员普遍知晓，并不是通过记载有该技术的文献的篇数来判断，而是还要结合所属领域技术人员对于该技术的关注度来进行判断。

"公知技术"是在该发明的技术领域中被普遍知晓的技术，例如是指以下①～③中的任意一项。

① 关于该技术存在很多篇出版物的技术。
② 在行业中广泛知晓的技术。
③ 在该技术领域中，被广泛知晓到无须举例程度的技术。

"惯用技术"是指被广泛使用的公知技术。

2.2 新颖性的判断步骤（出版物记载发明的情况）

作为新颖性判断对象的发明，是作为审查对象的专利申请（有时称"本申请"）的权利要求所涉及发明。

（1）新颖性的判断手法

对于本申请的权利要求所涉及发明是否具有新颖性，是将该权利要求所涉及发明与为了判断新颖性及创造性所引用的现有技术（引用发明）进行对比后，根据作为对比结果的权利要求所涉及发明与引用发明之间是否存在不同点来进行判断。

当存在不同点时，判定权利要求所涉及发明具有新颖性。

当不存在不同点时，判定权利要求所涉及发明不具有新颖性。

第2章 新颖性（法第29条第1款各项）

（2）新颖性的判断步骤

日本特许厅审查员基于出版物（引用文献）所记载的发明（引用发明）来驳回专利申请时的新颖性的判断是按照以下步骤来进行的。在针对审查员的判断进行反驳时，首先需要了解新颖性的判断步骤。

新颖性的判断步骤

（1）本申请权利要求所涉及发明（"本申请发明"）的认定

（2）单一的引用文献的记载内容的认定

（3）引用文献中记载的发明（引用发明）的认定

（4）本申请发明与引用发明的对比
（技术特征的相同点及不同点的认定）

（5）相同性的判断（缺乏新颖性的判断）

现实中，即使克服了缺乏新颖性的驳回理由，如果缺乏创造性未被克服则也不会被授权。然而由于针对新颖性判断的理解是用于理解缺乏创造性等驳回理由的基础，因此以下对新颖性判断进行说明。首先，对新颖性的各个认定步骤分别进行说明。

（3）关于本申请发明的认定

① 作为审查对象，也即新颖性判断对象的发明是本申请的"权利要求所涉及发明"（下称"本申请发明"），根据权利要求的记载来认定本申请发明（法第36条第5款）。当本申请权利要求书中有两项以上的权利要求时，原则上对每项权利要求判断有无新颖性。即使基于权利要求的记载所认定的发明与说明书或附图中记载的发明不符，也不会无视权利要求的记载而仅根据说明书或附图的记载来认定本申请发明。对于虽然在说明书或附图中记载但未在权利要求中记载的内容，认定为未在权利要求中记载。相反地，对于权利要求中记载的内容必须作为考虑的对象，而不会作为未记载来处理。一般来说，关于权利要求中记载的用于限定发明的内容（用语）的意义，要考虑说明书及附图的记载以及申请时的技术常识来进行解释。以下列举出在本申请发明认定中的各种认定方法。

（权利要求书）

第36条第5款 ……在权利要求书中，应当划分为权利要求，各项权利要求中应当记载用于限定专利申请人所要获得专利的发明的所有必要内容……

② 当权利要求的记载清楚时，按照权利要求的记载来认定权利要求所涉及发明。此时，权利要求中所使用的用语的含义被解释为该用语所具有的通常的含义〔（施行规则表格 29 备考 8）、东京高等法院 1993 年 2 月 21 日判决，平成 4 年（行ケ）第 116 号［铜合金的制造方法案］〕。

③ 即使权利要求的记载清楚，但当权利要求中记载的用语（技术特征）的含义内容在说明书或附图中进行了定义或说明时，参考该定义或说明来解释该用语。需要说明的是，如果在说明书或附图中只存在仅用于列举包含在权利要求中的用语的概念内的下位概念，则不属于这里所说的定义或说明。

④ 对于专利申请所涉及发明的要点的认定，只要不存在无法毫无疑义且明确地理解权利要求书记载的技术含义或参照说明书的记载一看便知该记载为笔误等特别情况，就应当基于权利要求书的记载进行认定〔最高法院 1991 年 3 月 8 日判决，昭和 62 年（行ツ）第 3 号［脂酶案］〕。

无论权利要求书在字面上是否毫无疑义且明确，均应当考虑说明书的记载及附图来解释权利要求书中所记载的用语的含义〔知识产权高等法院 2006 年 9 月 28 日判决，平成 18 年（ネ）第 10007 号［图形显示装置案］，侵权诉讼案件〕。

⑤ 当权利要求书中记载的用语既能够广义解释又能够狭义解释时，对其进行广义解释。

★在对于权利要求书中所记载的用语的技术含义，即使参考说明书的记载也无法毫无疑义且明确地理解，既能够广义解释又能够狭义解释的情况下，当对该专利发明的新颖性及创造性进行判断时，应当对该用语作广义解释来判断。这是因为，对于广义解释的专利发明，如果否定其新颖性或创造性，则无须对狭义解释时是否肯定其新颖性或创造性进行判断，不能认定该专利发明具有新颖性或创造性〔知识产权高等法院 2006 年 6 月 6 日判决，平成 17 年（行ケ）第 10564 号［聚酯树脂的制造方法案］〕。

⑥ 对于意见书等的参考：当对本申请发明进行认定时，还要参考申请审查文档中的申请人的主张等。实际上，审查员在判断新颖性、创造性的驳回理由是否成立时会考虑意见书中的主张，该考虑的结果并不只会影响与引用文献之间的对比，还会影响本申请发明的认定。因此，即使是在取得权利后，由于申请文档禁止反悔原则的效果，补正书的修改内容或意见书中的主张仍会对专利发明的技术范围的解释产生影响。

⑦ 对于外部资料的参考：对于说明书的技术用语的理解及解释，当然也

需要参考词典类等资料中的定义或说明，但是不应仅根据其来获得理解及解释，而是应当首先根据该说明书或附图的记载对在该处所使用的技术用语的含义或内容进行理解及解释〔东京高等法院1995年10月19日判决，平成6年（行ケ）第78号［自走式螺钻装置案］〕。

本申请发明认定的资料

- 本申请权利要求书
- 本申请说明书及附图
- 申请时的技术常识
- 本申请意见书中的主张等
- 词典类等外部资料

⑧ 当即使考虑了说明书及附图的记载以及申请时的技术常识仍无法明确权利要求所涉及发明时，将不进行权利要求所涉及发明的认定，而是将其从现有技术检索的对象中排除，发出不清楚（违反法第36条第6款第2项）的驳回理由通知书。

(4) 关于具有特定表述的权利要求所涉及的发明的认定

① 功能性权利要求

(ⅰ) 当在权利要求中，未对产品本身明确进行限定，而是通过作用、功能、性质或特性（功能、特性等）对产品进行限定记载时（下称"功能性权利要求"），原则上该记载被（广义地）解释为是指具有该功能、特性等的所有产品。

> ×例：当在本申请权利要求中存在"具备隔绝热的层的壁材"的功能性记载时，作为本申请发明中的作为壁材的构成要素的层，认定为包括"具有绝热作用或功能的层"的所有"产品"。

(ⅱ) 在权利要求中，对于产品本身进行了限定，即使通过该产品所固有的功能、特性等对该产品进一步进行限定记载，由于该表述功能、特性等的记载对于限定该产品并不起作用，因此解释为权利要求的记载是指该产品本身（并未被功能、特性等进一步限定）。

> ×例：在权利要求中存在记载有"具有抗癌性的化合物X"的性质的情况中，当抗癌性是特定化合物X的固有特性时，"具有抗癌性的"记载对于产品的限定并不起作用。认定本申请发明为"化合物X"本身。

② 用途限定权利要求

(a) 在存在如"……用"的利用产品的用途对该产品进行限定的记载

（用途限定）的情况中，考虑说明书及附图的记载以及申请时的技术常识，当用途限定被解释为是指特别适用于该用途的形状、构造、组成等（下称"构造等"）时，认定附带用途限定的产品为具有该用途限定所指的构造等的产品。

> √例：在权利要求中存在"具有……形状的起重机用吊钩"的用途的记载的情况中，当解释为"起重机用"的记载具有用于限定"吊钩"具有特别适用于起重机的大小、强度等构造的含义时，认定本申请发明为具有该类构造的"吊钩"，与同样形状的"钓鱼用吊钩"在构造上不同。

在这样限定地进行认定的情况下，即使本申请发明的特征与引用发明特征在用途限定以外没有不同，但当用途限定所指的构造等不同时，两者为不同的发明。

（b）当即使考虑说明书及附图的记载以及申请时的技术常识也无法解释为附带用途限定的产品是指特别适用于该用途的产品时，除了属于下述的"用途发明"的情况以外，该用途限定不具有用于限定产品的含义。这类情况下，当权利要求所涉及发明的特征与引用发明特征在用途限定以外并无不同时，两者并非不同的发明。

（c）用途发明

所谓的"用途发明"，简单来说是在新的用途方面具有特征的发明。
一般来说，所谓的"用途发明"是指基于以下发现产生的发明。
（i）通常，发现能够具有多个用途的某种产品的未知属性；
（ii）利用该属性，发现该产品适合用于新的用途。

（c-1）属于用途发明的情况

当根据上述定义本申请发明属于用途发明时，该用途限定具有用于限定本申请发明的含义，认定本申请发明也包含该用途限定。

> √例：在权利要求中存在"含有特定的四级铵盐的船底防污用组成物"的用途记载的情况中，（i）发现"船底防污用"的用途可防止贝壳附着到船底的未知属性，并且（ii）当由该属性所发现的用途是与以往所知晓的范围不同的新用途时，认定本申请发明也包含"船底防污用"的用途限定。

> ★即使假设当将引用发明的"美白化妆材料组成物"应用到皮肤时会在起到"美白作用"的同时还起到"皱纹形成抑制作用"，但由于到本申请的申请日之前并不存在记载有该内容的文献，因此无法认定已经知晓

会起到"皱纹形成抑制作用"。并不能认定所属领域技术人员在本申请的申请时会认识到引用发明的"美白化妆材料组成物"对于"皱纹"也具有效果,因此本申请发明的"皱纹形成抑制"的用途能够提供与引用文献的"美白化妆材料组成物"不同的新的用途〔知识产权高等法院2006年11月29日判决,平成18年(行ケ)第10227号［皱纹形成抑制剂案］〕。

√例:在本申请权利要求中记载有"以成分A为有效成分的宿醉防止用食品"的用途限定的食品组成物的情况:根据平成28(2016)年4月1日施行的关于涉及具有用途限定的食品发明的认定的修订审查基准,应作如下认定。例如,当由于发现成分A可促进酒精代谢的未知属性从而发现"宿醉防止用"的效果,并且该用途关于"含有成分A的食品组成物"是与以往所知晓的用途不同的新用途时,即使本申请发明的食品组成物与引用文献的"以成分A为有效成分的食品组成物"在"宿醉防止用"的用途限定以外没有不同,也认定两者为不同的发明。

当这样以限定为用途的方式进行认定时,即使本申请发明的特征与引用发明特征在用途限定以外没有不同,如果用途限定所指的用途不同,则两者为不同的发明。因此,在该情况下,即使假设该产品本身为公众所知,本申请发明也能够作为用途发明具有新颖性。

用途发明

当属于用途发明时,考虑权利要求中所记载的用途限定具有用于限定本申请发明的含义,认定本申请发明也包含用途限定。

(c-2) 不属于用途发明的情况

即使发现了未知属性,当参考该技术领域的申请时的技术常识作为该产品的用途未能提供新的用途时,本申请发明不属于用途发明,认定本申请发明的该用途限定不具有用于限定本申请发明的含义。

×例:在权利要求中存在"以成分A为有效成分的皮肤的皱纹防止用化妆材料"的用途的记载,"以成分A为有效成分的皮肤的保湿用化妆材料"已知的情况下,当两者均被用作皮肤外用的护肤化妆材料,具有保湿效果的化妆材料通过保湿会改善皮肤皱纹等并调整皮肤状态,并且还可用于皮肤的皱纹防止为该技术领域中的技术常识时,无法区别两者的用途。因此,认定本申请发明的"皱纹防止用"的用途限定不具有用于限定本申请发明的含义。

对于机械、器具、物品、装置等，通常由于其产品与用途为一体，因此不会适用用途发明的判断方法。

③ 构件权利要求（subcombination claim）

所谓的"构件（subcombination）发明"是指相对于将两个以上的装置组合而成的整体装置的发明、将两个以上的步骤组合而成的制造方法的发明等［将这些发明称为"组件（combination）发明"］，在组件发明中被组合的各装置的发明、各步骤的发明。

在涉及"构件发明"的权利要求中记载有"其他构件"的情况下，如以下例子所示，只有当能够充分认识到关于"其他构件"的特征对于权利要求中的"构件发明"的构造、功能等进行了限定时，才能认定本申请发明具有该构造、功能等。

√例：对于本申请发明的"一种雌螺丝，其特征在于，能够与螺旋雕刻有特定形状的螺旋槽的雄螺丝螺丝接合，并且由特定的材料形成"，如果不具有与雄螺丝的特定形状的螺旋槽互补性的形状的螺旋槽，则无法与雄螺丝螺丝接合。因此，认定雄螺丝的螺旋槽限定了雌螺丝的螺旋槽，本申请发明中的雌螺丝进行了该构造性限定。

④ 方法限定产品权利要求（PBP claim）

产品的发明本来应当通过该产品的构造、形状、物性等来限定。然而，允许采用通过在权利要求书中记载特定的制造方法来限定制备产品的形式，该形式的权利要求被称作"方法限定产品权利要求"（product－by－process claim）。根据知识产权高等法院 2012 年 1 月 27 日判决，平成 22 年（ネ）第 10043 号［普伐他汀钠案］的判决书，当涉及产品发明的权利要求中附加记载有产品的制造方法时，对于很难认定存在在申请时不可能或难以通过该构造或特性直接对作为该发明对象的产品进行限定的情况的权利要求（非真正方法限定产品权利要求），解释为该专利发明的技术范围被限定为由权利要求书中所记载的制造方法所制造的产品（制造方法限定说）。之后，在作为上述知识产权高等法院案件的上诉案件的最高法院的 2015 年 6 月 5 日判决中作出了如下判决。

★专利就产品的发明、方法的发明或生产产品的方法的发明作出，当专利就产品的发明作出时，如果是构造、特性等与该产品相同的产品，则该专利权的效力与该制造方法无关地延及该构造、特性等相同的产品。因此，即使是在关于涉及产品发明的专利的权利要求书中记载有该产品的制造方法的情况中，也应当认定该发明是构造、特性等与由该制造方法所制造的产品相同的产品。(产品相同说)〔最高法院 2015 年 6 月 5 日判决，平成 24 年（受）第 2658 号 [普伐他汀钠案]〕。

审查基准按照最高法院判决维持了一直以来的产品相同说。换言之，即使是在权利要求中存在通过制造方法来限定产品的记载的情况下，该记载也会被解释为是指最终所得到的产品本身。因此，即使根据申请人自己的意思而明确地表示出如"由专用 A 方法所制造的 Z"这样仅想限定为通过特定的方法所制造的产品，也仍然会将本发明解释为是指产品（Z）本身。

×例：当本申请发明为"由制造方法 P（步骤 p1、p2……及 pn）所生产的蛋白质 Z"，由其他制造方法 Q 所制造的公知的特定的蛋白质 Z 与由制造方法 P 所制造的蛋白质 Z 为相同的产品时，无论制造方法 P 是否为新的方法，均会否定本申请发明的新颖性。

这样一来，无论是在审查阶段，还是在专利侵权诉讼中，均统一为方法限定产品权利要求的范围不被其制造方法限定而是延及与由该方法所制造的产品相同的产品（产品相同说）。

⑤ 数值限定权利要求

"数值限定权利要求"是由权利要求中所记载的明确的数值范围来限定发明的权利要求，一般表示出上限及下限。对于数值限定权利要求的情况也与通常的权利要求的情况相同，针对由数值范围所限定的权利要求的发明进行认定。作为典型的数值限定权利要求的例子，例如针对主引用文献公开了 0~100℃的温度范围，本申请发明的温度范围为 30~50℃。

⑥ 选择发明

"选择发明"简单来说是包含在现有的出版物等所记载的公知发明的概念中，并对公知发明的限定特征的一部分进一步进行限定或选择限定特征之中的一部分的发明，并且并非是该出版物所记载的发明。根据审查基准，如下进行了更严格的定义。

"选择发明"是指属于基于产品的构造难以预测效果的技术领域的发明，并符合以下（i）或（ii）的发明。

（i）该发明为从在出版物等中由上位概念所表述的发明（a）所选择的、由包含在该上位概念中的下位概念所表述的发明（b），并且根据在出版物等中由上位概念所表述的发明（a）未能否定该发明的新颖性；

（ii）该发明为从在出版物等中由并列选择项所表述的发明（a）所选择的、假设该并列选择项的一部分为技术特征时的发明（b），并且根据在出版物等中由并列选择项所表述的发明（a）未能否定该发明的新颖性。

因此，并未由出版物等所记载或公开的发明能够成为选择发明。

对于选择发明也与通常的情况一样针对权利要求所涉及发明进行认定。

（5）本申请发明的认定的例子

本申请发明的认定的例子
一种 X 装置，具有 A； B；以及 C。

（6）引用文献的记载内容的认定

① 在对引用文献的记载内容进行解释时，可以参考技术常识，对于通过参考本申请申请时的技术常识使得所属领域技术人员根据该引用文献中所记载的内容而导出的内容（等于在引用文献中记载的内容），也可以作为引用文献所记载的发明的认定基础。

★等于在引用文献中记载的内容的例子：在引用文献中，尽管未记载屏蔽板接地的内容，但如果参照技术常识则可以推测出作为理所当然的内容所属领域技术人员应当知晓准备将其接地以及通常的使用形态中为将其接地的状态。当如上所述参照技术常识进行阅读时，引用文献记载的屏蔽板作为使用形态被接地无非就是引用文献的用语"屏蔽板"本身的技术含义内容的一部分，因此应认为等于被实质上记载〔东京高等法院 1984 年 12 月 20 日判决，昭和 56 年（行ケ）第 93 号［多电路开关案］〕。

② 为了对本申请申请时的技术常识进行认定，通常要在本申请申请前所发行的出版物等中找出根据。然而，允许根据申请后发行的出版物来认定申请当时的技术水准〔最高法院 1976 年 4 月 30 日判决，昭和 51 年（行ツ）第 9 号［气体激光放电装置案］，但为关于创造性判断的判例〕。

③ 引用文献记载内容认定的例子如下所示。

引用文献记载内容认定的例子
在引用文献中关于 X 装置记载了 "A" 及 "B_1"。 另外，可以认为等于记载了 "C_1"。

第2章 新颖性（法第29条第1款各项）

（7）引用发明的认定

① 为了对本申请发明的新颖性进行判断，将所属领域技术人员根据在一篇引用文献中所记载的内容及等于记载的内容所能够掌握的发明认定为"引用发明"。通常在引用文献中记载有多个发明，从中选择与本申请发明最接近的发明认定为"引用发明"。不允许组合多篇引用文献并根据其记载内容来认定引用发明。

② 制造方法不明的产品等

当在引用文献中未以所属领域技术人员能够根据该引用文献的记载及本申请申请时的技术常识制造产品发明或使用方法发明的方式记载该产品发明或方法发明时，不能将该发明认定为"引用发明"。因此，例如在出版物中通过化学物质名或化学结构式示出了该化学物质的情况下，当以所属领域技术人员即使参照本申请申请时的技术常识也不清楚能够制造该化学物质的方式记载时，不能将该化学物质作为"引用发明"。

③ 上位概念、下位概念

（ⅰ）当引用文献记载内容是由下位概念（例如"锥形弹簧"）来表述时，可以将由上位概念（例如"弹簧"）表述的发明认定为引用发明。需要说明的是，作为新颖性的判断手法，即使当引用文献记载内容由下位概念表述时，也可以不将其认定为由上位概念表述的发明，而是在对比、判断时对由上位概念表述的权利要求所涉及发明的新颖性进行判断。

（ⅱ）当引用文献记载内容是由上位概念表述时，由于未示出由下位概念表述的发明，因此不能将由下位概念表述的发明认定为引用发明。

上位概念、下位概念

"上位概念"：归纳概括同族或同类内容的概念或者根据某种共同性质来概括多个内容的概念。

"下位概念"：对上位概念中所包含的特定要素或内容进行个别地表述的概念。

"中位概念"：假设位于上位概念与下位概念中间的概念，是在关于权利要求记载方法的学术研究中常用的概念。

以上概念并非绝对的概念，而是相对的概念。

例如，相对于作为下位概念的吉他，弦乐器为上位概念，进一步相对于作为上位概念的乐器，弦乐器为下位概念。

④ 不能实施

★不具备可实施要件不阻碍引用发明认定的事例：由于公知的出版物中所记载的产品的技术思想未记载到所属领域技术人员能够容易实施的程度，因此无须论述所属领域技术人员无法再现该发明或该发明无法成为公众的共有财产。显然该发明并非"出版物中记载的发明"。然而，在该情况下，作为所属领域技术人员不能实施与未公开到所属领域技术人员能够容易实施的程度为不同的问题〔东京高等法院2002年4月25日判决，平成11年（行ケ）第285号［人类白细胞干扰素案］〕。

⑤ 推测、类推
通过推测、类推之后才能够认定的发明不属于出版物中记载的发明。

★当公知发明仅具备"一部分特征"，而未提及"其他特征"时，逻辑上不排除该发明。因此，例如，也并非没有通过对公知发明的内容进行说明的出版物的记载进行推测或类推来导出"关于其他特征也记载了所限定范围的发明，因而具备该发明的全部特征"结论的余地。然而，当在出版物的记载及说明部分中未示出该发明的全部特征时，通过推测、类推之后才能认识或理解为具备特征的发明不能作为专利法第29条第1款规定的文献中记载的发明〔东京高等法院2011年10月24日判决，平成22年（行ケ）第10245号［具有协同效应的生物致死性组成物案］〕。

⑥引用发明认定的例子如下所示。

引用发明认定的例子

引用文献中记载了一种 X 装置（"引用发明"），具有

A；

B_1；以及

C_1。

（8）本申请发明与引用发明的对比

关于所认定的本申请发明与所认定的引用发明的对比，是通过对本申请发明的特征与在字面上表述引用发明时被认为需要的内容（下称"引用发明特征"）之间的相同点及不同点进行认定来进行。

当特征具有并列选择项时，允许通过仅对比该并列选择项中的任意一个选择项与引用发明特征来认定两发明的相同点。允许对比本申请发明的下位概念

与引用发明来认定两发明的相同点。对比具体来说如以下的例子所示。在以下的例子中，引用发明特征 B_1 及 C_1 分别为发明特征 B 及 C 的下位概念。

本申请发明与引用发明的对比的例子
- 引用发明的 X 装置相当于本申请发明的 X 装置。
- 引用发明的 A 相当于本申请发明的 A。
- 引用发明的 B_1 相当于本申请发明的 B。
- 引用发明的 C_1 相当于本申请发明的 C。

（9）相同性的判断

通过进行对比，当如上述对比的例子所示本申请发明的特征与引用发明特征之间不存在不同点（相同）时，判断为本申请发明不具有新颖性。当存在不同点时，判断为具有新颖性。

在一项权利要求中记载的本申请发明的一个特征由多个并列选择项构成的情况下，当仅将该并列选择项中的任意一个选择项假定为该选择方案所涉及的特征时，经对比权利要求所涉及发明与引用发明后两发明不存在不同点时，判断为该权利要求所涉及发明不具有新颖性。

2.3 针对缺乏新颖性的驳回理由通知书的答复

当审查员得出本申请发明不具有新颖性的结论时，会发出本申请发明属于法第 29 条第 1 款各项不能获得专利的驳回理由通知书。针对缺乏新颖性的驳回理由通知书的答复，基本上是对上述各步骤中认定的内容具体进行判断，并针对错误的认定进行反驳。特别是，多数情况可以针对关于本申请发明与引用发明的对比的认定进行反驳。当对本申请发明进行修改时，例如在上述"本申请发明与引用发明的对比的例子"中，可以通过进行修改将本申请发明的特征 B 缩小为与引用发明的 B_1 不同的下位概念 B_E，或者增加引用文献中未记载的发明特征 E，从而使本申请发明与引用发明不同。

然而，即使权利要求具有新颖性，如果不具备创造性也不能避免被驳回，通常在驳回理由通知书中也会指出缺乏创造性，因此仅主张针对引用发明具有新颖性没有什么意义。实务中会根据需要对权利要求进行修改并使权利要求具备创造性，在意见书中主张具备创造性。因此，在本书中对于针对缺乏新颖性的答复并未详细阐述，关于针对缺乏创造性的驳回理由通知书的答复将在下一章详细说明，因此关于答复请参照下一章。

2.4 不丧失新颖性的例外（法第 30 条）

根据平成 23 年（2011 年）的专利法修订，并不限于由于试验行为或出版物发表等而变为公知的发明，而是改为对于因具有专利申请权的人的（所有）行为（除了关于发明等的公报公布）而变为公知的发明，均能够适用不丧失新颖性的例外（法第 30 条第 2 款）。关于用于适用不丧失新颖性的例外规定（法第 30 条）的手续，由于其通常是专利申请时进行的手续而非中间手续，因此在本书中省略其说明。

在本书中所引用的诉讼案件编号中的符号的含义

"行ケ"：知识产权高等法院（东京高等法院）的决定撤销诉讼案件

"行ツ"：最高法院的决定撤销诉讼上告案件

"行ヒ"：最高法院的决定撤销诉讼上告受理案件

"ワ"：地方法院的侵权诉讼案件

"ネ"：高等法院的侵权诉讼上诉案件

"オ"：最高法院的侵权诉讼上告案件

第 3 章
创造性（法第 29 条第 2 款）

3.1 法第 29 条第 2 款的规定和解释

> **法第 29 条第 2 款**
> 　除前款规定以外，当具有该发明所属技术领域中的通常知识的人员根据前款各项所列发明在专利申请前能够容易得出发明时，该发明不可获得专利。

（1）规定的要旨

作为法第 29 条第 2 款（创造性）规定的要旨，如果针对本申请发明所属技术领域中的通常技术者能够容易得出的发明授予专利权（独占排他权），则不仅不会有利于社会的技术进步，反而会妨碍其进步，因此将该发明从授予专利的对象中排除。

（2）规定的解释

作为创造性的判断对象的"就该发明"是指就专利申请的权利要求所涉及发明（本申请发明）。

"在专利申请前能够……得出发明"是指根据专利申请时的技术水准来判断创造性〔东京高等法院 1989 年 6 月 20 日判决，昭和 60 年（行ケ）第 167 号［橡胶组成物案］〕。

"具有该发明所属技术领域中的通常知识的人员"（所属领域技术人员）是指具有以下①至④所有条件的假设的人，并非仅仅是审查员或复审审查员本身。对于所属领域技术人员，与认为其是某个人相比，有时考虑其为来自多个技术领域的"专家团队"更合适。

① 具有本申请发明所属技术领域的申请时的技术常识。

② 能够应用于研究开发（包括文献分析、实验、分析、制造等）的通常的技术手段。

③ 能够发挥材料选择、常规改变等常规的创作能力。

④ 能够获知本申请发明所属技术领域的申请时的技术水准的所有技术，并且能够获知与发明所要解决技术问题相关的技术领域的技术。

"前款各项所列发明"是指属于法第29条第1款各项的规定的任一项发明。换言之，可以是专利申请前在日本国内或外国为公众所知的发明及公开实施的发明以及在日本国内或外国发布的出版物中记载的发明或公众通过电信线路可利用的发明。关于缺乏新颖性是当本申请发明原则上被单篇引用文献公开时将被驳回，相比之下，关于创造性是当组合引用多篇公知发明能够得出本申请发明时将被驳回。（如图3－1所示）

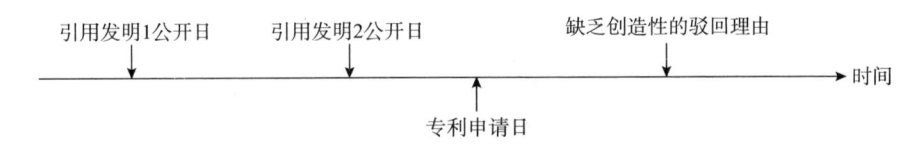

图3－1 公开日与申请日的关系

"在专利申请前能够容易得出发明"是指在专利申请前，所属领域技术人员根据法第29条第1款各项所列发明（引用发明），通过发挥常规的创作能力，从而能够容易想到权利要求所涉及发明。创造性的判断是通过对能否构建所属领域技术人员基于引用发明容易想到本申请发明的逻辑（逻辑构建）进行判断来对否定创造性方面的各种事实及肯定创造性方面的各种事实综合进行评价。

3.2 创造性的判断步骤

在日本特许厅审查员认定本申请的权利要求所涉及发明（本申请发明）具有新颖性之后，进一步对是否具备创造性进行判断。创造性的判断基本上按如下来进行。在准确地掌握了本申请发明所属技术领域中申请时的技术水准后，从现有技术中选择最适合进行逻辑构建的一个引用发明作为主引用发明，从主引用发明出发，判断所属领域技术人员能否进行容易得出本申请发明的逻辑构建。由于在对审查员的判断进行反驳时需要理解创造性判断的具体步骤，因此接下来对其进行说明。

需要说明的是，在 2015 年修订的审查基准中，在本申请发明的认定、引用发明的认定以及相同点及不同点的认定的说明之前倒叙地对容易想到性进行了说明，未能对体系进行有序地调整（需要改善）。对此，在本书中，对于基于出版物记载发明的情况中的创造性判断的具体步骤，按照时间顺序系统地进行说明。

创造性判断的步骤

（1）本申请权利要求所涉及发明（本申请发明）的认定

（2）（多篇）引用文献的记载内容的认定

（3）（多篇）引用文献中所记载发明（引用发明）的认定

（4）最适合的一个引用发明（主引用发明）的选择

（5）本申请发明与主引用发明的相同点及不同点的认定

（6）关于不同点的考虑

（7）容易想到性（可否建立逻辑）的判断

（1）关于本申请发明的认定

作为审查对象的创造性判断对象的发明基本上是具备新颖性的本申请发明，与新颖性判断的情况一样根据权利要求的记载来判定本申请发明（法第 36 条第 5 款）。当本申请权利要求书中存在两项以上的权利要求时，针对每个权利要求分别判断创造性。本申请发明的认定的各种手法与新颖性判断的情况相同，具体请参见本书第 2 章。

本申请发明的认定的例子如下所示。

本申请发明的认定

一种 X 装置，具有：

A；

B；

C；以及

D。

（2）引用文献的记载内容的认定

引用文献的记载内容的认定的各种手法与新颖性判断的情况相同，但在创造性判断中有时会引用多篇公知文献。

多篇引用文献记载内容认定的例子如下所示。

> **引用文献的记载内容的认定**
> 在引用文献 1 中，关于 X 装置记载了 "A" 及 "B_1"。
> 在引用文献 2 中，关于 X 装置记载了 "A" 及 "C_1"。
> 在引用文献 3 中，关于 Y 装置记载了 "D"。

（3）引用发明的认定

引用发明的认定的各种手法与新颖性判断的情况相同，具体在本书第 2 章中已进行了说明，但在创造性判断中有时会对多个引用发明进行认定。

多个引用发明的认定的例子如下所示。

> **引用发明认定的例子**
> 引用文献 1 中记载了一种 X 装置（引用发明 1），具有
> A；
> B_1。
> 引用文献 2 中记载了一种 X 装置（引用发明 2），具有
> A；
> C_1。

（4）最适合的一个引用发明（主引用发明）的选择

审查员从多个引用发明之中选择最适合用于否定本申请发明的创造性的逻辑构建的一个引用发明（主引用发明）。不会组合两个独立的引用发明作为主引用发明。公开了上述所选择的主引用发明的引用文献被称为"主引用文献"。通常，在驳回理由通知书中主引用文献为引用文献 1（但主引用文献不限于引用文献 1）。

需要说明的是，在发出多次驳回理由通知书的情况中，经常也会在不同的驳回理由通知书中对相同的文献赋予不同的引用文献编号，因而非常容易混淆。以保持驳回理由通知书完整性的名义来改变各驳回理由通知书中的引用文献编号，好像过于陷入形式主义了。希望日本能够参考各国专利局的实践，对引用文献编号进行更灵活的改善。

（5）本申请发明与主引用发明的相同点及不同点的认定

审查员对本申请发明与主引用发明进行对比，并对本申请发明的特征与主引用发明的特征的相同点及不同点进行认定。以在上述引用发明认定的例子中引用发明 1 最适合进行逻辑构建并被选为主引用发明为例，对相同点及不同点

的认定示例进行说明。在以下示例中，引用文献1、2中记载的技术内容B_1、C_1分别为本申请发明的特征B及C的下位概念。

相同点及不同点的认定的例子

相同点
- 主引用发明的X装置相当于本申请发明的X装置。
- 主引用发明的A相当于本申请发明的A。
- 主引用发明的B_1相当于本申请发明的B。

不同点
- 主引用发明不具备本申请发明的C及D。

（6）关于不同点的考虑

审查员针对本申请发明的特征与主引用发明的特征的不同点是否能够从其他引用发明（副引用发明）或公知、惯用技术的内容及技术常识得到进行判断。

以下示出了不同点判断的简单示例。

① 关于不同点C

虽然主引用发明不具备本申请发明的特征C，但是引用文献2中记载了X装置具有技术内容C_1。技术内容C_1相当于不同点特征C。

② 关于不同点D

虽然主引用发明不具备本申请发明的特征D，但是如引用文献3所记载的那样，在Y装置中技术内容D为公知技术。

（7）容易想到性（可否建立逻辑）的判断

审查员在对本申请发明的特征与主引用发明的特征的不同点进行判断后，试着构建可以根据主引用发明、其他引用文献中记载的发明（副引用发明）或公知、惯用技术的内容及技术常识来否定本申请发明的创造性的逻辑（逻辑构建）。按照以下①至④的步骤来判断能否进行所属领域技术人员从主引用发明出发容易得出本申请发明的逻辑构建。

① 关于本申请发明与主引用发明之间的不同点，根据否定创造性方面的要素所涉及的各种情况，应用其他引用文献所记载的发明或者考虑技术常识来判断能否进行逻辑构建。

② 根据上述①，当判断无法进行逻辑构建时，判断本申请发明具有创造性。例如，当不存在对应于本申请发明与主引用发明之间的不同点的副引用发明，且不同点也不是常规改变时，则无法进行逻辑构建。

③ 根据上述①，当判断大体能够进行逻辑构建时，进一步将肯定创造性方面的要素所涉及的各种情况也包括在内并综合进行评价后，判断能否得出维持逻辑构建的结论。

④ 根据上述③，当判断无法进行逻辑构建时，判断本申请发明具有创造性。

根据上述③，当判断能够进行逻辑构建时，判断本申请发明不具有创造性。例如，当存在对应于本申请发明与主引用发明之间的不同点的其他文献（副引用文献）所记载的发明（副引用发明），且存在将副引用发明应用到主引用发明的启示，且不存在肯定创造性方面的情况时，则能够进行逻辑构建。

（8）用于逻辑构建的主要要素

A. 否定创造性方面的要素

① 将副引用发明应用到主引用发明的启示
（ⅰ）技术领域的关联性
（ⅱ）技术问题的共同性
（ⅲ）作用、功能的共同性
（ⅳ）引用发明的内容中的暗示
② 根据主引用发明进行的常规改变等
③ 现有技术的简单叠加

B. 肯定创造性方面的要素

① 有益效果
② 阻碍因素

（9）逻辑构建中的注意事项

当对本申请发明的特征与主引用发明的特征的相同点及不同点进行了认定后，在针对不同点的容易想到性进行判断时，审查员应当在暂且舍弃本申请发明并排除事后诸葛亮的考虑后，再对容易想到性进行判断〔知识产权高等法院 2009 年 1 月 28 日判决，平成 20 年（行ケ）第 10096 号［电路用连接部件案］〕。

审查员不得在知晓本申请发明之后利用其知识进行逻辑构建（所谓的"事后诸葛亮"），不允许根据结果对本申请发明的不同点中的特征进行逻辑构建〔知识产权高等法院 2007 年 3 月 29 日判决，平成 18 年（行ケ）第 10422 号［具有抗水性及发散作用的鞋类用鞋底案］〕。

3.3 否定创造性方面的要素

3.3.1 将副引用发明应用到主引用发明的启示

在通过将副引用发明 2 应用到主引用发明 1 来得到本申请发明（1+2）的情况中，当存在进行该应用的启示时，该启示为否定创造性方面的要素。该"得到"也包括当将副引用发明 2 应用到主引用发明 1 时在进行常规改变等的同时进行该应用来得到本申请发明的情况。

有无将副引用发明 2 应用到主应用发明 1 的启示是通过对以下能构成启示的方面（1）至（4）综合进行考虑来判断。但也并非只要着眼于以下各方面就能够判断是否存在启示。

将副引用发明适用于主引用发明的启示
（1）技术领域的关联性
（2）技术问题的共同性
（3）作用、功能的共同性
（4）引用发明的内容中的暗示

下面对该四个方面进行说明。

（1）技术领域的关联性（对于属于关联技术领域的其他技术方案的应用）

在主引用发明 1 与副引用发明 2 之间存在技术领域的关联性，为了解决主引用发明 1 的技术问题而针对主引用发明 1 应用属于与主引用发明 1 关联的技术领域的副引用发明的技术方案为所属领域技术人员常规创作能力的发挥。例如，在与主引用发明 1 的技术领域关联的技术领域中存在可替换或可附加的技术方案的情况可以作为存在所属领域技术人员导出本申请发明的启示的依据〔东京高等法院 2002 年 7 月 13 日判决，平成 12 年（行ケ）第 388 号［发动机点火装置案］〕。在判断有无将副引用发明 2 应用到主引用发明 1 的启示时，除了考虑"技术领域的关联性"，还应当对能构成启示的方面（1）至（4）中的其他方面一并进行考虑。"技术领域"是通过着眼于所适用的产品等或者原理、构造、作用、功能等来进行把握。

> ★ 由于照相机与自动闪光灯通常一起使用、密切关联，因此只要在应用时未采用特别的方案，所属领域技术人员就容易想到将设在照相机中的测光电路的入射控制元件应用到自动闪光灯的测光电路〔东京高等法院

1982年3月18日判决，昭和55年（行ケ）第177号［自动闪光灯装置案］］。

（2）技术问题的共同性（对于解决相同技术问题的其他方案的应用）

主引用发明1与副引用发明2的技术问题共同的情况可以作为存在所属领域技术人员将副引用发明2应用到主引用发明1导出本申请发明的启示的依据。与本申请发明的技术问题之间的共同性并不重要〔东京高等法院2001年11月1日判决，平成12年（行ケ）第238号［碳素膜涂层饮料用瓶案］］，在本申请的申请时，当与对于所属领域技术人员显而易见的技术问题或所属领域技术人员能够容易想到的技术问题共同时，也认定存在技术问题的共同性。对于主引用发明1或副引用发明2的技术问题是否为显而易见的技术问题或能够容易想到的技术问题，根据申请时的技术水准来把握。

★引用发明1、2在使临时粘有标签的衬纸停止在预定位置这点上具有相同的技术问题。所属领域技术人员能够容易想到为了解决该技术问题将引用发明2的标签输送控制单元应用到引用发明1〔东京高等法院1991年6月27日判决，平成2年（行ケ）第182号［胶粘标签的粘贴装置案］］。

（3）作用、功能的共同性（对于作用、功能共同的其他技术方案的应用）

主引用发明1与副引用发明2的作用、功能共同的情况可以作为存在所属领域技术人员将副引用发明2应用或结合到主引用发明1导出本申请发明的启示的依据。

★引用发明1与引用发明2在按压布帛进行印刷装置的圆筒清洗这一点上具有共同点，引用发明1的凸轮构造和引用发明2的膨胀部件在设置成用于使布帛与圆筒接触或远离的作用这一点上也并无不同。因此，可以说存在转用引用发明2的膨胀部件作为按压单元来代替引用发明1的凸轮构造的背景〔东京高等法院1998年10月15日判决，平成8年（行ケ）第262号［自动毛毯清洗装置案］］。

（4）引用发明中的内容的暗示

如果在引用发明的内容中存在关于将副引用发明2应用到主引用发明1的暗示，则其可以作为存在所属领域技术人员将副引用发明2应用到主引用发明1导出本申请发明的启示的有力依据。

★由于引用出版物1（主引用文献）中记载了"尽管在以上说明中主要示出了将本发明人所作出的发明应用到插入式封装的例子，但也可以应用

第3章 创造性（法第29条第2款）

到其他封装等"（第4页上栏第18至20行），并且记载了可以适用于其他衬底，而不仅是PGA用衬底，因此能够解释为在引用出版物1中存在将该处记载的发明应用到PGA用衬底以外的、利用焊球与外部连接的BGA用衬底等的暗示。因此，可以说能够容易想到在引用出版物1发明中用聚酰亚胺薄膜来构成绝缘性支撑体。（无效宣告请求人所提出的甲第2、3、5至9号证据中示出了由聚酰亚胺所构成的绝缘支撑体）〔知识产权高等法院2013年2月6日判决，平成22年（行ケ）第10155号〔半导体封装的制造方法及半导体封装案〕〕。

当并非是在主引用文献中，而是在副引用文献中存在关于将副引用发明2应用到主引用发明1的暗示时，也可以作为存在启示的有力依据。

3.3.2 启示以外的否定创造性方面的要素

（1）常规改变等

关于本申请发明与主引用发明1之间的不同点，所属领域技术人员能够根据以下①至④中任一者（下称"常规改变等"）从主引用发明1出发来得出对应于该不同点的特征的情况，可以作为否定创造性方面的要素。这是因为以下①至④均仅为所属领域技术人员的常规创作能力的发挥。再有，在主引用文献1的内容中存在关于常规改变等的暗示的情况，可以作为否定创造性方面的有力依据。

① 从用于解决一定技术问题的公知材料之中选择最优材料；
② 用于解决一定技术问题的数值范围的最优化或优化；
③ 利用用于解决一定技术问题的等同物所进行的替换；
④ 随着具体应用用于解决一定技术问题的技术而采用常规改变或常规手段。

★由于甲1发明与公知技术均为进行呼叫转移的拨号连接方式，因此在甲1发明中采用公知技术，在将呼叫转移到访问目标的电话时进行常规改变以提供关于呼叫的消息并无特别的困难性。并且由于甲1发明的服务器能够识别接受的呼叫是否为来自看到何种广告的发送者的呼叫（甲1的〔0025〕），因此所属领域技术人员能够容易想到在将呼叫转移到访问目标的电话时提供表示是来自看到何种广告的发送者的呼叫的消息，也即表示是基于任意广告信息的拨号的消息来作为关于呼叫的消息；并且所属领域技术人员根据甲1发明及公知技术能够预测出其效果〔知识产权高等法院2015年3月19日判决，平成26年（行ケ）第10184号

[拨号连接装置、拨号连接方法、拨号连接程序及拨号接受服务器案]]。

(2) 现有技术的简单叠加

"现有技术的简单叠加"是指各个特征均为公知，并且在功能或作用上并未互相关联的情况。当发明为各个特征的简单叠加时，该发明为所属领域技术人员在常规创作能力的发挥范围内所作出的发明。发明为现有技术的简单叠加的情况可以作为否定创造性方面的要素。再有，在主引用文献1的内容中存在关于现有技术叠加的暗示的情况，可以作为否定创造性方面的有力依据。

★甲44发明涉及对作为"有机质废物"的厨房垃圾进行搅拌、发酵处理的装置。本案发明1的前提开放式发酵处理装置是对有机质废物进行搅拌、发酵处理的装置，其属于共同的技术领域，并且在进行搅拌、混合时使被处理物（有机质废物）沿所期望方向移动这一点上具有共同的技术问题。相对于行进方向（相对于旋转轴的垂直方向）斜着构成搅拌面，使旋转的叶片（本案发明1中的"捞起部件"）所产生的搅拌力在旋转轴方向上也起作用仅为所属领域技术人员的常规手段（参见甲44～52）。另外，使搅拌部为剖面V字形从而在正反向旋转时均在旋转轴方向上作用搅拌力也仅为所属领域技术人员的公知技术（参见甲44～49）。由于甲44发明的"搅拌部件"与本案发明1的"捞起部件"的形状相同，因此显然所属领域技术人员能够容易想到将上述公知技术中的甲44发明的"搅拌部件"转用于本案发明1的前提开放式发酵处理装置，本案发明1仅为简单叠加〔知识产权高等法院2013年2月27日判决，平成24年（行ケ）第10148号［旋转式搅拌机用叶片及开放式发酵处理装置案］]。

启示以外的否定创造性方面的要素

- 常规改变等
- 现有技术的简单叠加

3.4 肯定创造性方面的要素

3.4.1 与引用发明相比的有益效果

与引用发明相比的有益效果（本申请特征所取得的特有效果之中的与引

用发明相比有益的效果）可以作为肯定本申请发明的创造性方面的要素。当根据本申请说明书、权利要求书或附图的记载能够明确掌握该效果时，该效果可以作为肯定创造性方面的依据被参考。

（1）对于与引用发明相比的有益效果的参考

当本申请发明具有与引用发明相比的有益效果时，参考该效果来判断可否建立所属领域技术人员能够容易想到本申请发明的逻辑。即使本申请发明具有与引用发明相比的有益效果，当能够充分建立所属领域技术人员能够容易想到本申请发明的逻辑时，本申请发明的创造性将被否定。

★利用本申请发明所制造的层积材料即使在强度等方面与以往的材料相比具有一些优异特性，但其随着所属领域技术人员所能够容易进行的选择，也会带来选择聚丙烯树脂来代替聚乙烯树脂的结果，并不会影响创造性的判断〔最高法院1969年2月25日判决，昭和37年（行ナ）第199号［层积材料及其制造方法案］〕。

与引用发明相比的有益效果例如属于以下①或②的任意一个情况，并且显著超出根据技术水准所预测的范围的情况，可以作为肯定创造性方面的有力依据。

① 本申请发明具有与引用发明所具有的效果性质不同的效果，并且所属领域技术人员根据申请时的技术水准无法预测该效果的情况。

② 尽管是与引用发明所具有的效果性质相同的效果，但本申请发明具有显著优异的效果，并且所属领域技术人员根据申请时的技术水准无法预测该效果的情况。

特别是对于如选择发明那样，属于基于产品构造难以预测效果的技术领域的发明，具有与引用发明相比的有益效果可以作为用于判断有无创造性的重要依据。

★也可以认为所属领域技术人员能够容易想到基于引用发明来制造本申请发明的胃动素衍生物。然而，即使假设本申请的胃动素是具有与引用发明的胃动素性质相同的效果的胃动素，如果其具有极其优异的效果，并且显著超出根据当时的技术水准可预测的范围，则应当解释为具有创造性并能够授予专利〔东京高等法院1998年7月28日判决，平成8年（行ケ）第136号［新型肽案］〕。

★由于本申请发明的效果是通过结合各特征后带来的效果并且是显著的效果，因此尽管该特征为公知且是各引用发明中所记载的技术，但也不能认为根据其能够容易地推导出本申请发明〔东京高等法院 1977 年 9 月 7 日判决，昭和 44 年（行ケ）第 107 号［三维画线装置案］〕。

> **用于肯定创造性的有益效果**
>
> ● 与引用发明所具有的效果性质不同的效果，并且所属领域技术人员根据申请时的技术水准无法预测该效果
>
> ● 尽管是与引用发明所具有的效果性质相同的效果，但为显著优异的效果，并且所属领域技术人员根据申请时的技术水准无法预测该效果

（2）对于意见书等中所主张的效果的参考

当在意见书等中所主张、举证（例如提交实验结果）的效果属于以下①或②的任意一个情况时，与引用发明相比有益的该效果可以被参考。

① 该效果在说明书中被记载的情况；

② 该效果虽未在说明书中被明确记载，但所属领域技术人员根据说明书或附图的记载能够推断出该效果的情况。

★ 未在说明书中记载，且所属领域技术人员根据说明书或附图的记载无法推断出的意见书等中所主张或举证的效果不应被参考〔东京高等法院 1998 年 10 月 27 日判决，平成 9 年（行ケ）第 198 号［无线呼叫用接收机案］〕。

3.4.2 阻碍因素

（1）关于阻碍因素

"阻碍因素"是指当本申请发明的特征与主引用发明的特征（引用发明特征）不同时，对于通过将其他技术手段应用到该不同的引用发明特征来导出本申请发明进行阻碍的因素。也称为"阻碍理由"。通常，在引用文献中所记载的问题、方案、效果等内容构成阻碍因素。

根据阻碍因素的类型存在多种类型化方式。例如，存在根据替换手段的供给源进行分类的类型化方式，其将阻碍因素分类为针对将主引用发明 1 的技术手段替换为副引用发明 2 的技术手段的阻碍因素、针对将主引用发明 1 的技术手段替换为公知的其他技术手段的阻碍因素以及针对改变主引用发明 1 的技术手段的阻碍因素。

另外，还存在根据替换的效果等进行分类的类型化方式（审查基准采用该类型化方式），其着眼于主引用发明 1 的技术问题、功能、作用效果等对阻碍因素进行分类。

再有，还存在由于引用文献中存在妨碍容易想到本申请发明的直接的记载从而否定本来作为引用发明的适当性的阻碍因素。

阻碍因素并非是用于驳回本申请发明方的主张的理论，而是用于专利申请人方的主张的理论，因此即使是在一看就知道存在使所属领域技术人员从主引用发明1出发能得出本申请发明的启示的案件中，也可以主张在引用文献中记载有妨碍容易想到本申请发明的因素。因此，尽管偶尔存在未积极地指出否定创造性的逻辑构建而仅以不存在阻碍因素为理由来否定创造性的驳回理由，但这类驳回理由犯了法律适用的错误。另外，在审查基准中的阻碍因素的类型化方式中有一类是"违反目的"，其对应于主引用发明1与副引用发明2之间技术问题不存在共同性的情况。其中有时本来就不存在将副引用发明2应用到主引用发明1的启示，即还未到需要主张阻碍因素的阶段，但对于申请人来说，先姑且不论有无启示而是只要主张阻碍因素即可，因此在实务中并无较大影响。

（2）阻碍因素的类型

根据阻碍因素的替换效果等所进行分类的审查基准中的类型如下。

对于存在阻碍将副引用发明2应用到主引用发明1的理由，可以作为妨碍逻辑构建的因素（阻碍因素）而成为肯定创造性方面的要素。但是，当即使考虑了阻碍因素后仍能够充分建立所属领域技术人员容易想到本申请发明的逻辑时，将否定本申请发明的创造性。作为阻碍因素的示例，可以举出副引用发明2为以下①至④的情况的例子。

① 当被应用到主引用发明1时，会使主引用发明1违反其目的的副引用发明2。

② 当被应用到主引用发明1时，会使主引用发明1无法发挥作用的副引用发明2。

③ 主引用发明1排斥其应用，不可能被采用的副引用发明2。

④ 在示出副引用发明2的出版物等中记载或登载了副引用发明2和其他实施例，关于主引用发明1所要达成的技术问题，副引用发明2是作为作用效果比其他实施例差的例子被记载或登载，所属领域技术人员通常不会考虑应用的副引用发明。

★引用发明1是通过在引线脚的设置方法上想办法来以实现薄型化为目的的变压器的安装装置，由于如果将引用发明2的方案应用到引用发明1的引线脚上，则会变成沿着违反实用新型的目的的方向对特意设置了回避孔并在设置方法上想办法以实现了薄型化的引线脚进行改变，因此即使考虑两者在能够平面安装这一点上共同，也无法认定为所属领域技术人员能够容易地想到〔东京高等法院1998年5月28日判决，平成8年（行ケ）第91号［电感元件案］］。

★当将引用发明2、3所示的通过使单一的机器人具备具有不同操作功能的两个握持单元从而利用单一的机器人选择地执行两个操作的技术思想应用到引用发明1时，该自动捆包装置的存在并不会成为障碍〔东京高等法院1999年2月10日判决，平成10年（行ケ）第131号［具有机器人的箱处理装置案］］。

如果在出版物等中存在妨碍容易想到本申请发明的记载，则该出版物等中所记载的发明会缺乏作为引用发明的适当性。因此，主引用发明1或副引用发明2为该类引用发明的情况可以作为妨碍逻辑构建的阻碍因素。

★本申请发明利用了伴随碳酸镁的分解的二氧化碳，相对于此，引用发明否定了该利用，因此不能用作对比判断的资料〔东京高等法院昭和62年（行ケ）第155号［玻璃发泡体的制造方法案］］。

关于意见书中基于阻碍因素的主张，请参见本书中"3.12.3 针对缺乏创造性的驳回理由的反驳（7）基于阻碍因素的主张"中的说明。

3.5　关于功能性权利要求的创造性等的处理

当在权利要求中，未对产品本身明确进行限定，而是通过作用、功能、性质或特性（功能、特性等）对产品进行限定记载时（下称"功能性权利要求"），原则上该记载被（广义地）解释为是指具有该功能、特性等的所有产品。

当在权利要求中记载了该产品所固有的功能、特性等时，如果该产品为公知，则判断该产品不具有新颖性。这是由于权利要求中所记载的功能、特性等对于限定该产品并未起作用。

在由于功能、特性等的记载而难以与主引用发明进行对比、无法进行严密对比的情况下，只有当审查员对于否定本申请发明的创造性抱有大致合理的质疑时，才会发出否定创造性的驳回理由通知书。但是，需要在驳回理由通知书中对该合理的质疑进行说明。对此，当申请人通过提交意见书或实验结果证明等，针对两者为类似的产品以及否定本申请发明的创造性的大致合理的质疑进行反驳、阐明，并且能够将审查员的结论否定到真伪难辨的程度时，驳回理由会被克服。当申请人的反驳、阐明为抽象或一般的反驳或阐明等而未能改变审查员的结论时，将作出否定创造性的驳回决定。最常见的答复是通过对权利要求进行修改并明确与主引用发明之间的不同点来克服驳回理由。

3.6　关于用途限定权利要求的创造性等的处理

在存在如"……用"的使用产品的用途对该产品进行限定的记载（用途限定）的情况下，会考虑说明书及附图的记载以及申请时的技术常识，当用途限定被解释为是指特别适用于该用途的形状、构造、组成等（下称"构造等"）时，认定附带用途限定的产品为具有该用途限定所指的构造等的产品。

在本申请发明中的产品附带用途限定并且用途限定是指特别适用于该用途的产品的情况下，即使本申请发明的特征与引用发明特征除了用途限定以外均相同，当用途限定所指的构造等不同时，也会判断为两发明为不同的发明。由此，判断本申请发明具有新颖性。

在虽然本申请发明中的产品附带用途限定，但是用途限定并不是指特别适用于该用途的产品的情况下，当本申请发明不属于"用途发明"时，对于本申请发明的特征与引用发明特征除了用途限定以外均相同的情况，判断两发明为相同的发明。由此，判断为本申请发明不具有新颖性。

当本申请发明属于"用途发明"时，即使该产品本身公知，本申请发明也相对于该公知的产品具有新颖性。但是，即使是具有新颖性的用途发明，当所属领域技术人员根据已知的属性、产品的构造等能够容易地想到该用途时，也会否定该用途发明的创造性。根据平成28（2016）年4月1日起施行的修订审查基准，关于具有用途限定的食品发明的认定标准被放宽，当由于在该食品中发现某种成分的未知属性从而发现与以往已知用途不同的新用途时，判断该用途限定具有用于限定本申请发明中的食品的含义。

3.7　关于构件权利要求的创造性等的处理

在涉及"构件发明"的权利要求中记载有"其他构件"的情况下，只有当能够充分认识到关于"其他构件"的特征对于权利要求中的"构件发明"的构造、功能等进行了限定时，才能认定本申请发明具有该构造、功能等。

√例：一种客户端装置，其向检索服务器发送检索字，通过解码单元对从检索服务器直接接收的返回信息进行解码并在显示单元上显示检索结果，其特征在于，所述检索服务器通过加密方式A对所述返回信息进行编码后发送。

说明：考虑到申请时的技术常识，客户端装置如果不使用与服务器装置中的加密方式 A 对应的解码单元，则无法对返回信息进行解码。因此，在客户端装置的解密单元进行与加密方式 A 对应的解码处理这一点上，对客户端装置进行了限定。

在充分认识到权利要求中所记载的关于"其他构件"的特征对于构件发明的构造、功能等进行了限定的情况下，当构件发明与主引用发明之间存在不同点时，判断该构件发明具有新颖性。

在权利要求中所记载的关于"其他构件"的特征对于构件发明的构造、功能等未进行任何限定的情况下，即使在关于"其他构件"的特征与主引用发明特征的记载、表述上存在差异，如果没有其他不同点，则在构件发明与主引用发明之间也不会在构造、功能上产生差异。因此，判断该构件发明不具有新颖性。

×例：一种客户端装置，其能够向检索服务器发送检索字，接收返回信息并在显示单元上显示检索结果，其特征在于，所述检索服务器根据检索字的检索频度改变检索方法。

说明：关于检索服务器根据检索字的检索频度改变检索方法，一方面，其对检索服务器进行了限定；另一方面，其对客户端装置的构造、功能等未进行任何限定。

在由于在权利要求中进行了关于"其他构件"的记载而难以与引用发明进行对比、无法进行严密对比的情况下，只有当审查员对于否定本申请发明的新颖性或创造性抱有大致合理的质疑时，才会发出否定新颖性或创造性的驳回理由通知书。但是，需要在驳回理由通知书中对该合理的质疑进行说明。对此，最常见的答复是通过对权利要求进行修改并明确与主引用发明之间的不同点来克服驳回理由。

3.8　关于方法限定产品权利要求的创造性等的处理

对于在权利要求中存在通过制造方法对产品进行限定的方法限定产品权利要求的情况，该记载会被解释为最终所得到的产品本身。因此，即使是根据申请人自己的意思而明确地表示出如"由专用 A 方法所制造的 Z"类的仅要限定为通过特定的方法所制造的产品的情况，也会被解释为产品（Z）本身来对本申请发明进行认定。

当权利要求中记载的制造方法所限定的产品与引用发明的产品相同时，无论权利要求中记载的制造方法是否为新的制造方法,均不会因该制造方法的特征使权利要求具有新颖性。

在由于很难确定产品本身的构造因而难以与引用发明进行对比、无法进行严密对比的情况下,只有当审查员对于否定本申请发明的新颖性或创造性抱有大致合理的质疑时,才会发出否定新颖性或创造性的驳回理由通知书。但是,需要在驳回理由通知书中对该合理的质疑进行说明。对此,最常见的答复是通过对权利要求进行修改并明确与主引用发明之间的不同点来克服驳回理由。另外,对于方法限定产品权利要求,通常还会指出违反清楚性要件(法第36条第6项第2号)的驳回理由,因此多数情况下需要修改。

3.9　关于数值限定权利要求的创造性等的处理

对于通过权利要求中记载的明确的数值范围(上限值和/或下限值)来限定发明的数值限定权利要求的情况,也与通常的权利要求的情况一样,对附加有数值范围限定的权利要求进行认定。

在权利要求中存在使用数值限定来限定发明的记载的情况下,当与主引用发明1的不同点仅为数值限定时,通常该权利要求不具有创造性。其原因是,实验性地对数值范围进行的最优化或优化通常被视为所属领域技术人员的常规创作能力的发挥。

然而,当本申请发明与引用发明相比的效果满足以下①至③全部时,判断该数值限定的发明具有创造性。

① 该效果是所限定的数值范围内所起到的效果,并且是示出了引用发明的证据中未公开的有益的效果。

② 在数值范围内的所有部分,该效果是与引用发明所具有的效果性质不同的效果,或者是与引用发明所具有的效果性质相同但显著优异的效果(即有益的效果具有显著性)。

③ 所属领域技术人员根据申请时的技术水准无法预测该效果。

另外,当本申请发明与主引用发明1的差异仅在于有无数值限定,并且具有共同的技术问题时,作为所谓的数值限定的临界意义,为了认定有益效果的显著性,关于该数值限定内与数值限定外的各自的效果,必须存在数量上的显著的差异。然而,当技术问题不同且有益效果为性质不同的效果时,即使除了数值限定以外两者具有相同的特征,也无须数值限定具有临界意义〔东京高等法院1987年7月21日判决,昭和59年(行ケ)第180号〔叔丁醇制造方法案〕〕。

★ 关于作为要件的 350 度至 1200 度的反应温度内的至少到 350 度至 500 度附近的反应条件，不能认定本申请发明具有显著的效果〔东京高等法院 1980 年 12 月 8 日判决，昭和 54 年（行ケ）第 114 号［卤代硅烷制造方法案］］。

★ 在本申请发明中设为 "包含 90% 以上的 100～14 目范围内的粒度" 与引用发明中期望的粒度范围 50～12 目在数值上极其相似，并在作用效果上不存在格外的差异，因此当所属领域技术人员无须格外的创意便能够根据引用发明将粒度范围如本申请发明一样限定时，应当认为所属领域技术人员能够容易地根据引用发明及公知技术想到本申请发明〔东京高等法院 1989 年 10 月 12 日判决，昭和 63 年（行ケ）第 107 号［人工草坪制体育场案］］。

3.10　关于选择发明的创造性等的处理

关于选择发明也与通常的情况一样针对权利要求进行认定。

当本申请发明与引用发明相比的效果满足以下①至③全部时，判断该选择发明具有创造性。

① 该效果是出版物等中未记载或刊载的有益的效果。

② 该效果是与出版物中通过上位概念或并列选择项所表述的发明所具有的效果性质不同的效果，或者是效果性质相同但显著优异的效果。

③ 所属领域技术人员根据申请时的技术水准无法预测该效果。

★ 虽然本申请发明在彩度上起到比引用发明更优异的作用效果，但由于该差异为从引用发明所起到的作用效果连续推移程度的差异，并且无法称作超出所属领域技术人员预测的显著的作用效果，因此关于本申请发明的选择发明不能成立〔东京高等法院 1994 年 9 月 22 日判决，平成 4 年（行ケ）第 214 号［用于对皮革或毛皮进行染色的染料的使用方法案］］。

3.11　关于创造性判断的注意事项

（1）事后诸葛亮

审查员必须注意不要在获得本申请发明的知识后，为了判断创造性而犯以

第 3 章 创造性（法第 29 条第 2 款）

下①或②的事后诸葛亮的错误。
① 看来好像所属领域技术人员能够容易想到本申请发明。
② 在对引用发明进行认定时，对本申请发明估计偏低。

（2）公知技术

关于为了进行逻辑构建而用作引用发明的公知技术或者用作常规改变等的依据的公知技术，审查员不得仅以属于公知技术为理由而省略对于是否能够进行逻辑构建的判断（对于在该公知技术的应用中是否存在阻碍因素等的判断）。

（3）本申请说明书中的现有技术

关于在本申请说明书中作为本案申请前的现有技术所记载的技术，当申请人在该说明书中承认该现有技术的公知性时，作为构成申请时的技术水准的技术，可以将其作为引用发明来引用。如果在说明书中明确记载"某某技术为公知技术"则理所当然会构成申请人自己承认其公知性。另外，不限于该类直接的表述，当根据说明书整体的记载进行判断后能够认定申请人自己承认了现有技术的公知性时也会构成公知技术。

（4）具有并列选择项的权利要求

如上所述，对于关于特征具有形式上或事实上的并列选择项的权利要求，对仅将该并列选择项中的任意一个假定为特征时的发明与主引用发明 1 进行对比以及逻辑构建，当能够进行逻辑构建时，否定该权利要求整体的创造性。

（5）具有创造性的产品的制造方法等的发明

当产品本身的发明具有创造性时，该产品的制造方法以及该产品的用途的发明原则上具有创造性。

（6）商业上的成功

商业上的成功、长期渴望实现等情况可以作为有助于推定存在肯定创造性方面的要素的辅助指标被参考。但是，只有审查员根据申请人的主张、举证能够得出该情况是基于权利要求的技术特征而非基于销售技术、宣传等其他原因所致的结论时，才能进行参考。

★由于使用由本申请发明中的组成所构成的炼油厂剩余气体应为与引用文献完全不同的构思，所属领域技术人员无法容易得出，显然本申请发明通过使用作为废气的炼油厂剩余气体能够带来极其廉价地提供原材料和废物有效利用的经济效果，并能够评价该效果为显著的效果，因此不认为所属领域技术人员根据引用发明能够容易地得出本申请发明〔东京高等法院1992年12月9日判决，平成元年（行ケ）第180号［乙苯的乙基化方法案］）。

关于创造性判断的注意事项
- 事后诸葛亮
- 公知技术
- 本申请说明书中的现有技术
- 具有并列选择项的权利要求
- 具有创造性的产品的制造方法等的发明
- 商业上的成功

3.12 针对缺乏创造性的驳回理由通知书的答复

3.12.1 缺乏创造性的驳回理由通知书

当审查员得出本申请发明不具有创造性的结论时，会发出驳回理由通知书。在驳回理由通知书中本来应当通过对比本申请发明与主引用发明来认定相同点及不同点，并且作为针对不同点的判断结果明确指出容易想到的逻辑构建，但在实务中也会有未具体指出两者特征的对比或逻辑构建的驳回理由通知书。例如，也有不少驳回理由通知书仅仅记载到"参见引用文献1的段落［XXXX］－［YYYY］"或"在引用文献2中记载了要素C。如引用文献3所记载，要素D为公知技术。因此，所属领域技术人员能够容易想到权利要求1"的程度。在进行了一定程度好像对比说明的驳回理由通知书中，例如会进行"引用文献1中记载的A及B_1分别相当于权利要求1的A及B"或"引用文献1中记载了一种X装置，该装置具有A及B_1"等说明（很多情况下实际上未进行与本申请发明特征之间的对比）。作为关于从属权利要求缺乏创造性的说明，例如"权利要求2~9均为所属领域技术人员能够容易得到的发明"算是好的，在有些驳回理由通知书中甚至没有任何说明仅是不分青红皂白地否定所有权利要求的创造性，使人弄不清对于支付了与独立权利要求相同数额实审请求费的从属权利要求是否实际进行了审查。

审查员需要从各种观点广泛地对本申请发明的特征与主引用发明的特征的不同点进行判断。例如，判断本申请发明是否属于从公知材料选择最佳材料或常规改变、简单叠加，或者判断引用发明中是否存在启示或阻碍因素。另外，

第3章 创造性（法第29条第2款）

当根据本申请说明书等的记载能够明确把握根据不同点所得到的与引用发明相比的有益效果时，作为有助于肯定地推定存在创造性的事实，应当对其进行参考。

关于上述＜相同点、不同点的认定例子＞中的例子，以下示出审查员否定创造性的逻辑构建的例子。

① 关于不同点 C

由于引用文献 2 中记载的引用发明 2 属于与主引用发明相同的技术领域且技术问题也相同，并且引用发明 2 的 X 装置具有技术内容 C_1，因此认定所属领域技术人员能够容易想到通过将引用文献 2 中记载的技术内容 C_1 应用到主引用发明来得到本申请发明的 C 的方案。

② 关于不同点 D

由于如引用文献 3 所记载，在属于与主引用发明关联的技术领域的 Y 装置中 D 为公知技术，因此认定所属领域技术人员能够容易想到通过将该公知技术 D 应用到主引用发明来得到本申请发明的 D 的方案。

③ 本申请发明的作用效果是所属领域技术人员根据主引用发明、引用文献 2 及公知技术能够预测范围内的作用效果。

④ 通过将引用文献 2 中记载的技术内容及公知技术应用到引用文献 1 所记载的发明（主引用发明），所属领域技术人员能够容易地得出本申请发明。

如果关于不同点之中的一个无法认定容易想到本申请发明（无法进行逻辑构建），则判断本申请发明具有创造性。当如上述例子关于所有不同点均认定容易想到时，将否定本申请发明的创造性。

在一个权利要求中所记载的本申请发明的一个特征由多个并列选择项构成的情况中，当该并列选择项中的任意一个选择项容易想到时，则认定该权利要求整体不具有创造性。

否定创造性的例子

• 在主引用发明的 X 装置相当于本申请发明的 X 装置，主引用发明的 A 相当于本申请发明的 A，主引用发明的 B_1 相当于本申请发明的 B 的方面，两发明相同。

• 不同点 C 在引用文献 2 中作为 C_1 被记载。

• 如引用文献 3 的记载，不同点 D 为公知技术。

• 通过将属于相同技术领域且技术问题也相同的引用文献 2 中记载的 C_1 及引用文献 3 中记载的公知技术 D 应用到主引用发明，所属领域技术人员能够容易想到本申请发明。

3.12.2 缺乏创造性的说明责任

针对缺乏创造性的驳回理由，申请人可以对权利要求进行修改，通过意见书、实验结果证明等进行反驳、阐明。申请人并不承担关于本申请发明具有创造性的举证责任，应由主张或认定驳回或无效的一方来承担本发明不具有创造性的举证、说明责任。然而，如上所述，实际上在很多的驳回理由通知书中，未明确示出两者特征的具体对比或否定创造性的逻辑构建的情况较多。在申请实务中，需要由申请人一方通过对两者的特征进行对比，判断相同点及不同点，并基于不同点来主张创造性。当通过申请人的反驳、阐明从而能够将权利要求（修改的情况下为修改后的权利要求）因法第 29 条第 2 款的规定不能获得专利的审查员的结论否定到真伪不明的程度时，驳回理由将被克服。当不能改变审查员的结论时，将基于缺乏创造性的驳回理由作出驳回决定。由于只要针对多项权利要求之中的一项权利要求的驳回理由未被克服，就可以对专利申请整体作出驳回决定〔东京高等法院 2002 年 1 月 31 日判决，平成 12 年（行ケ）第 385 号［具有复合轴承装置的电动机案］］，因此应当注意所有权利要求均应具有创造性。

★法第 29 条第 1 款规定了除了专利申请前公知的发明、公开实施的发明、出版物所记载的发明以外，均能够获得专利。该款的要旨为，只要不能认定（只要不能举证）申请所涉及发明（该发明）为在申请前公知、公开实施、出版物所记载的发明，则均应授予专利〔知识产权高等法院 2011 年 10 月 24 日判决，平成 22 年（行ケ）第 10245 号［不包含 CMIT 的发明案］］。

3.12.3 针对缺乏创造性的驳回理由的反驳

当收到本书第"3.12.1 缺乏创造性的驳回理由通知书"一节中记载的"否定创造性的例子"的驳回理由通知书时，例如可以进行以下（1）至（18）等的反驳、主张。在实际的案件中，无须冗长地陈述过多的反驳意见，而是需要仔细弄清以下反驳、主张之中哪个最适合且具有说服力后再进行答复。例如，较有效的是在考虑权利取得及权利行使的基础上，将反驳的重点缩小至最有效且适合的二三点进行主张。

在本书的各反驳示例处附带记载了多篇判例（参见符号★），以供读者在构思具有创造性的主张时参考。在意见书中主张具有创造性后，可以一并记载案件编号及案件名作为支持该主张的判例。

第3章 创造性（法第29条第2款）

> **针对缺乏创造性的驳回理由的反驳**
>
> （1）针对本申请发明的认定的反驳
> （2）针对引用文献记载内容的认定的反驳
> （3）针对引用发明的认定的反驳
> （4）针对相同点的认定的反驳
> （5）关于逻辑建立的反驳
> （6）基于有益效果的主张
> （7）基于阻碍因素的主张
> （8）关于功能性权利要求的主张
> （9）关于用途限定权利要求的主张
> （10）关于构件权利要求的主张
> （11）关于方法限定产品权利要求的主张
> （12）关于数值限定权利要求的主张
> （13）关于选择发明的主张
> （14）关于公知认定的反驳
> （15）关于多个不同点的主张
> （16）关于引用发明的组合与本申请发明的不同点的主张
> （17）多方面反驳、主张
> （18）关于从属权利要求的主张

（1）针对本申请发明的认定的反驳

在对缺乏创造性的驳回理由进行通知的驳回理由通知书中，也有一些对本申请发明完整地进行了认定。对于该类情况，如果驳回理由通知书中的本申请发明的认定中存在错误，则可以对其进行反驳〔东京高等法院1998年5月13日判决，平成6年（行ケ）第274号［光电触发器及光猝灭静电介电晶闸管案］〕及〔知识产权高等法院2007年12月18日判决，平成18年（行ケ）第10537号［具有冲突防止用布置的装置案］〕。例如，在本申请发明为"认知症患者无法识别对话的对象时向认知症患者提供关于对象的信息的辅助系统"的情况下，当驳回理由通知书认定"由于主引用文献中举例说明了想不起来人名，因此容易想到提供用于对其进行克服的文字信息"时，可以向审查员说明本申请发明并非涉及针对想不起来人名的技术方案的发明而是涉及"无法识别对话的对象时"的技术方案的发明，并主张"想不起来人名"与"无法识别人"并不相同以及作为其技术方案的特征也不相同。另外，由于经常出现忽略了本申请发明的一部分特征的情况，因此需要确认驳回理由通知书是否正确地对本申请权利要求的所有特征均进行了对比。例如，当本申请权利要求中记载了"根据输入信号的振幅使用两个不同的放大器的任意一者对输入信号进行放大"，但在驳回理由通知书中却指出"引用文献1记载了使用两个不同的放大器对输入信号进行放大"时，可以主张在本申请发明的"根据输入信号的振幅使用两个不同的放大器的任意一者"的技术特征部分上存在差异。

有时只有通过对本申请权利要求的一字一句均给予注意并多次反复阅读才能发现驳回理由通知书中的关于本申请发明的认定错误（或对于不同点的忽略）。针对驳回理由通知书认定错误的部分（关于所忽略的不同点的部分），多数情况可以对本申请发明稍微进行修改，以不实质性地缩小范围而是使本发明与主引用发明的差异进一步明确化的方式进行修改。

也可以通过参考说明书的记载对权利要求中记载的用语含义进行解释，从而指出驳回理由通知书中的本申请发明的认定错误，并对本申请发明的创造性进行主张。

★本申请发明的眼线笔被设置成"能够崩溃"（权利要求1），"能够崩溃"作为日文并不具有唯一的含义。并且，在本申请说明书中关于眼线笔的侧壁使用能够崩溃的用语时，作为定义是指虽然通过施加手的压力等适度的压力能够变形并且能够向着基座部按压，但是不会破坏侧壁的状态。另外，记载了眼线笔即使不被支撑也能够以延伸并直立的状态站立的内容（同⑧）。由此，可以说本申请发明的眼线笔具有只要不施加手的压力等人为的压力侧壁就不会变形而保持收纳容器的形状的性质，具有自己站立构造（自己站立性及形状保持性）〔知识产权高等法院2008年12月24日判决，平成20年（行ケ）第10188号［液体喷雾装置案］〕。

然而，在审查阶段的驳回理由通知书中通常并不会进行本申请发明的认定，多数情况下并不能发现本申请发明的认定是否有误。因此，通常需要针对本发明与主引用发明的对比进行反驳。

（2）针对引用文献记载内容的认定的反驳

当在引用文献1中未记载B_1或在引用文献2中未记载C_1时，可以针对其进行反驳。此时，一般来说无须对权利要求进行修改，在意见书中进行该反驳即可。可以通过引用其他出版物等来说明所属领域技术人员即使参考本申请申请时的技术常识也无法从引用文献的记载内容导出B_1或C_1〔东京高等法院

1998年6月3日判决，平成8年（行ケ）第252号［下水道系统案］］及〔知识产权高等法院2009年3月25日判决，平成20年（行ケ）第10261号［用于治疗上呼吸道状态的木糖醇合成物案］］。也有时会由于审查员为了理解本申请发明而过于接近本发明，因此误认为引用文献记载或等于记载了B_1或C_1，或者虽然没有合理的根据但是推测引用文献记载了B_1或C_1。此时，为了使审查员改变该错误的解释或认定，需要进行非常详细的说明（例如引用引用文献的记载，说明如果按照该解释则会产生技术矛盾等）。当引用文献1未记载B_1时，引用文献记载内容的认定会出现错误，主引用发明的认定也会存在错误。当引用文献2未记载C_1时，引用文献记载内容的认定也会出现错误，因此不同点的判断步骤中也会存在错误。最后，对根据引用文献1记载的发明（主引用发明）无法容易得出具有引用文献未记载的B或C的本申请发明进行说明。

（3）针对引用发明的认定的反驳

当引用文献1或引用文献2未记载引用发明1或引用发明2时，可以针对其进行反驳。此时，一般来讲也无须对权利要求进行修改，在意见书中进行该主张即可。例如，当在引用文献1中对于作为产品发明的主引用发明未记载到所属领域技术人员根据该引用文献1的记载及本申请申请时的技术常识能够制造该产品的程度时，不能以该发明作为"主引用发明"。另外，当在引用文献中对于作为方法发明的主引用发明未记载到所属领域技术人员根据该引用文献1的记载及本申请申请时的技术常识能够使用该方法的程度时，不能以该发明作为"主引用发明"。在该类情况中，可以通过引用其他出版物并根据技术常识，对主引用发明为制造方法不明确的产品或无法使用的方法进行说明。当在驳回理由通知书中根据引用文献1来认定主引用发明时，由于有时会强行使主引用发明接近本申请发明来认定主引用发明，因此应当在客观地理解引用文献1记载的基础上对主引用发明的错误认定进行反驳，而非拘泥于该认定。最后，对根据主引用发明无法容易得出与引用文献1所记载（正确认定）的主引用发明不同的本申请发明进行说明。

★显然在引用文献2记载的发明中，从基站发送的帧经由与基站连接的网络及连接该网络的端口被中继装置接收，被该中继装置中继，并发送到由上述帧的"目标MAC地址"所指定的通信目标的装置。换言之，从基站所发送的帧中的"目标MAC地址"是作为最终目标的装置的MAC地址，而非用于向该中继装置传送上述帧的上述中继装置的MAC地址。因此，不能认定引用文献2所记载的发明中"虚拟LAN信息（相当于本申请发明的'过滤标签域的值')利用目标 MAC 地址域（相当于本申请发明的'地址域'）被传送（相当于本申请发明的'被指向'）到中继装置（1）（相当于本申请发明的'过滤节点'）"。因此，复审决定的引用发明 2 的认定有误〔知识产权高等法院 2012 年 11 月 27 日判决，平成 23 年（行ケ）第 10211 号［数据流过滤装置案］］。

★ 关于认定出版物 2 "公开了为了使可见光整体具有高反射特性而交替层叠高折射率介电体和低折射率介电体并使各层的光学厚度具有梯度的多层膜" 以及根据出版物 2 认定 "为了使可见光整体具有高反射特性，层叠折射率不同的两层，同时使光学层具有厚度梯度" 为公知技术，由于其是在知晓本申请发明的基础上过于勉强地在出版物 2 的记载上追求该内容，因此不得不说其犯了认定错误〔知识产权高等法院 2007 年 3 月 28 日判决，平成 18 年（行ケ）第 10211 号［能够进行成型的反射多层物体案］］。

★ 在引用发明中，为了解决作为现有技术的图 3、图 4 记载的烧结炉的问题，将风扇 28 设在炉内的方案为特征点，对于作为不具有该特征点的发明来认定引用发明，其无视构成引用文献所记载的一组技术思想的要素之中技术上最重要的部分来认定发明，该认定不应被允许〔知识产权高等法院 2012 年 9 月 27 日判决，平成 23 年（行ケ）第 10385 号［具有炉内加热器的热处理路案］］。

★ 专利申请时的附图并非设计图，仅是用于明确化所要获得专利的发明内容的说明图。在该图中，仅将技术内容记载到所属领域技术人员能够理解的程度即可，不能依据其对该部分的尺寸或角度等进行限定。无法明确能否正确地依据部件的大小关系来制作引用文献中的附图，仅根据该附图来认定引用文献中的部件的大小关系并不合适〔知识产权高等法院 2009 年 6 月 24 日判决，平成 21 年（行ケ）第 10002 号［外径 1.6mm 的灌注套筒案］］。

★ 在引用文献 1 的权利要求 1 及实施例 1 中，并未公开包含硼硅酸盐类玻璃作为溶解性玻璃的技术。因此，在基于权利要求 1 及实施例作出的关于引用文献 1 发明为 "由硼硅酸盐类的溶解性玻璃构成的玻璃水处理材料" 的复审决定的认定中存在错误……在引用文献 1 中，作为早于引用文献 1 的现有技术，列举了乙 1 文献（段落［0003］），虽然在该文献中作为水溶性玻璃记载了硼硅酸盐类玻璃和磷酸盐类玻璃两者，但是以上下文为根据，关于将溶解性玻璃限定为磷酸盐类玻璃的引用文献1发明的"溶解性玻璃"，难以理解其同时包含硼硅酸盐类玻璃和磷酸盐类玻璃两者，无法采纳〔知识产权高等法院2013年1月30日判决，平成24年（行ケ）第10233号［抗菌玻璃及抗菌玻璃的制造方法案］〕。

(4) 针对相同点的认定的反驳（忽视不同点的主张）

① 即使是对于驳回理由通知书认定为本申请发明与主引用发明的相同点的技术内容，有时通过仔细分析也会发现其并非相同点而是不同点。踏踏实实地针对本申请权利要求的记载与主引用发明一字一句无遗漏地慎重比较以找出不同点的工作非常重要。如果找出了不同点，则例如可以主张本申请发明的特征B与主引用发明的特征B_1不同。在该情况中，原则上也无须对权利要求进行修改，在意见书中进行该主张即可。可以对本申请权利要求的表述及本申请说明书的记载内容进行考虑，对概念的上下关系等进行深入分析，对本申请发明准确地进行解释而非拘泥于本申请实施例，在针对主引用发明的特征B_1是否包含在本申请发明的特征B中客观地进行判断的基础上再进行反驳。但是，与新颖性的情况不同的是，仅存在不同点并不够，还需要所属领域技术人员无法容易想到该不同点。

② 对于主引用发明的特征B_1相当于本申请发明的特征B的驳回理由通知书的认定，有时是源于本申请发明的特征B的表述不清楚。如果申请人熟知本申请的实施例，则往往会根据实施例狭义地解释本申请发明，因此应该如上所述，在根据权利要求的记载对本申请发明客观地进行解释而非拘泥于本申请实施例的基础上，针对是否能够通过明确地表述本申请发明的特征B从而使其与主引用发明的特征B_1的差异更清楚地进行分析。此时，最好不要胡乱地针对驳回理由通知书中的认定进行反驳，而应该从驳回的立场而非取得权利的立场，针对主引用发明是否能够被理解为权利要求中的本发明冷静地进行分析。

③ 有时尽管主引用发明的特征B_1与本申请发明的特征B不同，但驳回理由通知书会将B_1及B错误地理解并上位概念化（β）后认定该β为相同点。对于这类上位概念化，可以从本申请发明的技术问题及技术方案等观点指出该上位概念化并不合理，并主张在驳回理由通知书的相同点认定中存在错误且忽略了不同点。

★关于本申请发明中的"文本光标"和"声音光标"被作为不同的光标配置并显示，本申请发明的"光标联动单元"针对位于不同位置的"文本光标"和"声音光标"以其任意一个光标与另一个光标位于相同位置或分开预定距离的位置的方式移动另一个光标以使两者"位置对准"，正如上述1的认定一样。因此，尽管认定"引用出版物1的强调词的光标"相当于本申请发明的"声音光标"，但并不能认定其相当于编辑错误词的本申请发明的"文本光标"。另外，也不能认定引用发明1"具有在相同位置上与声音光标联动的文本光标或在相同位置上与文本光标联动的声音光标"〔知识产权高等法院2012年6月13日判决，平成23年（行ケ）第10228号〔光标的位置对准案〕〕。

★对于主引用发明及副引用发明的技术内容，应当以引用文献的记载为基础，客观且具体地进行认定、确定，由于将引用文献记载的技术内容抽象化、一般化或上位概念化有可能会引入随意的判断，因此不能允许〔知识产权高等法院2012年1月31日判决，平成23年（行ケ）第10121号〔数值封闭型半导体装置案〕〕。

★在本案复审决定中，由于引用发明的"水热反应装置"进行水热反应处理，因此认定与本申请发明的"水处理装置"在"处理装置"上相同，并未就处理的内容进行实质性的对比，而判断"处理装置"部分相同……由于引用发明的"水热反应装置"是进行水热处理反应，因此在与本申请发明的"水处理装置"在"处理装置"上相同的本案复审决定的相同点认定中存在错误……引用发明的"水热反应装置"与本申请发明的"水处理装置"在"处理装置"上相同的本案复审决定的相同点认定有误，在未将其判断为不同点的本案复审决定中存在对结论产生影响的违法判定〔知识产权高等法院2011年3月17日判决，平成22年（行ケ）第10237号〔水处理装置案〕〕。

④ 当本申请发明的特征为比引用发明的对应内容更宽的概念时，原则上不属于不同点。

★关于申请涉及发明中的权利要求书与背景发明之间技术性质相同的特征，当申请涉及发明的特征与背景发明相比限定更宽的范围作为对象时，只要没有特殊情况，则不属于关于该特征的不同点〔知识产权高等法院2011年1月31日判决，平成22年（行ケ）第10260号〔直喷发动机案〕〕。

⑤ 不应在将其他引用发明应用到主引用发明之后再认定其与本申请发明的不同点，而是应当对本申请发明与单一的主引用发明的不同点进行认定。

★本案复审决定中，尽管将引用发明3的方案应用到引用发明1后对不同点3进行了判断，但应当根据法第29条第1款各项所列的发明对某一

第3章　创造性（法第29条第2款）

发明的容易想到性进行判断（法第29条第2款），不应预先组合多个发明后再进行判断，因此在本案复审决定中存在措辞不当的部分〔知识产权高等法院2010年12月22日判决，平成19年（行ケ）第10059号［利用循环自动通信的电子布线系统案］〕。

⑥ 在进行了关于忽略不同点的主张后，还要说明基于主引用发明无法容易得出具有引用文献未记载的B的本申请发明。

（5）关于逻辑建立的反驳

如本章的"3.3 否定创造性方面的要素"所说明的，可以对无法进行否定创造性的逻辑构建进行反驳。以下分别进行说明。

关于逻辑建立的反驳

关于作为启示的否定要素的反驳
① 关于技术领域的关联性的反驳
② 关于技术问题的共同性的反驳
③ 关于作用、功能的共同性的反驳
④ 基于引用发明中不存在暗示的反驳
关于启示以外的否定要素的反驳
① 关于常规改变等的反驳
② 关于简单叠加的反驳
关于创造性的肯定要素的主张
① 基于有益效果的主张
② 基于阻碍因素的主张

（5-1）关于作为启示的否定要素的反驳
① 关于技术领域的关联性的反驳

有时会以技术领域关联的理由将属于与主引用发明所属的技术领域关联的技术领域的其他引用文献中记载的内容组合或替换到主引用发明来否定本申请发明的创造性。此时，可以根据例如两篇引用文献所属的技术领域不具有关联性、两技术领域有很大不同、实际上通常不可能将技术内容相互应用，或者两篇技术文献的技术问题有很大不同，或者引用文献中存在阻碍组合的记载等理由，主张组合存在困难性〔知识产权高等法院2006年10月11日判决，平成17年（行ケ）第10717号［作为有机发光元件用的胶囊密封材料的硅氧烷及硅氧烷衍生物案］〕。

另外，有时虽然主引用发明的技术领域与本申请发明的技术领域不同，但会以本申请发明的技术问题为公知的技术问题等理由，根据主引用发明强行否定本申请发明的创造性。此时，可以主张由于两技术领域明显不同，因此所属领域技术人员不会接触到主引用发明，假设即使接触到也没有根据主引用发明想到本申请发明的启示因此难以得出本发明。

> ★关于本案订正发明所属的泵的技术领域中的所属领域技术人员是否会接触到关于技术领域与泵显然不同的电子设备的出版物 1 存在疑问。另外，假设即使泵的技术领域中的所属领域技术人员接触到出版物 1，出版物 1 的发明涉及便携型个人计算机等电子设备，在出版物 1 中关于泵未作记载，关于出版物 1 的发明能够应用到技术领域不同的泵也未作记载或暗示。因此，不存在将关于便携型个人计算机等电子设备的出版物 1 的发明应用到泵的启示〔知识产权高等法院 2014 年 3 月 25 日判决，平成 25 年（行ケ）第 10193 号［螺线管驱动泵的控制电路案］〕。

② 关于技术问题的共同性的反驳

有时会以主引用发明的技术问题与其他引用文献中记载的发明的技术问题为共同问题的理由，将该其他引用文献中记载的内容组合或替换到主引用发明来否定本申请发明的创造性。此时，例如可以根据两发明的技术问题实际上不同、替换的内容与技术问题之间并无关联性并且即使进行替换也无法解决技术问题或者引用文献中存在阻碍组合的记载等理由，针对组合存在困难性进行反驳〔知识产权高等法院 2007 年 7 月 19 日判决，平成 18 年（行ケ）第 10488 号［驱动电路案］〕。

> ★引用发明的特征在于从内到外对素材进行加热，相比之下，引用出版物 2 记载的技术的特征在于隔绝微波对素材的直接照射，两发明在技术问题及技术方案上有很大不同。由于在引用发明中并不存在必须仅通过外部加热来进行加热的必然性及启示，因此并不存在通过以引用发明为出发点来应用引用出版物 2 记载的技术内容从而能够容易得到本申请发明的理由。〔知识产权高等法院 2012 年 1 月 31 日判决，平成 23 年（行ケ）第 10142 号［微波炉及微波案］〕。

另外，当本申请发明的技术问题及技术方案的设定并不容易时，可以参考以下判例进行反驳。

> ★引用发明是用于在适合真空输送的状态下容纳厨房垃圾等的垃圾袋，可以理解如果长时间放置厨房垃圾等则会腐败并产生恶臭的问题是通过上述真空输送来解决……并不能解释为引用发明中存在应抑制由厨房垃圾

第 3 章　创造性（法第 29 条第 2 款）

等所产生的腐败臭味、恶臭的发生的技术问题。由于引用发明中并不存在对伴随腐败所产生的令人不快的臭气的技术问题，并且在引用发明中也不存在对臭气中和组成物进行组合的启示，因此关于本申请发明与引用发明的不同点，所属领域技术人员根据引用文献 2 记载的内容并非能够容易想到在引用发明中在吸收材料上沉积有效量的臭气中和组成物而得出不同点所涉及的本申请发明的特征，本案复审决定的判断中存在错误〔知识产权高等法院 2013 年 4 月 10 日判决，平成 24 年（行ケ）第 10328 号［臭气中和化及液体吸收性垃圾袋案］〕。

★由于该发明中的与主引用文献不同的方案（该发明的方案上的特征）为了解决现有技术中未能解决的技术问题而附加及变更新技术方案，因此在判断有无容易想到性时，在准确地理解作为该发明目的的技术问题（作用、效果等）后再根据与其的关系对"技术问题的设定是否容易"及"为了解决技术问题而采用特定的方案是否容易"综合地进行判断是必须且必不可少的。如上所述，由于是综合地判断能否容易想到该发明，因此为了得出该发明容易的结论，仅得出"为了解决技术问题而容易采用特定方案"是不够的，有时还需要得出"技术问题的设定是容易的"。换言之，假设即使"为了解决技术问题而容易采用特定方案"，当"技术问题的设定或着眼点是独特的设定或着眼点时"（例如设定了一般不会想到的技术问题时），当然无法得出容易想到该发明的结论。另外，对于有关"技术问题的设定是容易的"这一判断，由于是以构思本身的难易性为对象，因此容易引入事后诸葛亮或主观的判断。为了防止该类判断，基于证据的逻辑性说明是必不可少的。此外，作为其前提，正确理解作为该发明目的的技术问题在推导出该发明容易想到性的结论上也是非常重要的〔知识产权高等法院 2011 年 1 月 31 日判决，平成 22 年（行ケ）第 10075 号［换气扇过滤器案］〕。

再有，由于有时会在未充分理解本申请发明的技术问题，并且也未示出用于从主引用发明得出本申请发明的特征点的暗示等的情况下否定创造性，对此可以参考以下判例进行反驳。

★一方面，关于法第 29 条第 2 款规定的要件的充分性即所属领域技术人员能否根据现有技术容易想到申请所涉及发明，是以从现有技术出发是否能够容易得出本申请发明相对于现有技术的特征点（与现有技术不同的方案）为基准进行判断；另一方面，由于本申请发明的特征点（与现有技术不同的方案）是用于解决作为该发明目的的技术问题，因此为了客观地判断有无容易想到性，准确理解该发明的特征点即准确地理解作为该发明目的的技术问题是必不可少的。并且，在容易想到性的判断过程中，需要排除事后诸葛亮分析及非逻辑性思考。为此，在理解作为该发明目的的"技术问题"时，需要注意不要下意识地将"技术方案"及"技术结果"的元素带入其中。再有，为了得出容易想到该发明的判断结果，在对现有技术的内容进行考虑时，仅尝试能够得出该发明的特征点的推测成立是不够的，还应该需要存在用于得出该发明特征点的暗示等〔知识产权高等法院2009年1月28日判决，平成20年（行ケ）第10096号［电路用连接部件案］〕。

③ 关于作用、功能的共同性的反驳

有时即使主引用发明与其他引用文献中记载的发明在技术问题或技术领域上不同，也会以两者的某些技术内容的作用、功能是共同的作用、功能为理由，通过将主引用发明的技术内容替换成该其他引用文献中记载的技术内容来否定本申请发明的创造性。此时，可以根据两技术内容的作用、功能实际上不同、即使替换也不会得到本申请发明或者引用文献中存在阻碍组合的记载等理由，针对组合存在困难性进行反驳〔知识产权高等法院2003年1月28日判决，平成13年（行ケ）第519号［片材分割缠绕装置案］〕。

★虽然引用发明1、2与本申请发明都是关于运动鞋的鞋底（外底），技术领域相同，但是引用发明1是要克服伴随运动鞋接地的急速的稳定性并带来弹性，相比之下，引用发明2及本申请发明是要克服伴随运动鞋接地的弹性并带来稳定性。由于其要解决的技术问题及作用效果相反，因此不但引用文献1中并未记载关于采用本申请发明的本案不同点的方案或组合引用发明2的暗示或启示，而且由于引用发明1采用了由于接地而施加负荷时上部边前后摆动的方案，因而可以说存在针对采用与其相反的本申请发明的本案不同点的方案的阻碍理由。再者，即使将引用发明2组合到引用发明1，也不会因其而实现本申请发明的本案不同点的方案。因此，接触到引用文献1的所属领域技术人员无法对其应用引用发明2而容易想到本申请发明的本案不同点的方案〔知识产权高等法院2013年1月17日判决，平成24年（行ケ）第10166号［外底（运动鞋的鞋底）案］〕。

④ 基于引用发明中不存在暗示的反驳

在进行否定创造性的认定时，一般认为驳回理由通知书或驳回决定有责任指出所属领域技术人员能够根据主引用发明容易想到本申请发明的逻辑构建。

第 3 章 创造性（法第 29 条第 2 款）

然而，在实际的驳回理由通知书中，往往并未指出积极的逻辑构建，而是单单仅以"不同点是在所属领域技术人员的通常的创作能力的范围内"或"在引用文献 1 中并未发现涉及本申请发明的阻碍因素"等消极的理由（实际上并不构成理由）来否定创造性。针对该类驳回理由，尽管本应该先对说明责任进行阐述，然而实务中仅进行该类阐述几乎都不会奏效。如果真的不存在阻碍因素则申请人也很难主张存在阻碍因素，但从审查员在驳回理由通知书中未能示出积极的逻辑构建这点来看，该案件可能原本就是从审查员的立场很难否定创造性的案件。因此，可以在对本申请发明与主引用发明的方案上的不同点详细进行说明的基础上，除了主张驳回理由通知书中未指出否定创造性的逻辑构建以外，还可以援引引用文献的记载内容，同时主张由于在引用文献中完全未记载本申请发明的技术问题且也完全不存在导出该不同点的暗示因此所属领域技术人员无法容易得出本申请发明。

此外，以下列举出为了得出容易想到本发明的判断结果而需要在引用文献中存在暗示等的判决，以供读者参考。

★ 在容易想到性的判断过程中，需要排除事后诸葛亮分析及非逻辑性思考。为此，在理解作为该发明目的的"技术问题"时，需要注意不要下意识地将"技术方案"及"技术结果"的元素带入其中。再有，为了得出容易想到该发明的判断结果，在对现有技术的内容进行考虑时，仅尝试能够得出该发明的特征点的推测成立是不够的，还应该需要存在用于得出该发明特征点的暗示等。〔知识产权高等法院 2009 年 1 月 28 日判决，平成 20 年（行ケ）第 10096 号［电路用连接部件案］〕。

★ 在引用出版物中并未记载或暗示想到不同点 1 所涉及的本申请发明 3 的方案的契机及启示，另外根据公知例甲 2～5，只能认定进行给乘客带来虚拟前进加速感的模拟仅为公知技术，该模拟技术并未暗示不同点 1 涉及的方案，如果参考上述情况，即使在出版物记载发明中考虑上述公知技术，所属领域技术人员也不容易想到本申请发明 3 中的利用模拟的技术意义，并且也无法容易想到其效果，因此所属领域技术人员无法容易想到不同点 1 涉及的本申请发明 3 的方案〔知识产权高等法院 2009 年 2 月 17 日判决，平成 20 年（行ケ）第 10026 号［动态交通工具案］〕。

★ 由于在引用文献中并未记载或暗示为了进一步提高防水性而用"非透过性材料制成的上部部件"覆盖，并且在复审决定作为公知技术所引用的甲 2 出版物至甲 4 出版物中也未记载，因此所属领域技术人员无法容易想到采用为了保持防水布的通气性而被由具有通孔的非透过性材料制成的上部部件覆盖的本申请发明的不同点所涉及的方案。被告的上述主张为缺乏支持的主张，无非是事后对本发明的不同点的方案进行逻辑构建的主张，因此不能采纳〔知识产权高等法院 2007 年 3 月 29 日判决，平成 18 年（行ケ）第 10422 号［在耐水性上具有发散作用的鞋类用鞋底案］〕。

（5-2）关于启示以外的否定要素的反驳
① 关于常规改变等的反驳

有时即使未发现公开本申请发明与主引用发明的不同点的其他引用文献，也会以该不同点属于所属领域技术人员的能够发挥通常创作能力范围内（所谓的常规改变）为理由来否定创造性。对于该情况，当判断该不同点并不仅仅是常规改变时，可以针对其进行反驳。作为反驳的方法，例如可以对存在基于该不同点所涉及的特征与本申请发明的其他特征之间的功能性关系（主引用发明中不存在的关系）的作用、功能上的差异或者基于该不同点的有益且显著的效果等进行说明。如果不同点为本质上的差异，能找出所属领域技术人员根据主引用发明无论如何也无法得到本发明的具体理由，则可以阐述该理由。有时通过对不同点所涉及的特征进行修改使得差异更明确化，能够更强有力地进行反驳。另外，有时也会借助通过在驳回理由通知书中引用文献所认定的公知技术来指出该不同点为常规改变。针对该情况，例如可以说明由于技术问题或效果不同因此无法将引用文献所示出的公知技术应用到主引用发明。

★即使纸张类的层叠状态检测装置与纸张类识别装置为接近的技术领域，但也不能忽视其差异，为了得出在方案上容易将纸张类的层叠状态检测装置替换为纸张类识别装置的结论，需要相应的启示，仅断定为常规改变是不够的。并且，在本案中，多条检测线的技术思想对于纸张类的层叠状态检测装置并不需要，然而在纸张类识别装置中却具有重要的技术意义。再有，应当说不能将纸张类的叠层状态检测装置与纸张类识别装置置同等看待〔知识产权高等法院 2006 年 6 月 29 日判决，平成 17 年（行ケ）第 10490 号［纸张类识别装置的光学检测部案］〕。

② 关于简单叠加的反驳

有时，会以本申请发明的特征分别为公知技术且在功能或作用上互不关联、本申请发明为现有技术的简单叠加为理由否定创造性。针对该情况，可以说明由于本申请发明的特征的相互作用等因而能够起到有益效果。但多数情况下，为了进行该主张，需要根据特征间的功能或作用来进行具体限定。

第 3 章　创造性（法第 29 条第 2 款）

★对于层叠体的发明，发明的技术思想在于各层的材质、层叠顺序、膜厚、层间状态等，各层的材质或厚度本身公知并不意味着层叠体的发明不具有创造性，基于各个具体的层叠体构造进行分析必不可少。一般而论，即便若要赋予新的功能则附加具有新功能的层本身是容易想到的，但是在要通过更少的层来实现以往由多个层所实现的功能的情况下，如果不针对多个层如何在层叠体整体中维持功能具体进行分析，则很难断定能够省略哪一层，因此无法立刻容易想到如果存在通过一层能够确保两层功能的材料则会用一层代替两层。从目的方面来看，如果不进行例如材质改变等具体比较，也无法明确层数的减少是否能够实现制造工序、劳力或成本的削减〔知识产权高等法院 2012 年 1 月 16 日判决，平成 23 年（行ケ）第 10130 号［发泡片材及其制造方法案］〕。

(6) 基于有益效果的主张
① 效果
作为关于创造性的肯定要素的主张还可以进行基于有益效果的主张。当仅指出发明与主引用发明的方案上的差异难以肯定创造性，且需要进行有效的主张来取得权利时，可以主张根据本申请发明的方案上的差异所得到的有益效果。本申请发明的与引用发明相比的有益效果可以作为肯定创造性方面的要素。

本申请发明的效果属于以下任意一种情况，且显著超出根据技术水准所预测的范围，可以作为肯定创造性方面的有力根据：

(a) 本申请发明具有与引用发明（包括主引用发明及副引用发明）所具有的效果性质不同的效果，并且所属领域技术人员根据申请时的技术水准无法预测该效果的情况。

(b) 尽管本申请发明的效果是与引用发明所具有的效果性质相同的效果，但本申请发明具有显著优异的效果，并且所属领域技术人员根据申请时的技术水准无法预测该效果的情况。

在上述情况中，可以在意见书中对该有益效果进行主张、举证（实验结果等）。但是，该有益效果仅限于在本申请说明书中记载的效果或者未明确记载但所属领域技术人员根据说明书或附图的记载能够推断出的效果。当由本申请发明与主引用发明的不同点所得到的效果无法从任何引用文献中得出时，能够主张创造性〔东京高等法院 1999 年 5 月 26 日判决，平成 9 年（行ケ）第 130 号［电子照片用转印纸案］〕。

★当与引用发明相比，该发明的作用、效果显著（同性质的效果显著）

时或特异（认定不同性质的效果）时，应当解释为该显著或特异的作用、效果能够作为导出该发明不容易想到的结论的重要判断要素〔知识产权高等法院 2011 年 11 月 30 日判决，平成 23 年（行ケ）第 10018 号［针对充血性心力衰竭治疗的咔唑化合物的利用案］〕。

★在创造性的判断中，不允许考虑在申请后对"发明的效果"进行补充的实验结果等是基于上述专利制度的宗旨、申请人与第三人之间的公平等先决条件，因此先姑且不论在原始说明书中关于"发明的效果"未作任何记载的情况，当存在所属领域技术人员能够认识到"发明的效果"程度的记载或存在能够推断出该效果的记载时，只要不超出记载的范围，就应当允许参考申请后所补充的实验结果等，是否允许应当站在该公平的立场上进行判断〔知识产权高等法院 2010 年 7 月 15 日判决，平成 21 年（行ケ）第 10238 号［防晒剂组成物案］〕。

但是，当本申请发明与主引用发明之间不存在方案上的差异时，无论再怎样主张本申请发明所着眼的无法预测的效果也没有什么意义。这是因为该效果基于主引用发明的方案自身能够得到，如果认可该发明的创造性授予权利则会不当地使专利权涉及公知技术。在这点上容易搞错〔知识产权高等法院 2013 年 9 月 30 日判决，平成 24 年（行ケ）第 10373 号［半导体装置及液晶模块案］〕，因此需要注意。当主张本申请发明所着眼的无法预测的效果时，最好在本申请权利要求中记载带来该效果的与主引用发明在方案上不同的特征。

★引用发明及本案补正发明均为产品发明，但作为不同点 3 涉及的本案补正发明方案的"减少血管内膜"是关于发明作用效果的内容，并未从产品的观点来限定本案补正发明，因此，有无"减少血管内膜"的记载并不是作为产品发明的引用发明与本案补正发明的实质性的不同点〔知识产权高等法院 2011 年 1 月 18 日判决，平成 22 年（行ケ）第 10055 号［血管老化抑制剂及老化防止抑制制剂案］〕。

② 机制、原理

权利要求书中未记载的机制或发明原理原则上并不会对创造性产生贡献，即便主张该机制或发明原理与主引用发明不同也不会有什么效果。

★关于原告作为本申请发明的技术特征所主张的作为针对骨质疏松的治疗手法的机制或壳聚糖抑制骨吸收的作用等，并未在限定本申请发明的权利要求书中记载，并未对作为"产品"发明的本申请发明进行限定，因此以其为理由否定与引用发明的不同点的判断的原告主张并不合理

〔知识产权高等法院 2011 年 10 月 11 日判决，平成 23 年（行ケ）第 10050 号［具有抗骨质疏松活性的组成物案］〕。

(7) 基于阻碍因素的主张

作为关于创造性的肯定要素的主张还可以进行基于阻碍因素的主张。存在阻碍将副引用发明或公知技术应用到主引用发明的情况，可以作为妨碍否定创造性的逻辑构建的因素（阻碍因素）而成为肯定创造性方面的要素，因此，如果在引用文献中记载了阻碍因素，则可以主张该阻碍因素。阻碍因素的主张是主张肯定创造性的申请人方能够利用的方式，由于即便针对似乎能够构建否定创造性的逻辑的案件也能够彻底推翻该结论，因此阻碍因素的主张是一种强力且有效的主张方式。在此，按照将主引用发明的技术方案替换为其他替换方案时的替换方案提供方分类进行说明。考虑阻碍因素的主张主要分为以下类型①～③。

类型①针对所属领域技术人员通过改变主引用发明的一部分特征或增加别的特征等来得到本申请发明的阻碍因素

例：东京高等法院 1998 年 5 月 28 日判决，平成 8 年（行ケ）第 91 号［电感元件案］。

类型②针对所属领域技术人员将主引用发明的一部分特征替换为其他引用文献中记载的方案的阻碍因素

例：作为如果将主引用发明的一部分特征替换为引用文献 2 记载的构造则无法发挥作为主引用发明的功能的例子，东京高等法院平成 7 年（行ケ）第 26 号［叶片泵案］。

例：作为将引用文献 2 的方案应用到主引用发明反而会不利，所属领域技术人员通常不会考虑应用的例子，东京高等法院 1997 年 9 月 25 日判决，平成 6 年（行ケ）第 43 号［假捻法案］。

类型③针对所属领域技术人员将公知内容应用到主引用发明的阻碍因素

例：作为主引用发明完全没有意图应用某公知内容，并且没有可能应用、排除应用的例子，东京高等法院平成 8 年（行ケ）第 26 号［移动无线基站用控制信道选择方法及装置案］；知识产权高等法院 2009 年 11 月 5 日判决，平成 21 年（行ケ）第 10081 号［音频视觉显示系统案］。

虽然阻碍因素通常更多记载在主引用文献中，但是也能够以引用文献 2 中记载的内容为阻碍因素进行主张。以下列举出关于阻碍因素的一些判例。

类型①的判例

★如果从问题解决方案来看，在引用发明中，构成为能够时常输出输电网的最大容许输电量。相比之下，在本申请发明中，当电力网的频率或电压高于或低于基准值时，降低风电场的供应电力，换言之，在以与输电网的最大容许输电量无关的方式根据电力网的频率或电压对风电场的供应电力进行控制这点上，两者在问题解决方案上不同。因此，由于本申请发明的问题解决方案会妨碍采用引用发明的问题解决方案，因此在将不同点2的方案组合到引用发明上存在阻碍因素〔知识产权高等法院2011年12月判决，平成22年（行ケ）第10407号［风电场的运转方法案］〕。

★关于即使将金属板插入成型到所述凸缘部，也分别在该部分上形成阳螺丝，在筒状固定金属配件的内侧形成阴螺丝，并当固定两部件时采用所述作为公知技术的螺丝安装的方法，引用文献1和2均未作任何启示或暗示性记载。反而在引用发明中，本案现有发明的控制机构通过形成在安装筒上的阳螺丝和形成在阀主体内侧的阴螺丝被螺丝安装，阳螺丝的形成需要花费成本且安装时需要使用黏结剂，为了解决安装操作变得麻烦的问题，采用捻缝固定的方法，积极地排斥了本案现有发明所采用的利用螺丝结合的螺丝安装的方法。因此，接触到引用文献1及2的所属领域技术人员虽然能自然想到采用以利用捻缝固定将控制机构（动力元件部）与树脂制的阀主体联结为前提的技术，但是对于采用本案现有发明的同时想到利用引用文献1积极排斥的螺丝结合的螺丝安装方法存在阻碍理由〔知识产权高等法院2011年2月3日判决，平成22年（行ケ）第10184号［膨胀阀案］〕。

★参考引用发明1的目的，关于该发明采用具有上述技术意义的本案方案（将填充容积与单元容积的比例设为0.7至1.0，并且不使用针对单元壁的特别的压力而大致维持关于该比例的一定值的方案），其与通过在扁平状袋内产生低压状态从而积极地利用作用于扁平状袋的大气压的引用发明1的目的正相反，如果采用该方案，则会变得无法实现引用发明1的目的，因此对于在引用发明1中采用本案方案存在积极的阻碍因素〔知识产权高等法院2010年3月24日判决，平成21年（行ケ）第10179号［发热单元案］〕。

类型②的判例

★由于引用发明基于"在二维的用户界面上存在表现力的极限"的认识"三维地显示多个菜单"，因此不存在将上述现有技术应用到引用发明的启示，当将"二维的用户界面"的上述现有技术应用到引用发明时，引用出版物的"在二维的用户界面上存在表现力的极限"的记载会成为阻碍因素〔知识产权高等法院2013年9月10日判决，平成24年（行ケ）第10425号［具有显示屏幕的电子装置案］］。

★虽然引用发明1及2与本申请发明都是关于运动鞋的鞋底（外底），技术领域相同，但是引用发明1是要克服伴随运动鞋接地的急速的稳定性并带来弹性。相对于此，引用发明2及本申请发明是要克服伴随运动鞋接地的弹性并带来稳定性。由于其要解决的技术问题及作用效果相反，因此不但引用文献1中并未记载关于采用本申请发明的本案不同点的方案或组合引用发明2的暗示或启示，而且由于引用发明1采用了由于接地而施加负荷时上部边前后摆动的方案，因而可以说存在针对采用与其相反的本申请发明的本案不同点的方案的阻碍理由〔知识产权高等法院2013年1月17日判决，平成24年（行ケ）第10166号［外底（运动鞋的鞋底）案］］。

类型③的判例

★作为本案专利申请时的所属领域技术人员，若考虑如果对消光加工面同时施加热和压力则会如上所述失去消光加工的技术意义，则不但不存在关于为了解决由于热加压成型所产生的薄膜彼此热黏合的问题而将公知例2或3记载的消光加工技术应用到引用发明的启示，而且还存在阻碍该应用的因素〔知识产权高等法院2007年12月25日判决，平成19年（行ケ）第10148号［薄膜制容器的制造方法案］］。

仅仅笼统地主张主引用发明中存在涉及本申请发明的阻碍因素是不够的。例如最好就阻碍因素具体说明根据主引用文献的段落XX中的记载内容"YY"，如果针对不同点应用副引用发明2的方案，则会存在ZZ的问题，因此所属领域技术人员不可能或难以进行该应用。

（8）关于功能性权利要求的主张

仅以本申请权利要求被记载为功能性权利要求的理由被驳回的情况并不常见，如果本申请发明为功能性权利要求，并将其广义解释为是指具有该功能、特性等的所有产品的发明，并且判断其包含了与引用发明并未充分不同的部分，则有时会否定本申请发明的创造性。

针对该类情况，并不推荐就本申请发明是仅包括本申请说明书中记载的实施方式的产品轻率地进行反驳。因为这有可能会过度地缩小权利范围。

可以考虑能否通过对权利要求的记载进行修改，将功能性表述改变为形状、构造、组成等上位概念的表述来克服驳回理由，如果能通过该方式克服驳回理由则可以采取该修改对策。

或者，如果能够通过将本申请权利要求中的该功能性记载缩小修改为限定的功能性记载来排除引用发明，则也可以采取该修改对策。

功能性权利要求在审查时被广义地解释，在权利行使时有可能会被狭义地限定解释为说明书中记载的实施方式〔东京地方法院1998年12月22日判决，平成8年（ワ）第22124号［磁性介质读取器案］］，在这点上有时会对申请人不利。

（9）关于用途限定权利要求的主张

仅以本申请权利要求为用途限定权利要求的理由被驳回的情况并不多，有时当认定本申请发明为用途限定权利要求且该用途限定不具有用于限定产品的含义，并且判断本申请发明与引用发明并未充分不同时，会否定本申请发明的创造性。

针对该类情况，可以以说明书及附图的记载以及申请时的技术常识为根据，说明该用途具有用于对权利要求的形状、构造、组成进行限定的意义，并进一步主张权利要求具有创造性。当难以进行该说明、主张时，可以对权利要求进行修改，增加适合该用途的形状、构造、组成等限定。

或者，可以说明本申请发明是所谓的"用途发明"（如上所述要件为"未知属性"＋"新用途"）。并且用途限定具有用于限定本申请发明的含义，并进一步主张权利要求具有创造性。需要注意的是，根据平成28（2016）年4月1日起施行的修订审查基准，关于具有用途限定的食品发明的认定放宽了判断标准，当由于发现了该食品中的某种成分的未知属性，从而发现了与以往已知的用途不同的新用途时，判断该用途限定具有用于对本申请发明所涉及的食品进行限定的含义。

（10）关于构件权利要求的主张

在驳回理由通知书中，关于记载有涉及"其他构件"内容的权利要求所涉及的"构件"的发明，当被判断为关于"其他构件"的该内容针对"构件"所涉及的本申请发明的构造、功能等未作任何限定时，可以通过找出"其他构件"与"构件"之间的构造、功能上存在的必然联系，并在意见书中对该必然联系进行说明来克服驳回理由。可以根据需要对该权利要求进行修改以使该必然联系更加明确。如果能够针对"构件"发明、"其他构件"发明以及"组件"发明各个发明均得到授权固然很好，但是当发明的技术特征存在于

第 3 章 创造性（法第 29 条第 2 款）

"其他构件"中，且"构件"仅是通用的技术时，谋求"其他构件"发明以及"组件"发明的迅速授权而非强求"构件"的授权也未尝不是一种策略。如果实在需要，也可以针对"构件"提出分案申请。

★当本案发明 1 的权利要求书与上述相同时，显然本案发明 1 的方案以组合液体墨水收纳容器与搭载其的记录装置的系统为前提，涉及其中的液体墨水收纳容器，并且上述系统专用的特定的液体墨水收纳容器和与其对应的记录装置的方案作为一组装置方案发明。因此，当对本案发明 1 的容易想到性进行分析时，排除记录装置的存在进行分析是错误的，不同点中的"用于向所述光接收单元投射光的"的限定可以说是对液体墨水收纳容器的发光部的方案进行了限定，在与其相反的关于不同点的复审决定的判断中存在错误〔知识产权高等法院 2011 年 2 月 8 日判决，平成 22 年（行ケ）第 10056 号［液体收纳容器、具有该容器的液体供给系统、该容器的制造方法、该容器用电路板以及液体收纳盒案］]。

（11）关于方法限定产品权利要求的主张

即使当在关于产品发明的权利要求中记载了该产品的制造方法时，由于最高法院判决也应当解释为将该发明的要旨认定为构造、特性等与由该制造方法所制造的产品相同的产品（产品相同说）〔最高法院 2015 年 6 月 5 日判决，平成 24 年（受）第 2658 号［普伐他汀钠案］]，因此关于产品发明的权利要求中记载的该产品的制造方法争辩是否存在新颖性、创造性几乎没有意义。反而，当在产品发明的权利要求中记载了该产品的制造方法时，会在发明的清楚性（法第 36 条第 6 款第 2 项）上产生问题，因此将在对应的章节进行说明。

（12）关于数值限定权利要求的主张

有时针对发明的特征通过数值范围进行数量上限定的本申请发明，会以该数值范围的最优化或优化是所属领域技术人员的常规创作能力的发挥为理由来否定本申请发明的创造性。针对该类情况，可以主张本申请发明在该数值范围内会带来引用文献未公开的有益效果，并且该有益效果是无法预测的显著效果（性质不同的效果或性质相同但显著优异的效果）〔东京高等法院 1998 年 9 月 3 日判决，平成 5 年（行ケ）第 205 号［蒸气状态下的草酸二酯的生成案］]及〔东京高等法院 1998 年 2 月 24 日判决，平成 7 年（行ケ）第 169 号［高纯度异麦芽糖的制造方法案］]。为了支持该主张或使其更有说服力，也可以将权利要求的数值限定进一步修改为更窄的数值范围。需要说明的是，当本申请发明的技术问题与主引用发明的技术问题为共同的问题时，可以主张本申请发明的数值限定的临界意义（数值范围内与数值范围外的各自效果上的量的显

— 79 —

著差异）。当本申请发明的技术问题为新问题，并且认为所属领域技术人员通常不会想到时，可以对其进行主张。如果上述主张困难，则难以主张创造性，而不得不进行权利要求的修改。

★ 规定使用本案石油混合物的涂布测试时的雾度值的数值范围具有解决由于指纹附着引起的白斑的特定技术问题并取得期待的效果的技术意义，并且如以上（2）及（3）所述该技术问题为新的问题。因此，并不知晓该技术问题本身的所属领域技术人员不会想到在涂布本案石油混合物时对雾度值进行测试，自不待说显然也无法能够适当决定该雾度值的数值范围〔知识产权高等法院 2005 年 6 月 2 日判决，平成 17 年（行ケ）第 10112 号［由环烯烃共聚物构成的延伸成型容器案］〕。

(13) 关于选择发明的主张

针对发明特征为主引用发明的技术特征的下位概念的本申请发明，有时会以根据该特征无法获得显著的效果为理由来否定本申请发明的创造性。针对该类情况，可以主张由于本申请发明具有该特征，因此会带来根据主引用发明中由上位概念所表示的技术特征无法获得的有益效果，并且该有益效果是无法预测的显著效果（性质不同的效果或性质相同但显著优异的效果）〔东京高等法院 1963 年 10 月 31 日判决，昭和 34 年（行ナ）第 13 号［杀虫剂案］〕。也有时在特殊的情况下必须根据需要对权利要求进行修改以明确根据该特征能够获得显著的效果，或者迫于授权的需要而不得已在权利要求中记载该效果。

(14) 关于公知认定的反驳

可以针对认定本申请发明与主引用发明的不同点 D 为公知技术的驳回理由通知书中的该认定进行反驳。如果关于该不同点的技术内容并不真正是公知技术，则由于并不存在多篇出版物，并且驳回理由通知书中应该无法引用多篇公知文献，因此可以主张为了认定为公知技术应当引用多篇文献。

一般来说，对于并非公知的举证是很困难的，因此可以主张在该技术领域中并非公知。例如，可以主张引用文献 3 公开了 Y 装置技术领域中的 D，但并不构成表示在 X 装置领域中 D 为公知的证据，在本申请发明所属的 X 装置领域中具有 D 并非公知、惯用，并且可以进一步主张引用文献 3 具有 D 的目的与本申请发明具有 D 的目的并不相同。一旦审查员认定本发明的特征为公知，则要改变该结论并不容易，而且对于并非公知的举证是非常困难的。多数情况下驳回理由通知书会认定 D 本身单独为公知，但作为否定本申请发明整体创造性的逻辑构建并不一定恰当。可以通过主张在本申请发明的 X 装置的技术领域中 D 并非公知、关于本申请发明特有的技术特征或目的来说 D 并非公知

第 3 章　创造性（法第 29 条第 2 款）

或者即使 D 为公知也存在针对将其应用到主引用发明的困难性或阻碍理由等，从而说明具有特征 D 的本申请发明并不容易想到〔东京高等法院 1998 年 7 月 9 日判决，平成 9 年（行ケ）第 317 号〔磁显示系统案〕〕。也可以根据需要对权利要求进行修改以明确或缩小本申请发明的技术领域或特征间的关系。

★ 虽然在甲 3-1 至甲 3-6 中记载了"设成在透明衬底的一个面上设置条形码，从另一个面读取条形码"，但是每个证据均未涉及印刷版，而是涉及与补正发明的技术领域不同的技术领域，因此根据这些证据，无法认定"设成在透明衬底的一个面上设置条形码，从另一个面读取条形码"为补正发明的技术领域中通常知晓的技术〔知识产权高等法院 2011 年 10 月 4 日判决，平成 22 年（行ケ）第 10329 号〔树脂凸版案〕〕。

★ 并不能认定在公知例 2 至 5 中记载了在交通工具实际进行前进加速时为了进一步强化乘客体验的加速度感而进行除了使该交通工具产生加速度感的实际运动还虚拟地强化提高乘客的前进加速感的模拟的技术内容，并且也未能发现对其暗示的记载。因此，根据公知例 2 至 5，虽然认定进行给乘客带来虚拟的前进加速感的模拟为公知技术，但是并不能连本申请发明 3 中的利用模拟的技术意义也认定为公知，另外也不存在足以认定对于所属领域技术人员来说其为技术常识的证据。再有，由于难以认定上述公知的模拟技术暗示了本申请发明 3 中的利用模拟的技术意义，因此也无法认定上述公知的模拟技术暗示了不同点 1 所涉及的本申请发明 3 的方案〔知识产权高等法院 2009 年 2 月 17 日判决，平成 20 年（行ケ）第 10026 号〔动态交通工具案〕〕。

★ 根据公知例 1 至 3，虽然能够认定在陶瓷器制的加热炊具中在锅的上部开口部外缘的与放置盖的平坦部等高位置上通过沿锅的内表面方向对锅的厚度进行加厚来形成凸部本身为公知，但并未记载具有在上述凸部积存水滴的功能，上述公知例 1 至 3 的加热炊具中的凸部的目的是专门放置盖，与本申请发明中的凸部的目的完全不同，并不存在设置凸部来积存水滴的技术思想。并且，公知例 1 至 3 中的加热炊具并非电饭煲，因而并不是蒸米保温，因此甚至不存在防止保温中附着在盖衬垫上的水滴流到锅里的技术问题。因此，即使用于放置盖等部件的凸部的形成本身为公知，从其与凸缘部的关系或与技术问题的关系来看，关于为了隔断水滴流下而设置凸部并未作任何暗示〔知识产权高等法院 2010 年 7 月 14 日判决，平成 21 年（行ケ）第 10412 号〔电饭锅案〕〕。

★对于针对将枕头设为五棱柱体发现了特别的技术意义的本申请发明,将枕头的剖面形状设为五边形并非公知技术,另外作为多边形的枕头的引用发明是以"容易翻滚"为目的。因此,所属领域技术人员并不能容易想到在引用发明中将"具有多边形的外周面的容易翻滚的形状"设为"五棱柱体形"〔知识产权高等法院 2016 年 3 月 23 日判决,平成 27 年(行ケ)第 10165 号[五棱柱体形的颈部伸展枕案]〕。

★在本案复审决定中,认定在具有排出气体的路径和流入气体的路径的空间中通过缩小排出气体的路径(公知例 10 记载的"圈"、公知例 11 记载的"排气管")从而使该空间的压力上升是以往公知的技术手段,并以其为前提,判断不同点 4 涉及的方案是所属领域技术人员能够容易采用的常规手段……然而,在公知例 10 中,关于在"排出气体的路径"和"流入气体的路径"改变各路径的宽度(直径)并未作任何记载。对于公知例 11,由于与引用发明为不同的技术领域,因此难以直接说示出了对于引用发明的技术领域的技术人员来说的公知技术,并未公开或暗示使"排出气体的路径"窄于"流入气体的路径"。综上所述,在本案专利申请时,接触到引用文献的所属领域技术人员没有动机将排出气体的路径设成窄于流入气体的路径,根据引用发明无法容易想到不同点 4 所涉及的本案发明〔知识产权高等法院 2016 年 3 月 23 日判决,平成 27 年(行ケ)第 10127 号[激光加工装置案]〕。

(15)关于多个不同点的主张

当被认定本申请发明与主引用发明的不同点存在多个时,乍一看好像具有创造性,但不同点的多寡与创造性之间并不一定具有密切的关联关系。即使存在多个不同点,如果其全部为公知、惯用技术,则也会否定其创造性。也存在针对与引用实用新型有 7 个不同点的本申请实用新型以不同点 1~7 均仅为所属领域技术人员能够非常容易想到程度的技术来否定创造性的判例〔东京高等法院 1998 年 7 月 9 日判决,平成 9 年(行ケ)第 137 号[设在水槽箱上的附带净水器的冷热混合水龙头案]〕。

然而,也存在当多个不同点相互关联时判断应当考虑其相互的关系的判例。

★在本申请发明中,由于带状线部表面的焊锡涂层与选择四氟乙烯树脂作为基板材料是在技术上互相关联的方案,因此当对本申请发明与引用文献记载的发明的不同点进行判断时,也应当需要对该特征相互的关系进行考虑。因此,即使选择四氟乙烯树脂作为高频电路板的材料本身为公知，也不能认定为了解决本申请发明的技术问题而选择四氟乙烯树脂作为基板材料仅是所属领域技术人员的常规手段〔东京高等法院1997年11月18日判决，平成8年（行ケ）第310号［电路板案］〕。

另外，也存在认为不同点的认定应当以连贯的方案为单位进行认定的判例。

★在对本申请补正发明有无创造性进行判断时，复审决定并未考虑发明的解决问题所涉及的技术观点，而是在特意地对不同点进行细分（本案中为6个）并认定的基础上，判断通过组合其他现有技术容易得到各个不同点。由于使用该类判断手法，即使是针对本来应肯定其创造性的发明，也会错误地进行判断，有可能得出否定创造性的结论。不同点的认定应当从发明解决技术问题的观点出发，以连贯的方案为单位进行认定，脱离了该方针的复审决定中的不同点的认定手法欠缺妥当性〔知识产权高等法院2010年10月28日判决，平成22年（行ケ）第10064号［涂层带用基材案］〕。

因此，当被各自分离认定的多个不同点从发明的解决技术问题的观点出发互相关联时，可以主张若考虑该些互相的关联关系则无法容易想到。

（16）关于引用发明的组合与本申请发明的不同点的主张

① 基于原有的特征C的主张

即使能够将其他引用文献中公开的C_1组合到主引用发明，如果在暂时完全舍弃（忘掉）本申请发明的基础上假设将其他引用文献中记载的C_1不作变形原样地应用到主引用发明后仍与本申请发明不同，则可以对其进行主张。此时，原则上无须对权利要求进行修改，在意见书中进行该主张即可，但也可以进行修改以进一步明确不同点。

当由于本申请发明具有特征C而带来与引用发明相比的有益效果时，如果为了授权需要进行效果的主张，则可以主张该效果。

★如果将引用发明的"具有四个半导体开关的H型桥接电路"改变为"具有两个半导体开关的电路"，则设成用于使增磁电流和减磁电流流动的H型桥接电路的引用发明的基本方案被改变，变得无法使减磁电流流动，并无法解决引用发明的技术问题，因此即使存在被告主张的公知技术，针对该改变也存在阻碍因素。并且，如果不改变开关元件的个数而将公知例2中记载的公知技术应用到使用了4个开关元件的引用发明，则会变成在4个开关元件上逆向并联4个二极管的方案，显然不会变成解释2涉及的本申请发明（保护电路仅具有两个半导体开关）的方案〔知识产权高等法院2012年8月8日判决，平成23年（行ケ）第10358号［整流器桥接电路案］〕。

★ 当将甲1发明的电动机的各个特征改变为作为轴向空隙型点的电动机的甲3发明的方案时，作为用于增大不平衡负载效果的手段，采用在多个电枢线圈的至少一个电枢线圈的环的内侧放入锭子的方案，出版物关于如上所述在无芯电枢线圈的内侧安装锭子未作任何记载或暗示，另外也不能认定其是本申请申请时公知的技术内容，因此所属领域技术人员无法容易想到〔知识产权高等法院2010年1月28日判决，平成21年（行ケ）第10265号［振动型轴向空隙型电动机案］〕。

★ 由于本申请发明"在该管路中设置连接有臭氧产生装置的喷射器，在所述压力容器内部设置有连接到供给口的喷雾装置"，因此是同时使用"喷射器"和"喷雾装置"。另外，引用发明中，使用接触反应器的构造比喷射器更简单且便宜的喷嘴来代替接触反应器的构造复杂且昂贵的喷射器，喷嘴是喷雾器的代替手段。因此，在引用发明中，并不存在特意使用接触反应器的构造复杂且昂贵的喷射器的启示。再有，即使引用发明中存在应用喷射器的动机，由于喷嘴是喷射机的代替手段，因此当在该情况下应用喷射器来代替引用发明中的喷嘴时，引用发明中也不存在如本申请发明般同时使用喷射器和喷嘴（喷雾装置）的暗示或启示〔知识产权高等法院2012年9月19日判决，平成23年（行ケ）第10398号［水処理装置案］〕。

② 基于内在附加的主张

如"内在附加的答复例"所示，可以通过将本申请发明的特征B修改为与主引用发明的B_1不同的下位概念B_E，来主张本申请发明的特征B_E与主引用发明的B_1不同，无法根据主引用发明容易得到具有B_E的本申请发明。例如，将本申请发明的特征"记录介质"限定为作为其下位概念的"磁盘"或"旋转的光磁记录介质"。下位概念B_E应当是不属于超出本申请时原始说明书等所记载内容范围的新内容（虽然与新颖性的表述类似，但完全为不同的概念。参见本书的第10章），并且不是基于主引用发明容易想到的技术内容。另外，当由于本申请发明具有特征B_E而带来与主引用发明相比的有益效果时，如果为了授权需要进行效果的主张，则可以主张该效果。

> **内在附加的答复例**
>
> 修改后的权利要求
>
> 一种 X 装置，具有：
>
> A；
>
> B_E；
>
> C；以及
>
> D。
>
> （B_E 在各个引用文献中均未记载）

③ 基于外在附加的主张

如"外在附加的答复例"所示，可以通过在本申请发明中增加在各个引用文献中均未记载的特征 E，来主张本申请发明与主引用发明不同，无法根据主引用发明容易得到具有 E 的本申请发明。特征 E 应当未超出本申请时原始说明书等所记载的内容范围，并且不是基于主引用发明容易想到的技术内容。但是，在针对最后的驳回理由通知书进行答复时等禁止所谓的目的外修改的情况下，通常不允许增加新的特征 E，因此需要设法以内在附加的方式进行修改。另外，当由于本申请发明具有特征 E 而带来与主引用发明相比的有益效果时，如果为了授权需要进行效果的主张，则可以主张该效果。

> **外在附加的答复例**
>
> 修改后的权利要求
>
> 一种 X 装置，具有：
>
> A；
>
> B；
>
> C；
>
> D；以及
>
> E。
>
> （E 在各个引用文献中均未记载）

(17) 多方面反驳、主张

在意见书中，可以进行上述反驳、主张之中最强的一项反驳、主张，也可以为了安全起见以"另外……再有……而且……"等方式并列记载并存的多项主张。根据情况不同，也可以用多个段落的方式记载主要主张以及"即使……也……"类的辅助主张。审查员应该充分明白辅助主张的存在并不是要自我否定主要主张。

在补正书中，在日本就权利要求1涉及的发明（本申请发明）仅允许存在一项权利要求，不允许存在附属的权利要求1。因此，首先，需要从行使权利及授权可能性的观点出发在慎重分析的基础上决定是否应修改权利要求以及修改时如何修改最佳、其次，需要考虑为了该权利要求的授权及行使权利如何在意见书中进行主张最佳。

（18）关于从属权利要求的主张

① 当判断独立权利要求具有创造性时，引用该权利要求的从属权利要求也会具有创造性。因此，如果通过意见书中的主张或独立权利要求的修改使得独立权利要求具有创造性，则无须对从属权利要求进行特别论述，可以仅主张"由于引用了权利要求1，因此根据引用文献中记载的发明也难以想到权利要求2～9记载的发明"。

② 驳回理由通知书常常不会对从属权利要求一一进行审查，而是笼统地对所有权利要求的创造性进行否定（可以说这是由于只要针对一项权利要求存在驳回理由就可以驳回整个申请的制度造成的）。如果不想发生此类情况，并且如上所述在从属权利要求中确实进一步存在以其本身就能主张创造性的技术特征时，则可以就其进行主张。在之后的驳回理由通知书中，即使否定了权利要求1的创造性，如果就例如从属权利要求5未发现驳回理由，则会在驳回理由通知书中指出该内容。因此，其可以成为之后进行修改时的指引。

③ 即使就某项从属权利要求未指出缺乏创造性的驳回理由，其也未必一定具有创造性。因为有时以不满足法第37条、第36条、第29条第1款主段等要件为理由，不会就新颖性、创造性进行审查。当在驳回理由通知书中记载了此类内容时，需要注意即使将未指出缺乏创造性的驳回理由的权利要求的特征并入独立权利要求也未必会被授权。

④ 当对独立权利要求进行修改时，要注意有时还需要对其从属权利要求的记载进行适应性修改。另外，有时还需要对具有同样方案的其他独立权利要求进行修改，针对其他权利要求的处理也进行考虑以克服所有的驳回理由。

3.13 非战略性的普通意见书

（1）在意见书中，说明根据权利要求（修改的情况中为修改后的权利要求）的记载内容使得本申请发明具有与主引用发明不同的特征，并且根据主引用发明无法容易想到具有该特征的本申请发明。

第3章　创造性（法第29条第2款）

在常见的普通意见书中，首先，对驳回理由进行说明，如果对权利要求进行了修改则复制粘贴修改后的权利要求全文，示出修改的根据并说明修改内容并非超范围的新内容；其次，通过对本申请发明的问题、解决问题的手段（方案）及效果等进行说明来定义本申请发明，进一步针对主引用发明进行同样的说明；再次，陈述关于本申请发明与主引用发明之间的问题、方案及效果等的相同点及不同点；最后，对方案上的不同点的困难性进行说明，此时对本发明与主引用发明的问题、效果的差异详细并具体地进行主张。

然而，上述各主张点从授权及权利行使的观点来看真的全部需要主张吗？以下参照在本申请发明中增加新特征E（参见上述"外在附加的答复例"）并主张修改后的本申请发明的特征E在各个引用文献中均未公开的情况中常见的普通意见书的例子进行分析。

（2）常见的普通意见书的例子

> a. 根据2010年4月1日的驳回理由通知书，通知了由于所属领域技术人员基于日本特开平××－××××号公报（引用文献1）中记载的发明（主引用发明）及引用文献2、3能够容易得出本申请权利要求1所涉及发明（本申请发明），因此适用法第29条第2款无法获得专利。
>
> b. 驳回理由的具体内容如下。
>
> ……
>
> c. 本案专利申请人根据本意见书和于本日提出的补正书对权利要求书进行了缩小修改。
>
> d. 该修改的内容是在权利要求1中增加了新的特征E，修改后的权利要求1如下。
>
> ［权利要求1］
>
> ……
>
> e. 通过修改增加的特征E记载于申请时的原始说明的段落［0023］中，是［图3］所示的内容，上述修改并非增加新内容的超范围修改。
>
> f. 本申请发明以YY为技术问题，为了解决该技术问题具有必要的特征（构成要素）A、B、C、D及E，从而起到ZZ的效果。
>
> g. 主引用发明的技术问题也是YY，如审查员所认定的，引用文献1中确实公开了具有A及B_1的X装置（主引用发明）。引用文献2中确实公开了具有A及C_1的X装置（引用文献2）。引用文献3中确实公开了关于装置Y的D。

> h. 如审查员所认定的，主引用发明与本申请发明在技术问题 YY 上具有共同的问题，主引用发明的 A 相当于本申请发明的 A，主引用发明的 B_1 相当于本申请发明的 B，引用发明 2 的 C_1 相当于本申请发明的 C。
>
> i. 然而，在修改后的本申请发明的特征 E 完全未被任何引用文献公开或暗示这点上，根据主引用发明无法容易想到本申请发明。
>
> j. 本申请发明的特征 B 在实施例中为 B_E，B_E 与主引用发明的 B_1 完全不同。
>
> k. 另外，引用文献中记载的发明在具有本申请发明不具备且不必要的构成要素 F 这点上也与本申请发明不同。
>
> l. 由于本申请发明具有必要的特征 A、B、C、D 及 E，因此起到以往没有的显著效果 ZZ。该效果 ZZ 无法从主引用发明得到。根据主引用发明无法容易得到起到该效果 ZZ 的本申请发明。
>
> m. 如上所述，由于修改后的本申请发明具有特征 E，因此为根据主引用发明无法容易想到的发明。
>
> n. 因此，由于本申请发明不属于法第 29 条第 2 款规定的发明，为能够获得专利的发明，因此恳求审查员在再次审查的基础上授予专利权。

（3）针对上述普通意见书的例子中的各项主张内容的分析

① 上述 a 作为主张的实体内容虽然并没有特别的意义，但是为意见书中用于开始进行创造性主张的导入部，具有对作为主张对象的驳回理由通知书进行确定的意义。在导入部中，也存在某些意见书中模仿驳回理由通知书将法第 29 条第 2 款的条文全部抄写的情况，然而除了关于条文解释存在论点等特殊情况以外，无须仅对条文进行抄写。

② 关于上述 b，意见书是向审查员提出的文件，关于驳回理由审查员本身最应该清楚，因此除了存在指出审查员的错误认定等特别理由的情况以外，无须仅对驳回理由的详细内容进行重述。

③ 关于上述 d，尽管也可以阐述增加了新的特征 E，但修改的权利要求通过阅读补正书就可以明白，反而其更应该根据补正书来确定，因此无须在意见书中仅仅对修改后的权利要求全文进行复制粘贴。但是，由于也遇到过在同时提出的补正书中错误地记载了权利要求的内容，多亏在意见书中记载了正确的修改后的权利要求的内容，使得审查员针对意见书中记载的权利要求进行审查并再次发出驳回理由通知书的案例，因此很难说该部分一概不需要。

④ 上述 e 是陈述修改依据的部分，需要陈述。也有在驳回理由通知书或

修改不予接受决定中仅以针对特别大规模的修改并未在意见书中陈述修改依据为理由认定该修改属于超范围增加新内容的稍显简单粗暴的情况。因此，有时最好按每项修改内容一字一句详细地说明修改依据。

⑤ 关于上述 f 及 l，有时由于本申请发明与主引用发明仅存在细微的不同点或者技术上难以理解等理由难以进行肯定创造性的主张。针对该类情况，一方面，有时需要主张技术问题或效果的差异，最好以必要最小限度来主张技术问题或效果的差异；另一方面，在本发明与主引用发明的不同点明确并且也并非公知技术的案例中，如果即便不主张技术问题或效果的差异也能使审查员认定具有创造性，则也可以不特意地陈述技术问题或效果的差异。

⑥ 关于上述 g，不清楚其是为了保持意见书的故事连贯性，还是为了给审查员的结论带来有利影响，在很多意见书中看到过同意审查员针对主引用发明认定的陈述。然而，在意见书中针对本申请发明具有创造性进行主张时，申请人并不需要原样不动地同意审查员关于主引用发明的认定。反而，需要注意当之后意识到审查员的认定有误需要反驳时其会成为障碍。

⑦ 关于上述 h，与上述⑥同样，并不需要原样不动地同意关于主引用发明与本申请发明对比的审查员的认定。

⑧ 关于上述 i，特征 E 未被任何引用文献公开或暗示是本示例的意见书中最重要的主张点。很多意见书在陈述该最重要的论点之前往往写了过多的各种庞杂的内容，最终会埋没宝贵的重要论点使其未被注意。

⑨ 关于上述 j，由于并非是本申请发明与主引用发明的不同点，即使针对本申请实施例与主引用发明的不同点主张再多，也不会构成本申请发明本身具备创造性的主张，因此无须该主张。假如认为针对特征 B 无法主张具有创造性，而对实施例记载的特征 B_E 能够主张创造性，则答复中应当在将权利要求的记载 B 缩小修改为 B_E 的基础上对其进行主张。当为了说明本申请发明的特征 B 与主引用发明不同而利用本申请实施例时，需要在权利要求中对其进行记载，最好避免进行该类会导致本申请发明的权利范围缩小的主张。

⑩ 关于上述 k，关于引用文献中记载的发明具有不是本申请发明构成要素的要素，其一般与本申请发明的创造性判断无关，因此无须进行该主张。

意见书中的非必要的主张

- 本申请发明与主引用发明的相同点
- 本申请说明书中记载的实施例与主引用发明的不同点
- 引用发明具有非本申请发明特征的技术特征的主张

3.14 战略性的意见书

(1) 总论

可以在最开始记载"常见的普通意见书的例子"的 a 中记载的导入部，在最结尾记载上述 n 中记载的结论部，使得意见书的格式工整。

作为导入部与结论部之间的记载内容，应当以获得授权为目的，明确地陈述具有说服力的主张。如果以上述"外在附加的答复例"为例进行说明，则首先可以说明修改的依据（e）。

接着，可以简洁、明确地主张本申请发明的特征或构成要素（E）在任何引用文献中均未被公开或暗示（i）。此时，最好以复制粘贴的方式记载修改后的权利要求的对应部分。否则，会有与权利要求的记载表述不同的风险。如果仅通过指出方案上的不同就能够充分进行肯定创造性的主张，则意见书中的主张至此即可。

然而，当仅通过指出方案上的不同仍不够充分时，则可以根据需要，如本书的"3.12.3 针对缺乏创造性的驳回理由的反驳"一节所说明的那样陈述针对缺乏创造性的反驳（也即具有创造性的理由）。例如，可以记载基于阻碍因素的主张，关于创造性的逻辑构建的反驳、主张等。作为关于逻辑构建的反驳，可以从本书的"3.12.3 针对缺乏创造性的驳回理由的反驳"一节所说明的各项主张之中选择最贴切且有力的主张进行陈述。进行何种主张、进行多少、以何种程度进行才不会对权利行使产生过大的不利影响以及对于授权产生作用的判断正是专利实务专家显示其本领之处，同时也是中间手续的乐趣所在。

意见书中的重要主张

(1) 明确示出权利要求的修改依据
(2) 指出本申请发明特征之中与主引用发明不同的内容
(3) 具有创造性的理由（针对缺乏创造性的反驳）

当需要对效果的差异进行主张时，需要注意最好以不会限定本申请发明的权利范围的方式最小限度地主张效果的差异(1)。

一方面，如果陈述过多不需要的内容，则会使意见书中的主张焦点变得不鲜明，有可能无法准确地向审查员传递申请人的意图。不仅如此，如果陈述了不慎的意见，则在进行许可交涉或专利侵权诉讼等对该专利权进行行使时，会由于受到申请文档参考原则的攻击或被阻止适用等同侵权，从而针对权利范围有可能会被作出不利的解释。另外，由于有时该不慎的意见会在针对该专利权的无效宣告请求中被利用，因此需要注意。战略性的意见书是指不仅考虑授权而且考虑权利行使来对主张内容仔细进行斟酌的意见书。专利申请人在意见书中所主张的内容不仅可能会对该专利权本身产生不利影响，而且还可能会对根据该专利申请提出的分案申请的专利权以及对应外国申请的专利权产生不利影响。然而，另一方面也需铭记，如果由于过于忧虑对权利行使带来的不利影响，因此意见书中的主张不充分，最终没能授权，则会本末倒置。

下面首先列举在考虑权利行使的基础上撰写意见书的注意事项，之后介绍关于该注意事项的判例或关于申请文档参考原则、等同侵权的判例。

（2）意见书的记载项目的例子

以下举出在意见书的内容中记载的项目的例子。其仅为一例，并不限定于此。

［意见的内容］

1. 驳回理由的概要

2. 修改的概要及依据

3. 针对（清楚性）的驳回理由

4. 针对（支持要件）的驳回理由

5. 针对（创造性）的驳回理由

（1）本申请发明（修改后的权利要求所涉及发明）的方案；

（2）本申请发明与主引用发明的不同点；

（3）关于不同点的想到困难性。

6. 总结

（3）关于创造性主张的意见书的注意事项

① 尽管在上述普通意见书的例子中的 c 中陈述了修改为"缩小修改"，但无须在意见书中特意强调为缩小修改。因为这会使将通过缩小而删除的实施方式被认定为被有意识地排除的可能性变大。

② 也有在针对缺乏创造性的驳回理由通知书的答复中，当本申请发明的特征的差异（E）明确且未被任何引用文献公开或暗示时，即使不进行本申请发明的技术问题或作用效果的主张（f、l）也会被认可创造性的案例。在该类案例中，无须连本申请发明的技术问题或作用效果也进行强调。如果在意见书中主张本申请发明的技术问题或作用效果，则之后专利权的权利范围有可能会被判定为仅限于解决该技术问题、起到该作用效果的实施方式。

然而，当本申请发明与主引用发明虽具有不同点但该不同点并不是那么简单明了时、或者技术较复杂难以理解不同点时、或者关于在将引用发明2记载的C_1组合到主引用发明上存在困难性进行主张时等，为了使审查员理解不同点或困难性而无论如何必须陈述技术问题或效果的状况下，可以在最小必要限度的范围内对其进行陈述。

但是，也存在一些申请人希望在意见书中一定要记载效果的差异。如果是不以权利行使为目的而仅以取得专利为目的的申请，则可以毫无顾忌地记载技术问题及效果的差异（但是，作为本书对象的申请是以权利行使为目的的申请）。需要注意如果意见书的陈述太短，则也有些申请人会仅以陈述短为理由降低对专利实务担当者的评价。

③ 没有必要特意地同意审查员主观上对主引用发明的认定（g）。如果想要陈述引用文献的记载内容，则可以以引用文献中记载了"……"的方式原样地照抄引用文献的记载内容即可。这样一来，不会被视为对作为客观事实的引用文献记载内容以外的内容作任何承认。

④ 关于本申请发明与主引用发明的相同点的认定，由于审查员针对相同点已经有所理解（假设针对相同点的认定正确），因此无须在此基础上进一步在意见书中同意审查员的认定（h）。如果无论如何也要对相同点的认定进行陈述，则可以以"驳回理由通知书中认定'……'"的方式通过复述驳回理由通知书的记载来陈述审查员认定的事实即可。这样一来，应不会被视为同意审查员的认定。

在意见书中与相同点相比不同点的主张更重要，在针对缺乏创造性的驳回理由通知书的答复中，不少案例都是原则上仅陈述本申请发明与主引用发明的方案上的不同点（E）未被任何引用文献公开或暗示便足够。此时，无须在意见书中对方案（E）进行解释，同时最好不要作狭义解释的陈述。由于专利发明的技术范围是根据权利要求书的范围确定，因此无须在意见书中特意作出狭义解释从而负担之后被参考申请文档的风险。如果审查员未能从狭义解释的立场理解则不会认可创造性，该情况本应在答复中对权利要求的记载进行如上修改。如果仅以指出本申请特征之中未被任何引用文献公开或暗示的特征（E）就能够获得授权，则该答复策略最佳。

⑤ 由于审查的对象仅是权利要求中记载的发明（本申请发明），因此无论如何将本申请说明书中记载的实施例（B_E）与主引用发明进行比较（j）也会因针对审查员的论点答非所问而变得徒劳，反而有可能会在权利行使时对权利范围的解释产生不利影响。特别是在功能性记载的权利要求情况中，技术范围被限定为实施例的可能性会变大。因此，应当在根据权利要求的记载客观地把握本申请发明的外延基础上，针对本发明与主引用发明的不同点进行主张。然

而，如上所述，当为了说明本申请发明的特征 B 与主引用发明不同而不得不利用本申请实施例时，可以使用"例如在实施例的情况中……"等表述，来避免对本申请发明自身的权利范围进行狭义解释的主张。

⑥ 在上述"否定创造性的例子"及"外在附加的答复例"所示的事例中的意见书中，主张引用文献 1 中未记载 C 或主张引用文献 2 中未记载 B 是没有意义的。另外，当 D 真的是公知技术时，即使关于引用文献 3 的记载内容进行争辩也没有意义。

⑦ 关于引用文献记载了本申请发明中没有的特征（F），原则上与本申请发明的专利性无关，无须特意在意见书中主张（k）。由于该类主张有可能会在专利权成立后对该专利发明的技术范围的解释产生不利影响（例如判断具有特征 F 的被控侵权产品未落入技术范围），因此反而应慎重。

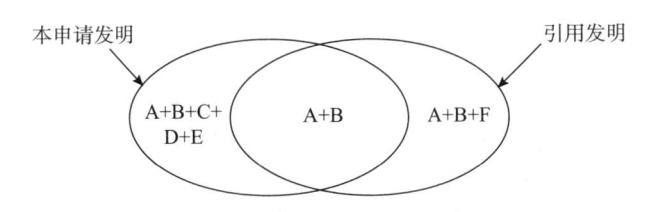

图 3-2 本申请发明与引用发明的对比

⑧ 无须特意进行默认修改前的权利要求应被驳回的陈述（m）。除了以修改前的记载明显无法获得专利的情况以外，最好以尽管对于修改前的发明也不存在驳回理由但为了进一步明确本发明具有专利性而增加特征 E 的争辩态度来进行陈述。

⑨ 最好设想修改后会被授权，将权利要求书的缺陷及笔误等全部克服。此时，可以在意见书中记载"该修改并非为了克服缺乏创造性的驳回理由，而仅是为了通过笔误订正或针对不清楚记载的澄清来使本申请发明清楚的修改"等，预先主张该修改并不是用于克服驳回理由的修改且不属于有意识的排除〔大阪高等法院 2001 年 4 月 19 日判决，平成 11 年（ネ）第 2198 号［注射液的调制方法及注射装置案］〕。

⑩ 如上所述，如果在意见书中超出必要地限定本申请发明，或陈述本申请发明与主引用发明的相同点，或说明本申请发明的技术问题或作用效果，则有可能由于申请文档参考原则在行使专利权时使权利范围被狭义地解释。因此，从权利行使的观点来看，最好在意见书中仅进行为了说服审查员获得授权所必须且最小限度的主张。大家熟知通常权利要求的记载越短则该权利要求的权利范围越宽，殊不知意见书的陈述越短也会在行使权利上越有利。

> **可能会限制权利行使的意见书主张**
> ● 使用权利要求记载的表述以外的表述来定义、解释、限定本申请发明的主张
> ● 本申请发明的技术问题或作用效果的主张
> ● 本申请发明不包括某实施方式的主张
> ● 强调本申请发明的本质上的特征部分的主张

⑪ 以下针对本书的"3.12.3 针对缺乏创造性的驳回理由的反驳"所说明的反驳之中哪种反驳在权利行使时根据申请文档禁止反悔原则对于本案专利发明的权利范围的解释产生的不利影响较小进行分析。

i) 关于"针对引用文献记载内容的认定的反驳"或"针对引用发明的认定的反驳",由于该反驳本身与本申请发明的构成要素之间没什么关系,因此对本案专利发明的权利范围的解释产生的影响较小。然而,作为该反驳的结果,如果主张本申请发明之中某个构成要素未在引用文献中记载,也即主张在该构成要素中存在特征,则在该主张的限度内对权利解释有一定影响。

ii) 关于"忽视不同点的主张",与上述情况相同,如果主张该不同点未在引用文献中记载,也即主张在该不同点所涉及的本申请发明的构成要素中存在特征,则在该主张的限度内对权利解释有一定影响。

iii) 关于"关于逻辑构建的反驳"之中针对引用发明彼此的"技术领域的关联性、技术问题的共同性、作用功能的共同性"的反驳,由于其是引用发明彼此之间不具有共同性的主张,因此应该可以说与本申请发明的技术领域、技术问题、作用功能并无直接关系〔东京高等法院 2001 年 11 月 1 日判决,平成 12 年(行ケ)第 238 号〔碳素膜涂层饮料用瓶案〕〕。虽然该些反驳和本申请发明与引用发明的技术领域、技术问题、作用功能不同的主张容易混淆,但是在创造性判断中认定了本申请发明与主引用发明的不同点之后的关于容易想到性的分析中,本来应当在暂时舍弃本申请发明的基础上对是否能够从主引用发明出发想到本申请发明进行分析,因此可以说上述关于引用发明彼此的共同性的反驳与本申请发明的技术领域、技术问题、作用功能并无直接关系。因此,其对本案专利发明的权利解释产生的影响小。

iv) 关于"关于逻辑构建的反驳"之中的"基于引用发明中不存在暗示的反驳",由于不存在针对将其他引用文献记载的技术内容应用到主引用发明的暗示的主张本身与本申请发明的构成要素没什么关系,因此其对权利解释产生的影响较小。

v) 关于"基于阻碍因素的主张",由于在主引用文献中记载了阻碍将其

第3章　创造性（法第29条第2款）

他引用文献记载的技术内容应用到主引用发明的因素的主张本身与本申请发明的构成要素无关，因此其几乎不会对权利解释产生影响。

vi) 关于"引用发明的组合与本申请发明的不同点的主张"，与"忽视不同点的主张"的情况相同，如果主张该不同点不能根据引用发明的组合得到，也即主张在该不同点所涉及的本申请发明的构成要素中存在特征，则在该主张的限度内对权利解释有一定影响。

vii) 关于"基于内在附加的主张"及"基于外在附加的主张"，应当会产生有意识地排除的效果。

对于权利行使的影响较小的意见书主张

- 基于阻碍因素的主张
- 基于引用发明中不存在暗示的反驳
- 针对引用发明彼此的技术领域的关联性、技术问题的共同性、作用功能的共同性的反驳
- 针对引用文献记载内容的认定的反驳
- 针对引用发明的认定的反驳

---

⑫ 关于在驳回理由通知书指出"未发现驳回理由的权利要求"，无须对于其权利要求也进行与主引用发明的对比并进行关于逻辑构建的反驳等，反而如果进行主张则有可能会在权利行使时产生不利影响。另外，有时可以通过在答复中将未发现驳回理由的权利要求的对创造性产生贡献的技术特征添加到权利要求1中以使全部权利要求具有创造性，此时也仅陈述"在具有未发现驳回理由的权利要求的对创造性产生贡献的技术特征的修改后的权利要求1中不存在驳回理由"即可，无须特意地与主引用发明进行对比并进行关于逻辑构建的反驳等主张，因为对该主张审查员并不会关注，同时在行使权利时还会产生不利的影响，因此无须该主张。

⑬ 应当在正确地理解了驳回理由的意图的基础上对其作出贴切的答复，但也有时由于驳回理由的记载并不清楚使得其意图或者引用文献的引用部分并不明确。针对该类情况，也可以直接用电话联系审查员以确认意图。

⑭ 最好不要仅是随便地进行创造性的主张，而是应当首先在充分理解审查员否定创造性的逻辑构建的基础上，针对本申请发明（修改的情况中为修改后的发明）仔细分析审查员的逻辑构建之中的各观点是否有误（违法性）。之后，最好确定违法性最明显、最容易反驳的观点，并针对该观点集中进行反驳。

（4）申请文档参考原则与意见书
① 权利要求中记载的特征的限定

ⅰ）如果在意见书中进行了关于权利要求中记载的特征的定义或限定等主张，则有时该专利权的权利范围会被限定于该主张的范围。以下举出专利权的权利范围被限定的判例。

申请文档参考原则

在确定专利发明的技术范围时，参考专利申请审查程序或无效宣告请求审查程序中的文档或者专利申请人或专利权人在该程序中所主张的内容。

★在意见书中，作为本案说明的推压单元（40）与乙1公报记载的千斤顶构造的差异的说明，明确地陈述了本案发明的推压单元是与通过利用两部件间的螺丝构造推拉链杆并改变链杆的弯曲来进行升降的千斤顶构造不同的方案。并且，基于此认为本案发明作为专利成立……参照申请文档禁止反悔原则的法理，不存在允许原告在本案诉讼中作出与上述意见书不同的主张的依据。因此，应当解释为本案发明的特征C的"推压杆（42）……"至少不包括乙1公报记载的通过利用两部件间的螺丝构造推拉链杆并改变链杆的弯曲来进行升降的千斤顶构造〔大阪地方法院2005年7月21日判决，平成16年（ワ）第10541号［钢柱倾斜调节装置案］〕。

★关于原告的甲专利发明的技术范围，如果参考申请人的意见书及专利异议答辩书中的主张以及公知技术，不得不限定地解释为兼顾进行吹入管动作活塞吹入时的浮头推压和脱模时的上模具挤压装置的推压，上模具挤压装置为不具有其本身专用的推压构造的型式（外部驱动型）。相比之下，由于被控侵权产品的造芯机是其上模具挤压具有脱模时动作的专用的按压活塞的型式（自主驱动型），因此应未落入上述限定解释后的本案甲专利发明的技术范围〔大阪地方法院1980年2月29日判决，昭和53年（ワ）第952号［壳及热箱铸模机案］〕。

★根据上述事实（针对特许厅审查员的驳回理由通知书的意见书中的记载内容、针对驳回决定的上告审查请求书中的记载内容），本案实用新型是作为能够一体收纳的轻便小型装置的构造由申请人所创造的实用新型的事实明确，应解释为在此点上认可发明性并登记。如果针对本案实

第 3 章 创造性（法第 29 条第 2 款）

用新型的特征以及以上事实综合考虑的话，本案实用新型应当为一种轻便小型的实验、测试研究用机械装置的构造，在该构造中一体地收纳有构成上述说明的特征的各个装置〔东京地方法院1976年10月15日判决，昭和50年（ワ）第11号［水力学基本综合实验机械装置案］〕。

★如果参考说明书及附图以及审查文档中的意见书及补正书来考虑实用新型权利要求书中的用语的内容，则本案实用新型的特征4中所说的"拆装自如"应当解释为需要将遮挡框从门形侧面框采取以从单头饲养切换成集体饲养以及将遮挡框安装到门形侧面框以从集体饲养切换成单头饲养的能够极为简单操作的构造。因此，在被控侵权产品1号、2号中，分隔部件并未产生能够分解、组装的区域〔东京地方法院昭和51年（ワ）第902号［猪饲养用围栏案］〕。

★作为申请人的原告由于收到了驳回理由通知书，因此增加了排热导通管道的均热炉与加热炉的连接位置的特征、通过分割成多个支路将导通管道连接到加热炉的特征、将燃烧炉带壁构建在加热炉的预定位置的特征以及用入口侧较低的倾斜上壁掩盖加热炉的特征，将权利要求修改为现在的本案发明的专利要求书的记载内容，并在同日提交的意见书中也陈述了上述各特征均为本案发明必不可少的特征，因此不能采纳原告的主张，被告装置未落入本案发明的技术范围〔东京地方法院昭和62年（ワ）第1201号［冷钢片、热钢片的余热处理装置案］〕。

★当在申请文档中的补正书、意见书或专利异议答辩书等中，针对特许厅审查员的驳回理由或专利异议申诉理由进行了对权利要求书记载的意义限定的陈述，在特许厅审查员或复审审查员接受该陈述后，该驳回理由或异议理由被克服从而发出了授权通知书或作出了维持专利权的决定时，依据作为一般原则的诚实信用原则或禁止反悔原则应当不允许基于该专利权的侵权诉讼中专利权人作出与上述陈述矛盾的主张〔大阪地方法院2001年10月19日判决，平成10年（ワ）第12899号［电动式导管弯折装置案］〕。

ii）此外，以下举出认定即使参考申请文档也不对权利要求中记载的特征进行限定解释的判例。

★被告主张如果考虑本案说明书的记载及专利的申请文档，则应当将特征E的"施力单元"限定地解释为满足……条件的实施例的方式。然而，……即使参考申请文档（乙2~6），也不应当将施力单元限定地解释为实施例的方式〔东京地方法院 2010 年 2 月 24 日判决，平成 20 年（ワ）第 2944 号［常闭型流量控制阀案］〕。

> **申请文档禁止反悔原则（File wrapper estoppel）**
> 禁止专利申请人在行使专利权时对在专利申请审查程序中所作出的主张进行反悔的法理。例如，当通过在补正书中对本申请发明进行缩小修改从而明确本申请发明与驳回理由通知书中所示的主引用发明的不同点，并且在意见书中作出该主张时，不允许在之后的专利权行使时主张该缩小排除的部分落入权利范围。关于缩小部分的等同侵权的主张被限制（第 5 要件）。

② 本申请发明的作用效果

如果在意见书中强调本申请发明的作用效果，则有时会被视为未起到该作用效果的被控侵权产品不构成侵权。以下举出该类判例。

★ 在本案说明书中记载有"需要说明的是，本实用新型的解冻清洗槽除了用于冷冻品以外，还用于例如蔬菜等的清洗"，主要的记载以解冻为主要目的。在针对审查中的驳回理由通知书的意见书中，主张了本案实用新型具有三倍的解冻效果，并且在按照该主张进行了修改后获得授权，作为清洗槽一直以来即为公知技术。根据上述情况等，不能将本案实用新型的"解冻清洗槽"解释为"清洗槽"〔名古屋地方法院 1986 年 3 月 24 日判决，昭和 58 年（ワ）第 2341 号［解冻清洗机案］〕。

★ 关于本案实用新型的分为 A~D 的特征之中的特征 C（发送装置与弹珠投射装置之间设为弹珠投射待命路的特征），如果同时考虑本案说明书的记载以及针对特许厅审查员发出的驳回理由通知书所提出的意见书的关于本案实用新型与引用发明的作用效果上差异的主张，则应当认定本案实用新型中所说的弹珠投射待命路被限定为可滞留相当量的弹珠至能够享受快速投射并且能够补回休息的时间程度的方案〔东京地方法院 1986 年 2 月 26 日判决，昭和 56 年（ワ）第 2886 号［弹子游戏机中的弹珠投射待命装置案］〕。

③ 有意识的排除

如果在意见书中进行了本申请发明不包括某实施方式或者与某实施方式不同的主张，则会被视为专利申请人有意识地排除了该实施方式，从而不允许针对该实施方式行使专利权。以下举出该类判例。

★在审查阶段中的意见书的记载之中，存在可被认定为将向胶囊壳中填充含有 X、Y 且不含有甘油的液体组成物从本案发明有意识地排除的事实。由于本案发明的"填充"的意义正如如上认定一样，因此在被告的胶囊剂制造方法中在将不含有甘油的液体组成物填充到胶囊壳内之后，即使在该制造工序中胶囊壳内的甘油溶出而并被包含在液体组成物中，该制造方法也不会落入本案发明的技术范围〔大阪地方法院 1986 年 1 月 20 日判决，昭和 59 年（ワ）第 1675 号［瞬间口中放出舌下胶囊剂的制造方法案］］。

★根据本案专利发明的专利申请的针对审查当时的驳回理由的意见书、补正书的记载能够明确，作为与驳回理由通知书（乙第 2 号证据）的引用文献 1 至 3 的不同点之一，原告通过指出各电路元件的具体连接方法或具体的电流的流动方式来强调与引用文献 1 至 3 的差异，以试图克服法第 29 条第 2 款（创造性）的驳回理由。因此，关于各电路元件的连接方法或电流的流动方式，申请时的原始说明书的权利要求书的记载允许多种方式，然而原告通过修改将其限定为修改后的权利要求书中所示的各电路元件的具体的连接方法或具体的电流的流动方式，应当认定除此以外的各电路元件的连接方法或电流的流动方式从权利要求书中被有意识地排除〔大阪高等法院 2005 年 6 月 30 日判决，平成 17 年（ネ）第 217 号［无间断性开关式稳压器案］］。

需要注意，也有时会根据无效宣告请求程序或异议申诉程序中专利权人所作出的主张来适用有意识的排除。以下举出该类判例。

★在适用诉讼中的诚实信用原则等时，不应解释为当事人在无效宣告请求程序中作出的主张会受到在审查决定中最终是否被采纳的影响〔东京地方法院 2001 年 3 月 30 日判决，平成 12 年（ワ）第 8204 号［连续壁体的施工方法案］］。

④ 意见书的主张的撤回

需要注意，一旦在意见书中进行了主张，即使之后被撤回，有时该主张内容也难免被法院参考。以下举出该类判例。

★应当解释为，即使是被告在无效宣告请求程序中提出了撤回关于本案专利权的特征的解释所陈述的意见的书面文件之后，也允许该法院参考上述意见陈述来解释本案发明的特征〔东京地方法院 2001 年 3 月 30 日判决，平成 12 年（ワ）第 8204 号［连续壁体的施工方法案］］。

> **能够构成申请文档禁止反悔原则等的书面文件**
> - 分案申请的书面请求
> - 加快审查请求的情况说明书
> - 审查、复审、异议案件各阶段中的意见书
> - 审查、复审各阶段中的补正书
> - 复审请求书
> - 无效宣告请求案件中的答辩书、口头审理书面陈述要点
> - 订正审查请求书、订正请求书
> - 侵权诉讼中的准备性书面文件

(5) 等同侵权与意见书及补正书

应当注意有时意见书中的主张会阻碍等同侵权的适用。以下针对等同侵权的各个要件举出该类判例。

① 第1要件（非本质性）

★根据本案专利的申请文档，上诉人主张了关于本案专利发明……在与乙17公报等记载的发明的关系上具有利用牡蛎壳以及以填充了牡蛎壳的渗水性箱为整个壁或柱的构成部件的特征……认定上诉人如上所述在本案专利的申请文档中主张了关于本案专利发明……在与乙17公报等记载的发明的关系上具有利用了牡蛎壳的特征。因此，可以说关于本案专利发明……即使在利用了牡蛎壳这点上，也是为本案专利发明所特有的问题解决方案奠定基础的特征部分。综上所述，被告产品21M型的"扇贝壳"与本案专利发明的特征A的"牡蛎壳"在本案专利发明的本质的部分上不同，……不能认可等同所要认定的要件之中的①〔知识产权高等法院2008年4月23日判决，平成19年（ネ）第10096号〔人工鱼礁案〕。

★关于申请人就专利申请所提出的发明特征在申请程序中所提出的意见书等中自己说明断言的内容，通常可以说是基于申请人自身的认识对专利申请所提出的发明内容最清楚的表述。因此在适用等同侵权的问题上，当对该发明的特征部分的所在进行把握时，参考该断言并按照申请人的说明来理解申请所涉及发明的特征部分一般是合理的。在本案中，即使参照意见书的记载内容，在与驳回理由通知书中所指出的公知技术的关系上，也与专利申请程序中的申请人自身的断言相反，不能认可应当理解为在制造棉花拭子之后放入注射器内的"顺序"并非发明的特征部

分。因此，应当解释为在本案发明（1）中制造棉花拭子并在之后将棉花拭子放入注射器内的工序或顺序是本案发明（1）的特征所在的发明的本质部分，不能认定未经过该工序或顺序的被告方法与本案发明（1）等同〔东京高等法院2002年4月30日判决，平成13年（ネ）第2296号［游离钙离子浓度测定法及抗凝血棉花拭子案］〕。

等同侵权（Doctrine of equivalents）

一种权利范围扩大理论。在权利要求书的方案中存在与对象产品不同的部分的情况下虽不构成字面侵权，但当该不同的部分满足以下5个要件时，将该对象产品解释为作为与权利要求书中记载的方案等同的方案落入专利发明的技术范围〔最高法院平成6年（オ）第1083号［滚珠花键轴承案］〕。

积极要件（专利权人承担举证责任）

① 第1要件：与对象产品不同的部分并非专利发明的本质部分（非本质性）。

② 第2要件：即使将与对象产品不同的部分替换为对象产品中的部分，也能够达到专利发明的目的，起到相同的作用效果（替换可能性）。

③ 第3要件：所属领域技术人员在对象产品等的制造等的时间点能够容易想到如此替换（替换容易性）。（判断时间点：侵权时）

消极要件（被控侵权人承担举证责任）

④ 第4要件：对象产品并非专利发明的专利申请时的公知技术或所属领域技术人员能够在该申请时根据该公知技术容易推理出的技术（公知技术除外）。（判断时间点：申请时）

⑤ 第5要件：不存在相当于对象产品在专利发明的专利申请程序中从权利要求书中被有意识地排除等特别情况（有意识的排除）。

---

② 第2要件（替换可能性）

★一方面，根据在本案实用新型的申请文档中上诉人向特许厅所提交的意见书，认定上述"盖体"的要件起到通过与容器主体的形状相互配合，形成与杯装方便面的容器类似的外观，从而当在医院等进行搬运时一眼就能看出使用目的的作用效果。另一方面，被控侵权人产品中的"包装"显然并未形成与杯装方便面的容器类似的外观，并且当在医院等进行搬运时包装为已经被拆下的状态，因此不能认定当将本案实用新型的"盖体"替换成被控侵权人商品中的"包装"时起到相同的效果

〔东京高等法院平成 12 年（ネ）第 2087 号［精子提取器案］〕。

★ 在被告物品中，由于被卡固部的头部方未被开放，因此未起到原告在针对驳回理由通知书的意见书中所主张的"不仅能够从尾部侧向头部侧方向插入，而且能够从横向插入"的本案发明的作用效果。因此，在本案中，由于不存在作用效果的相同性，因此原告的等同的主张不应成立。针对该点，原告主张即使在被告物品中，也能够达到利用下段瓦的卡固凸起卡固上段瓦的被卡固部的目的，因此起到相同的作用效果。然而，由于原告在该意见书中主张了本发明除了起到该作用效果外，还起到了"不仅能够从尾部侧向头部侧方向插入，而且能够从横向插入"的作用效果，并且本案发明继提出该意见书后获得了授权，因此在对本案发明与被告物品的方案的作用效果的相同性进行判断时，不应忽视该意见书中记载的作用效果〔大阪地方法院 2005 年 12 月 15 日判决，平成 17 年（ワ）第 4204 号［卡固耐风厚平形瓦案］〕。

③ 第 5 要件（有意识的排除）

i）以下举出认定为属于有意识的排除的判例。

★ 即使原告主观上没有通过本案订正来排除被告服务技术的意图，至少从第三人的角度来看，关于本案订正在外表上未以"由所使用的所有区域号码及本地号码和有可能成为用户号码的 4 位数字的所有组合组成的"电话号码为调查对象，而是将一部分区号码的电话号码从调查对象中排除，应当解释为承认了其未落入本案专利发明的技术范围……参照作为等同侵权的第 5 要件根据的禁止反悔原则的法理，不能认定被告服务与本案发明的权利要求书中记载的方案等同〔东京地方法院 2011 年 8 月 30 日判决，平成 21 年（ワ）第 35411 号［电话号码列表的清除方法案］驳回上诉〕。

★ 被告方法（1）在油脂中添加卵磷脂（L），（2）在脱脂乳等中添加糖酯（S），接着对（2）进行加热并添加（1），相比之下，本案发明在油脂中添加 L 和 S，在其中添加脱脂乳等，因此两种乳化剂的添加方法存在差异。如果参照本申请发明的申请文档，本案发明是在针对原申请的异议申诉时其权利要求 2 分案的发明，在本案说明书中将原申请的说明书中记载的暗示被告方法的记载（公告前的修改）排除，并且在原申请中的意见书中也进行了仅限在油脂中添加 L 和 S 两者时能够起到作为目的的效果的主张。再者，由于在针对异议的答辩书中也进行了限定

第 3 章　创造性（法第 29 条第 2 款）

于在油脂中添加 L 和 S 的主张，因此认定就该内容有意识地进行了限定〔大阪地方法院 1984 年 6 月 28 日判决，昭和 56 年（ワ）第 9453 号[膏状油脂组成物的制造方法案]〕。

★ 由于认定原告在申请程序中的意见书或复审理由补充书中关于本案发明中的三根桩的配置是以在船尾设置两根移动用桩并在船体中央设置固定用桩为三根桩的最佳位置，将三根桩的位置限定为本案发明的特征 A，因此应当认定原告已经在本案专利申请程序中将船体内的三根桩如被告方法一样配置的方案从本案发明的权利要求书中有意识地排除。综上所述，不应认定被告方法作为与本案发明方案等同的方案落入本案发明的技术范围〔东京地方法院 1999 年 5 月 31 日判决，平成 10 年（ワ）第 17867 号[抓斗式挖泥船的移动方法案]〕。

★ 根据申请文档在外表上明确通过补正书将记载有未包含原始说明书的传送带高度调节作为特征的权利要求（1～5）以及包含传送带高度调节作为特征的权利要求（6）的权利要求书限定为包括传送带高度调节作为特征的权利要求。在此基础上，无论在修改时是否存在申请人的主观意图，参照禁止反悔原则的法理均不应允许专利权人之后作出与其相反的主张。等同的第 5 要件所说的从权利要求书的排除无须必须是用于克服驳回理由的行动。换言之，即使是主动进行的修改，参照禁止反悔原则的法理仍然不允许在外表上对权利要求书进行限定之后专利权人作出与其相反的主张〔东京地方法院 2010 年 4 月 23 日判决，平成 20 年（ワ）第 18566 号[泡沫树脂成型品的取出方法案]〕。

ii）此外，以下举出认定为不属于有意识的排除的判例。

★ 即使根据本案全部证据，也没有证据来足够认定被告方法属于将本案专利发明的在申请程序中从权利要求书有意识地排除的发明等特殊情况……通过利用上述补正书而增加了"大致垂直"的安瓿的保持形态，使得未落入其上的被告方法在字面上并不具备本案方法发明的方案，应当认为通过补正所增加的"以大致垂直被保持的状态"的特征并非为了克服上述驳回理由通知书中的专利驳回理由而增加的要件〔大阪高等法院 2001 年 4 月 19 日判决，平成 11 年（ネ）第 2198 号[注射液的调制方法及注射装置案]〕。

> **申请文档禁止反悔原则的影响的可能性**
> - 本案申请中的主张→本案专利发明的权利范围（权利范围限定）
> - 本案申请中的主张→本案专利发明的无效理由（无效理由的一部分自认）
> - 原申请中的主张→分案专利发明的权利范围（权利范围限定）
> - 日本申请中的主张→其他国家对应专利发明的权利范围（权利范围限定）

3.15　战略性的补正书

（1）总论

① 为了克服在驳回理由通知书中所指出的驳回理由或进一步明确不存在驳回理由，可以对权利要求书等进行修改。通常可以将本申请发明已经具有的特征 B 下位概念化为各个引用文献中均未公开的 B_E 或者在权利要求中增加记载作为各个引用文献中均未公开的技术内容的新特征 E。

> **修改的例子**
> 修改前的发明：一种 X 装置，具有：A；B；C；以及 D。
> 引用发明 1：一种 X 装置，具有 A 及 B_1。
> 引用发明 2：一种 X 装置，具有 A 及 C_1。
> 如引用文献 3 记载的那样，不同点 D 是公知技术。
> 修改后的发明：
> 一种 X 装置，具有：
> A；
> B；
> C；
> D；以及
> E。
> （E 在各个引用文献中均未被记载）

② 如果专利申请顺利地获得授权并向日本特许厅支付专利费，则在办理登记后会授予专利权（法第 66 条第 1 款）。专利权人专有的作为事业实施专利发明的权利（法第 68 条）。由于专利发明的技术范围是根据权利要求书的记

第3章 创造性（法第29条第2款）

载来确定（法第70条第1款），因此需要慎重考虑如何修改权利要求书。当能够以现有的权利要求的记载来主张创造性时，可以不对权利要求进行缩小修改，仅以意见书的主张来获得授权。当以现有的权利要求难以主张创造性时，需要考虑如何进行限定才能有效地支持具有创造性的主张。

> （专利发明的技术范围）
> 第70条 专利发明的技术范围应当根据请求书中所附的权利要求书的记载来确定。
> 在前款的情况中，考虑请求书中所附的说明书的记载及附图，来解释权利要求书中记载的用语的含义。
> 在前两款的情况中，不得考虑请求书中所附的摘要的记载。

③ 特别是在专利权侵权诉讼中，有时将作为专利权的权利行使的对象的其他公司的产品或方法称作被控侵权产品或被控侵权方法。被控侵权产品是否侵害了专利权，是根据被控侵权产品的技术要素是否具备权利要求的所有特征（X、A、B、C、D及E）来判断（全面覆盖原则，All element rule）。当被控侵权产品具备专利发明的所有特征时，被控侵权产品落入专利发明的技术范围，构成侵害专利权。如果未具备特征之中的任意一个，则被控侵权产品未落入专利发明的技术范围，原则上不构成侵害专利权。这样一来，也可以从能否在授权后有效地行使权利的观点来考虑修改的方法。由于不具备权利要求的任意一个特征的被控侵权产品未落入专利发明的技术范围并且原则上不构成侵害专利权，因此在对权利要求进行修改时，需要对特征一一进行斟酌，慎重地考虑对于该发明是否为真正的必要特征以及是否为其他公司产品能够回避的特征。

下文首先列举考虑了权利取得及权利行使的权利要求修改中的注意事项，之后介绍关于权利要求记载及解释的判例。

战略性的权利要求的修改

- 不仅关注权利取得还要关注权利行使，删除不需要的限定
- 关于特征，考虑侵权的举证容易性
- 考虑申请文档参考原则、有意识地排除等
- 还要记载加入了在权利行使中易于有效利用的必要限定的权利要求

（2）关于以具有创造性为目的的修改的注意事项

① 作为以具有创造性为目的的修改，需要以使本申请发明的本质的部分

（关于问题解决原理的部分）与主引用发明之间产生实质上的不同点的方式进行修改。关于非本质的部分即使进行修改也没有什么意义（例如，在调制方式上具有特征的发明中，即使增加新的特征"天线"也没有意义）。

② 根据在权利取得方面与主引用发明的差异是否充分不同以及在权利行使方面技术范围是否过窄这两个观点，来确定修改后的权利要求的表述。换言之，在能够认可创造性的范围内考虑必要最小限度的限定。此时，需要注意最好对竞争对手公司的产品或标准化技术的内容进行仔细斟酌后使权利要求覆盖其内容。如果知道针对其他公司的专利申请引用本申请并发出了驳回理由通知书，则该其他公司的专利申请的权利要求是关于其他公司产品的重要信息。

③ 最好对记载了与本公司产品对应的实施例的具体方案的权利要求（照片权利要求，picture claim）也一并记载。其原因是，虽然照片权利要求的技术范围并不宽，但针对模仿本公司产品的侵权者能够有效地进行权利行使，并且被主张无效的可能性较低。

④ 在对指出驳回理由的权利要求进行修改以克服驳回理由时，需要注意最好对所有权利要求再次检查是否克服了所有驳回理由，使得其他权利要求中也不残存同样的驳回理由。

⑤ 关于将权利要求记载为具有功能性表述的功能性权利要求，需要注意，一方面，在审查时原则上会被广义地解释为具有该功能的所有方案并被严格审查；另一方面，在权利行使时有时会根据说明书中公开的具体方案所示出的技术思想来狭义地解释专利发明的技术范围〔东京地方法院 1998 年 12 月 22 日判决，平成 8 年（ワ）第 22124 号［磁性介质读取器案］〕。

⑥ 在方法限定产品权利要求的情况中，一直以来，在审查时即使制造方法是新的方法，如果产品根据公知发明容易得出则会否定创造性（产品相同说）。在权利行使时，由于最高法院也判决应当认定为构造、特性等与由该制造方法所制造的产品相同的产品（产品相同说）〔最高法院 2015 年 6 月 5 日判决，平成 24 年（受）第 2658 号［普伐他汀钠案］〕，因此审查和权利行使时的解释统一为产品相同说。然而，由于方法限定产品权利要求会产生发明的清楚性问题，因此需要注意不要使用会被认定为制造方法的表述。

⑦ 针对主张权利用尽原则的其他公司的再利用产品，最好还要记载包括能够更换的消耗部件作为特征的权利要求，从而能够容易地进行基于属于新的制造主张的权利行使。

⑧ 需要注意有时由于对权利要求书进行缩小修改，在权利行使时有可能会被解释为属于将对象产品等从权利要求书中有意识地排除的情况〔大阪高等法院 2005 年 6 月 30 日判决，平成 17 年（ネ）第 217 号［无间断性开关式

第3章 创造性（法第29条第2款）

稳压器案]]。

⑨ 最好设想修改后会被授权，预先将说明书及权利要求书中的不清楚的记载、记载缺陷或笔误等全部克服。此时，可以在意见书中预先主张该修改并不是用于克服驳回理由的修改且不属于有意识的排除〔大阪高等法院2001年4月19日判决，平成11年（ネ）第2198号［注射液的调制方法及注射装置案]]。

⑩ 当以权利要求1具有特别技术特征且权利要求组满足发明的单一性或未违反技术特征变更修改为前提时，如果在权利要求中存在相对于主引用发明未对创造性作出贡献并且与本申请发明的问题解决原理无关的特征（A），则在最初的驳回理由通知书的答复中增加了对创造性作出贡献的特征E时，也可以考虑通过将该特征（A）从权利要求中删除或将其扩大，从而就该特征将技术范围扩大。在针对缺乏创造性的驳回理由通知书进行答复时，往往只关注会带来创造性的特征E，但最好对于其他特征A至D也进行关注，如以下例子所示，可以考虑就该些特征将权利范围扩大。

例：
修改前的发明：一种X装置，具有：A；B；C；以及D。
修改后的发明：一种X装置，具有：B；C；D；以及E。

⑪ 当独立权利要求1的创造性被否定，欲对权利要求1进行缩小修改时，在驳回理由通知书中指出其从属权利要求（例如权利要求3）未发现驳回理由的情况下，如果在权利要求1中增加权利要求3的特征，则会使修改后的权利要求1具有创造性。在该类情况中，最好不是简单地将权利要求3的所有特征并入权利要求1，而是仅将用于使其具有创造性所需的最低限度的特征并入权利要求1。

⑫ 最好确认修改后的权利要求的记载是否支持意见书中的主张。

⑬ 由于如果在答复后收到最后的驳回理由通知书或驳回决定，则对其答复的修改会被禁止所谓的目的外修改，因此最好将该情况也考虑在内先其一步谋划，例如预先撰写具有外在附加限定的从属权利要求等预先对从属权利要求进行完善。

⑭ 对于在授权后无法提出分案申请的2007年3月31日以前的专利申请，如果其是重要的专利申请，则最好预先设想该申请在答复后会被授权，在提出意见书的同时提出分案申请。

⑮ 在虽难以明确地表述本申请发明与主引用发明的方案上的差异，但可记载效果上的显著差异的情况下，当判断为了获得授权需要将权利范围限定到在权利要求中记载效果的程度时，有时可以通过在权利要求中记载该效果来获

⑯ 如果在权利要求中记载与权利要求所记载的特征对应的实施例中的部件的附图标记，则专利发明的技术范围有可能会被限定为该实施例并被狭义地解释。

⑰ 在提出复审请求的同时进行修改时，如果仅以使案件进入前置审查程序为目的，例如仅进行轻微的笔误订正等形式上的修改，则有时会给前置审查员的结论带来不利影响，因此需要谨慎对待。最好通过进行符合前置审查制度宗旨的实质性修改来使案件进入前置审查程序。

⑱ 作为对权利要求进行缩小修改的结果，当在说明书中记载有该权利要求中未包含的实施例时，有时会以"申请的统一性"等理由，被审查员要求将该实施例的记载从说明书中删除。然而，最好不要进行实施例的删除。其原因是，将来如果发生了在不能修改的期间内需要进行分案的情况，则只能在原申请的分案前最后一次提出的说明书等所记载内容的范围内提出分案申请。相反地，最好预先将申请时的原始权利要求作为附记记载在说明书的末尾。

权利要求修改的注意事项

- 驳回理由通知书的种类不同，修改的限制也会不同
- 申请日不同，修改的限制也会不同
- 将针对下次有可能收到的驳回理由通知书的对策纳入从属权利要求
- 基于获得授权和权利行使这两个观点来进行修改
- 考虑今后的权利行使，将不需要的特征删除
- 关于特征考虑其侵权的举证容易性
- 考虑申请文档参考原则、有意识的排除等

（3）关于权利要求记载及解释的判例

① 权利要求的字面解释

★ 如果一并考虑甲各项证据及原判决所引用的公开专利公报的记载，应当解释为本案发明中的"关闭电源"的技术意义是机械地关闭电源（切断电源），上诉人主张的节电状态（休眠状态或挂起状态）并不包括在其中。另外，在被告系统中，终端转移到休眠或挂起状态（节电状态），并非为"关闭电源"，因此不属于本案发明的技术范围〔东京高等法院 2003 年 2 月 26 日判决，平成 13 年（ネ）第 3453 号［车辆库存信息系统案］。

第 3 章　创造性（法第 29 条第 2 款）

★尽管原告在本案实用新型的申请时在原始权利要求书中仅记载了上表面刷能够自由地摆动，但在之后（针对审查员发出的驳回理由通知书）进行了修改，明确记载了摆动臂以中间部能够以 360 度自由地转动的方式被支撑轴轴承支撑，并且就作用效果也强调了该修改后内容与第一引用文献之间的差异，如果参考上述情况，只能解释为本案实用新型的特征 B 被限定为摆动臂的转动角度为 360 度。总之，因为被告产品的顶刷臂（摆动臂）仅能够以 287 度自由地转动的方式被顶刷臂轴（支撑轴）轴承支撑，所以在此点上被告产品缺乏本案实用新型的特征 B，因此无须就其余各点加以判断，被告产品未落入本案实用新型的技术范围〔东京地方法院 1984 年 5 月 14 日判决，昭和 57 年（ワ）第 10801 号〔汽车车体的清洗及干燥装置案〕〕。

② 说明书的参考

★根据本案说明书的记载，本案发明中所说的"计算机"和"传送控制单元"应当由硬件来定义，而非由功能来定义，应当认定需要设置"传送控制单元"作为与"计算机"不同的独立的硬件。被告产品并未设置"传送控制单元"作为从"计算机"中独立的硬件〔东京地方法院 2001 年 9 月 28 日判决，平成 11 年（ワ）第 25247 号〔信息传送方式案〕〕。

★在专利侵权诉讼中，当对对象物品是否落入该专利发明的技术范围进行考察时，既然该专利发明作为有效专利成立，该权利要求书的记载就应在与说明书的记载的关系上满足法第 36 条的所谓的支持要件或可实施要件，因此不得不考虑说明书的记载等来解释权利要求书。因此，应当解释为无论该专利发明的权利要求书在字面上是否毫无疑义且明确，均应当考虑请求书中所附说明书的记载及附图来解释权利要求书中所记载的用语的含义〔知识产权高等法院 2006 年 9 月 28 日判决，平成 18 年（ネ）第 10007 号〔图形显示装置案〕〕。

★在本案说明书中的关于"泡沫调节剂"的记载中，并未记载当使用了几摩尔添加物的混合物时着眼于其各摩尔添加物并应就其分别确定是否为"泡沫调节剂"，在该说明书中也未记载其他具体为何物质。因此，根据权利要求书以及关于其作用效果的（说明书的）记载，应当只能解释为，如原判决所述，本案发明中的"泡沫调节剂"为具有以下各特征的物质：(1) 在主剂中以未超过 2 重量%的范围进行调配；(2)

除了主剂及其中包含的乳化剂之外，另外调配；（3）具有对所起的泡沫进行消泡的作用〔东京高等法院2002年8月22日判决，平成13年（ネ）第3394号［上光清洗方法案］〕。

③ 功能性权利要求

★应当解释为，当实用新型权利要求书以上述表述来记载时，仅根据该记载无法明确实用新型的技术范围，除了参考上述记载还应当参考说明书的记载，根据其中公开的具体方案所示出的技术思想来确定该实用新型的技术范围。但是，其并非是将实用新型的技术范围限定为说明书中所记载的具体实施例，即使未作为实施例记载，只要是所属领域技术人员根据说明书中公开的关于实用新型的记述内容能够实施的方案，就应当解释为包括在该技术范围中〔东京地方法院1998年10月22日判决，平成8年（ワ）第22124号［磁性介质读取器案］〕。

★应当解释为，当权利要求书以上述作用、功能的表述来记载时，仅根据该记载无法明确发明的技术范围，除了参考该记载还应当参考说明书的记载，根据其中公开的具体方案所示出的技术思想来确定该发明的技术范围。应当解释为，为了符合本案发明中的"其特征在于，在外侧的草莓解冻的时间点，具有柔软性并且具有奶油不流出程度的形态保持性"的冰淇淋，除了含有通常的冰淇淋以外，还需要至少含有"琼脂及奶油冻用稳定剂"。相比之下，被告产品显然在其成分中未包含"琼脂及奶油冻用稳定剂"。因此，由于被告产品不具备本案发明的冰淇淋填充草莓中的"在外侧的草莓解冻的时间点，冰淇淋具有柔软性并且具有奶油不流出程度的形态保持性"（特征b、c），因此未落入本案发明的技术范围中〔东京地方法院2004年12月28日判决，平成15年（ワ）第19733号［冰淇淋填充草莓第一案］〕。

④ 方法限定产品权利要求

★即使是在关于产品发明的专利所涉及的权利要求书中记载有该产品的制造方法的情况下，也应当解释为将该专利发明的技术范围确定为构造、特性等与由该制造方法所制造的产品相同的产品……当在关于产品发明的专利所涉及的权利要求书中记载有该产品的制造方法时，关于能够认定为该权利要求书的记载符合法第36条第6款第2项中所说的"发明清楚"的要件的情况，应当解释为仅限于在申请时存在不可能或根本不实际通过其构造或特性来直接限定该产品的情况〔最高法院2015年

6月5日判决，平成24年（受）第2658号［普伐他汀钠案］］。

⑤ 申请文档的参考

★在对法第70条第1款进行解释适用时，当采用即便被主张侵权的装置的方案不具备专利发明的一部分特征但当与专利发明等同时仍属于其技术范围的法理原则时，无论如何也应设定等同的成立要件。如果虽然在从该发明申请到授权的专利权取得的过程中为了克服驳回理由而限定其特征，并被认可而获得授权，但是仍将所限定的方案中未包含的方案以等同为理由认定属于其技术范围，则会违反为了纠正按照权利要求书的文字确定并适用技术范围所产生的不合理来保护权利人的等同原则的宗旨〔东京高等法院1997年6月17日判决，平成8年（ネ）第4682号［包装材料的热封方法及装置案］］。

⑥ 其他

★在丙公司中的上告人产品的产品化的工序中，关于不具备的本案发明的作为本质部分的特征H（在负压产生部件容纳室中容纳两个负压产生部件，使其互相压接，使作为其边界层的压接部的界面的毛细管力高于上述各负压产生部件的负压）及特征K（无论墨水罐的姿势如何，在负压产生部件容纳室中容纳所述压接部的界面整体能够保持墨水量的墨水）的状态的本案墨水罐主体，包括清洗其内部并冲洗墨水后，在其中再填充满足特征K的一定量的墨水的行为。丙公司的上述行为无非是关于被上告人产品中的构成本案发明的本质部分的部件的一部分的加工或更换。因此，应当认定就上告人产品未限制本案专利权的行使，被上告人可以针对上告人请求上告人产品的进口、销售等的停止及销毁〔最高法院2007年11月8日判决，平成18年（受）第826号［墨水盒案］］。

权利范围的解释

① 权利要求的字面记载
② 说明书、附图的参考
③ 申请文档的参考
④ 申请时的技术常识
⑤ 外部资料的参考

3.16 其他注意事项

① 也有时在驳回理由通知书中所引用的文献是在本申请专利的申请日或优先权日之后公开的文献，因此必须对引用文献的公开日进行确认。

② 最好确认是否存在未指出关于新颖性及创造性的驳回理由的权利要求。如果存在未指出关于新颖性及创造性的驳回理由的权利要求，则有时能够通过将其技术特征之中必要最小限度的特征增加到独立权利要求中进行缩小修改来容易地获得授权。当然，需要对该限定在获得授权上是否合适充分进行分析后再进行修改。

③ 近些年，由于发明单一性规定的变化以及最近所谓的变更修改禁止规定的导入等，在指出缺乏创造性的驳回理由通知书中，同时指出缺乏新颖性的情况也在增多。由于仅针对缺乏新颖性进行答复不会获得授权，因此一般是针对缺乏创造性进行答复，然而，由于就驳回理由通知书中所指出的缺乏新颖性的审查员的判断是关于之后的答复、分案申请或其他关联申请等非常有用的宝贵信息，因此最好对该信息也好好掌握。

④ 很多情况是在指出缺乏创造性的驳回理由的同时还指出发明的清楚性的驳回理由。有时克服了缺乏创造性的驳回理由的修改同时也能够克服清楚性的驳回理由，因此可以考虑能够同时克服两种驳回理由的权利要求修改方案。

⑤ 如果将引用文献从头到尾通篇阅读，会影响实务上的效率，因此可以重点阅读引用文献之中驳回理由通知书所指出的部分、附图及与本申请发明的本质部分对应的部分等。对于作为公知技术的证据所举出的引用文献，如果就该内容并非公知技术不做争辩，则无须特别详细地阅读。顺带说一句，作为对初次接触到的专利说明书中记载的发明要点迅速进行掌握的秘诀之一，可以首先仔细阅读附图以抓住本发明相对于现有技术的改进点，其次将焦点锁定在关于该改进点的实施例的记载及效果来阅读说明书。

⑥ 当驳回理由通知书引用了引用文献的多个段落，并未具体指出引用文献之中用于驳回理由的确切的引用部分时，有效的办法是直接给审查员打电话，向其请教想要根据引用文献的哪部分记载进行驳回，然后针对其有的放矢地考虑适当的答复。

⑦ 当在驳回理由通知书中存在笔误（多数为搞错引用文献号）或不清楚的记载时，最好直接给审查员打电话向其请教正确的记载（文献号）或真实意图，并告知审查员将针对正确内容提出意见书或补正书。如果并非针对正确内容，而仅是在答复的意见书中挑出审查员的笔误而作出无用的反驳，则有时

会给之后的审查带来不利影响。

⑧ 与对权利要求书完全不做修改而仅以意见书来说服审查员的做法相比，将权利要求书中不清楚的记载修改清楚或将关于某一特征已经存在的限定表述在其他特征中也重复记载等稍作修改的做法可能会在心理上更容易说服审查员。

⑨ 如果是在意见书答复的指定期限内，则可以多次重复地提出补正书或意见书。对于已经提出的补正书及意见书不能撤回。审查的对象为连同最后的补正书均包括在内反映了全部修改的权利要求书。

⑩ 除了"发明名称"以外，一般审查员不会进行依职权修改。

⑪ 删除权利要求的修改会白白浪费实审请求费，因此需要慎重。

主要的法定期限、指定期限		
	国内申请人	国外申请人
针对补正通知书的答复	收到日起 30 日	同左
实审请求	专利申请日起 3 年	同左
分案申请的实审请求	原申请日起 3 年、分案申请日起 30 日	同左
针对现有技术公开通知的答复	收到日起 30 日或 60 日	60 日或 3 个月
针对驳回理由通知书的答复	收到日起 60 日 + 2 个月（仅为审查时）	3 个月 +（2+1）个月
复审请求	驳回决定收到日起 3 个月	4 个月
复审维持驳回决定取消诉讼	复审维持驳回决定收到日起 30 日	120 日
专利登记费的缴纳	授权通知书收到日起 30 日 + 30 日	同左

第 4 章
说明书等的记载缺陷（法第 36 条）

专利制度通过实现发明的保护及利用来奖励发明，从而促进产业发展（法第 1 条）。换言之，对于完成并公开了新发明（申请专利）的人，一方面，通过以一定期间、一定条件授予所谓专利权的独占权作为补偿从而实现发明的保护；另一方面，对于第三人，给予其利用该公开的发明的机会（公开补偿说）。并且，发明的利用及保护是借助兼具作为用于公开发明技术内容的技术文献的使命以及作为明示出专利发明的技术范围的法律文书的使命的说明书等来达成的。

法第 36 条是按照法律目的规定了说明书等的记载要件，法第 36 条第 4 款就说明书的记载要件作出了规定，法第 36 条第 5 款及第 6 款就权利要求书的记载要件作出了规定。作为技术文献的使命主要由说明书来担负，作为法律文书的使命主要由权利要求书来担负，然而，两个使命只有当说明书等满足法第 36 条规定的各要件时才能实现。在本章中，将就违反法第 36 条的类型和针对其的应对进行说明。

此外，平成 27（2015）年审查基准及审查手册进行了大幅修订，修订的审查基准及审查手册适用于 2015 年 10 月 1 日以后的审查。之后，平成 28（2016）年 3 月关于"食品的用途发明"等对审查基准及审查手册进行了修订。本章是以该修订审查基准及修订审查手册为依据。

4.1 可实施要件（法第 36 条第 4 款第 1 项）

> **法第 36 条第 4 款第 1 项**
> 前款第 3 项的发明的详细说明的记载应当是符合下列各项的记载。
> 一、按照经济产业省令的规定，清楚且充分地记载到使具有该发明所属技术领域的通常知识的人员能够进行其实施的程度。

法第36条第4款第1项中包括"清楚且充分地记载到使具有该发明所属技术领域的通常知识的人员能够进行其实施的程度"（可实施要件）和"按照经济产业省令的规定记载"（委任省令要件）两个要件，以下分别对其进行说明。

4.1.1 可实施要件的规定的要旨和解释

（1）规定的要旨

专利制度是对于公开了新发明的人以一定期间、一定条件授予独占权作为补偿的制度，但当在担负作为技术文献的使命的说明书中未将发明清楚地记载到使所属领域技术人员能够实施的程度时，会丧失发明公开的意义，由于无法实现发明的利用，因此进而会丧失专利制度的目的。

（2）规定的解释

"该发明"是指权利要求中记载的发明（权利要求所涉及发明）。

"其实施"是指权利要求所涉及发明的实施，"实施"在法第2条第3款中定义。关于未将权利要求所涉及发明以外的发明记载到能够实施的程度的情况以及存在为了实施权利要求所涉及发明所需的内容以外的多余记载的情况，并不违反可实施要件。

"具有该发明所属技术领域的通常知识的人员"是指能够在权利要求所涉及发明的所属技术领域中应用用于研究开发（包括文献分析、实验、分析、制造等）的常规技术手段，并且能够发挥材料选择、常规改变等常规的创作能力的人员（所谓的"所属领域技术人员"）。

因此，对于说明书中关于发明实施的说明，应当将该发明清楚且充分地记载到使所属领域技术人员能够根据说明书及附图中所记载的关于发明实施的说明以及申请时的技术常识来实施权利要求所涉及发明的程度。

"技术常识"是指所属领域技术人员普遍知晓的技术（包括公知技术及惯用技术）或根据经验显而易见的内容。

"公知技术"是指在该发明的技术领域中被普遍知晓的技术，例如是指以下①～③中的任意一者。

① 关于该技术存在很多篇出版物的技术。
② 在行业中广泛知晓的技术。
③ 在该技术领域中，被广泛知晓到无须举例程度的技术。

"惯用技术"是指被广泛使用的公知技术。

因此，当所属领域技术人员要根据说明书及附图中记载的关于发明实施的教导和申请时的技术常识来实施发明却无法理解如何实施时（例如，为了发现如何实施而需要进行超出所属领域技术人员可期待程度的反复实验或高度复杂的实验等时），判定为说明书未被记载到所属领域技术人员能够实施的程度。

"能够进行其实施"是指当权利要求所涉及发明为产品发明时能够制造该产品并且能够使用该产品，当为方法发明时能够使用该方法，以及当为产品制造方法发明时能够利用该方法制造该产品（参见法第2条第3款）。

说明书中不存在"发明的详细说明"一栏

虽然法第36条使用了"发明的详细说明"的表述，但是在实际的说明书中并不存在该名称的栏目。以前在"权利要求书"还是说明书一部分的时候，为了与"权利要求书"一栏进行区别因而需要"发明的详细说明"的栏目名；然而，在2003年7月1日以后，由于将"权利要求书"从说明书中分离而成为独立的文件从而不再需要"发明的详细说明"的栏目名，但在法律上还依然在使用"发明的详细说明"。因此，可以认为"发明的详细说明"是指"说明书"中除了"发明名称"及"附图的简单说明"以外的部分（法第36条第3款）。

在本书中，为便于读者理解，将"发明的详细说明"也称为"说明书"。

4.1.2　可实施要件的具体运用

（1）发明的实施方式

在说明书中，需要对示出如何实施权利要求所涉及发明的"发明实施方式"之中的专利申请人认为最佳的实施方式❶的至少一个进行记载。

以下按照发明的各个类别来具体说明可实施要件。发明的类别分为产品发明、方法发明（有时称为单纯方法）以及产品制造方法发明三种。

发明的类别
- 产品发明
- 方法发明
- 产品制造方法发明

---

❶ 在2009年1月1日施行的修订专利法施行规则的表格29中，将说明书的项目名"发明的最佳实施方式"变更为"发明的实施方式"，删掉了"最佳"两字。然而，该表格29［备考］14th中依然要求"记载专利申请人认为最佳的实施方式的至少一个"，但其并非法第36条第4款所要求的要件，即使明显未记载专利申请人认为最佳的实施方式，在日本也不会构成驳回理由等。

(2) 关于"产品发明"的发明实施方式

就产品发明能够实施是指能够制造该产品并且能够使用该产品,因此"发明的实施方式"也需要以能够进行该制造、使用的方式来记载。

① 关于"产品发明"清楚地进行记载

需要所属领域技术人员能够根据一项权利要求把握产品发明,能够根据说明书的记载理解该产品发明。

② 以"能够制造该产品"的方式进行记载

应当以所属领域技术人员能够制造该产品的方式记载产品发明。为此,在说明书中,应当具体记载制造方法。但是,即便未具体记载也能够使所属领域技术人员基于说明书及附图的记载以及申请时的技术常识来制造该产品的情况除外。

③ 以"能够使用该产品"的方式进行记载

应当以所属领域技术人员能够使用该产品的方式记载产品发明。为此,应当在说明书中就能够怎样使用该产品具体地进行记载。但是,即便未具体记载也能够使所属领域技术人员基于说明书及附图的记载以及申请时的技术常识来使用该产品的情况除外。

产品发明的实施方式的记载方式

- 以所属领域技术人员能够理解的方式清楚地记载"产品发明"。
- 以能够制造的方式记载"制造方法"。
- 以能够使用的方式记载"使用方法"。

---

(3) 关于"方法发明"的发明实施方式

就方法发明能够实施是指能够使用该方法,因此"发明的实施方式"也需要以能够进行该使用的方式来具体记载。

① 关于"方法发明"清楚地进行说明

需要能够根据一项权利要求把握方法发明(即能够对权利要求所涉及发明进行认定),能够根据说明书的记载理解该方法发明。

② 以"能够使用该方法"的方式进行记载

产品制造方法以外的方法(所谓的单纯方法)的发明中包括产品的使用方法、测定方法、控制方法等多种方法。并且,无论是何种方法的发明,均应当以所属领域技术人员能够基于说明书及附图的记载以及申请时的技术常识来使用该方法的方式进行记载。

> **单纯方法发明的实施方式的记载方式**
> - 以所属领域技术人员能够理解的方式清楚地说明"方法发明"。
> - 以能够使用该方法的方式记载"方法"。

(4) 关于"产品制造方法"的发明的实施方式

在"产品制造方法"的发明的情况中,"能够使用该方法"是指能够利用该方法制造产品,因此需要以能够利用该方法制造产品的方式来记载"发明的实施方式"。

① 关于"产品制造方法发明"清楚地进行说明

需要所属领域技术人员能够根据一项权利要求把握产品制造方法发明(即能够对权利要求所涉及发明进行认定),能够根据说明书的记载理解该发明。

② 以"能够利用该方法制造产品"的方式进行记载

产品制造方法发明中包括产品的制造方法、产品的组装方法、产品的加工方法等多种方法,任意一种情况下均由(i)原材料、(ii)其处理工序以及(iii)产物三要素构成。并且,关于产品制造方法发明,应当使所属领域技术人员根据该方法制造产品,因此原则上应当记载该三要素,以使所属领域技术人员能够基于说明书及附图的记载以及申请时的技术常识来制造该产品。

> **产品制造方法发明的实施方式的记载方式**
> - 以所属领域技术人员能够理解的方式清楚地说明"产品制造方法发明"。
> - 以能够利用该方法来制造产品的方式记载"产品制造方法"。

(5) 关于说明的具体化的程度

在"发明的实施方式"的记载中,当需要对发明进行说明以使所属领域技术人员能够实施发明时,是利用实施例来进行说明(施行规则第24条表格第29)。另外,有附图时参照该附图进行说明。实施例是具体示出了发明的实施方式的示例(例如,产品发明的情况中,示出了如何制造、具有何种构造、如何使用等的示例)。

当即便不利用实施例也能以所属领域技术人员能够基于说明书及附图的记载以及申请时的技术常识来实施发明的方式对发明进行说明时,无须记载实施例。

★由于产品发明所涉及发明的实施是指该产品的制造、使用等行为(法

第2条第3款第1项），因此为了使产品发明满足上述可实施要件，需要在说明书中就该产品的制造方法具体进行记载。然而如果即便不进行该记载也能够使所属领域技术人员根据说明书及附图的记载以及申请当时的技术常识来制造该产品，则可以认定满足上述可实施要件〔知识产权高等法院2013年1月31日判决，平成24年（行ケ）第10020号〔发光装置案〕〕。

（6）权利要求的记载与说明书之间的关系

① 虽然需要就"权利要求所涉及发明"记载至少一个实施方式，但是并不一定需要就权利要求中包含的所有下位概念或所有并列选择项示出实施方式。

② 然而，在权利要求为上位概念并且说明书中仅记载了关于该上位概念中所包含的一部分下位概念的实施方式的情况下，当有具体的理由认为如果仅根据该实施方式的记载则无法使所属领域技术人员基于说明书及附图的记载以及申请时的技术常识来实施上位概念中所包含的其他下位概念（仅限于所属领域技术人员在申请时能够认识到的下位概念，在以下的可实施要件中也同样）时，该仅记载一部分实施方式的情况不满足将权利要求清楚且充分地记载到所属领域技术人员能够实施的程度。

③ 在权利要求为马库什形式的权利要求并且说明书中仅记载了关于该可选择要素中所包含的一部分可选择要素的实施方式的情况下，当有具体的理由认为如果仅根据该实施方式的记载则无法使所属领域技术人员基于说明书及附图的记载以及申请时的技术常识来实施其他可选择要素时，该仅记载一部分实施方式的情况不满足将权利要求清楚且充分地记载到所属领域技术人员能够实施的程度。

④ 当包括利用权利要求所要达到的结果来限定产品的情况时，有可能会使权利要求的概念变得过宽，从而仅根据说明书中所记载的特定的实施方式的记载内容无法使所属领域技术人员能够实施权利要求中所包含的其他部分（实施方式）。

4.1.3 违反可实施要件的类型及其应对

（1）因发明实施方式的记载缺陷导致的违反可实施要件

类型A 技术手段的记载为抽象性或功能性的记载的情况

在发明实施方式的记载上，由于在说明书中仅抽象性、功能性地记载了与用于限定权利要求所涉及发明的特征（发明特征）对应的技术手段，对其具体进行体现的材料、装置、工序等不清楚，并且所属领域技术人员根据申请时的技术常识无法理解，因此被认定为所属领域技术人员无法实施权利要求所涉及发明的情况。

应对：当可以理解到所属领域技术人员能够根据说明书等及申请时的技术水准实施的程度时，可以在意见书中指出说明书的记载部分，根据需要提出表明技术水准的技术文献等的复印件并进行该主张。当即使说明书等的记载在一部分上不清楚，但从说明书等的整体记载来看清楚时，可以说明该理由。当说明书等的记载确实为抽象性、功能性的记载，未将发明记载到可实施的程度时，为了满足本要件需要对说明书进行修改，但若加入具体的记载则构成超范围增加新内容的可能性较大。另外，仅通过意见书或实验结果证明等进行阐明并不能克服关于说明书等中未记载内容的记载缺陷〔东京高等法院2001年10月31日判决，平成12年（行ケ）第354号［新式功能化全氟聚醚及其制造方法案］〕。在该类情况中，纠正缺陷是非常困难的，可以详细分析说明书及附图，想办法找出能够作为修改依据的公开部分并进行不构成超范围增加新内容程度的修改，同时运用申请时的技术水准来主张可实施性。如果要主张申请时的技术水准的高度，则有可能会对本申请发明的创造性判断带来不利影响，因此需要注意。如果是在申请日起1年以内，则可以通过提出要求本国优先权的申请来增加新内容。

类型B　技术手段之间的相互关系不清楚的情况

在发明的实施方式的记载中，由于与特征对应的各个技术手段之间的相互关系不清楚，并且所属领域技术人员即使根据申请时的技术常识也无法理解，因此被认定为所属领域技术人员无法实施权利要求所涉及发明的情况。

应对：可以就驳回理由通知书中所指出的不清楚的技术手段之间的相互关系，在说明书中加入不构成超范围增加新内容程度的说明，根据需要提出表明申请时的技术水准的技术文献等的复印件，并在意见书中主张与特征对应的各个技术手段之间的相互关系对于所属领域技术人员来说是清楚的。

类型C　未记载制造条件等的数值的情况

在发明的实施方式的记载中，由于未记载制造条件等的数值，并且所属领域技术人员即使根据申请时的技术常识也无法理解，因此被认定为所属领域技术人员无法实施权利要求所涉及发明的情况。

应对：可以就驳回理由通知书中所指出的制造条件等，在说明书中加入不构成超范围增加新内容程度的说明，提出表明申请时的技术水准的技术文献等的复印件，并在意见书中主张该制造条件等对于所属领域技术人员来说已经明确到可实施的程度。或者，有时通过进行修改将关于该制造条件等的要素从权

第 4 章　说明书等的记载缺陷（法第 36 条）

利要求中删除，也能够使该制造条件等与权利要求无关，从而克服缺陷。或者，可以说明关于该制造条件等如果所属领域技术人员要实施，则无须特别钻研就能实施。

★……由于作用效果是通过利用从中央槽及其外侧同心状配置的旋转筒的下端向预定距离的位置吹入加压空气而从环状间隙的下端喷出空气的较单纯的结构得到，因此如果所属领域技术人员要根据本案说明书的记载来实施本案专利发明，则在空气能够从旋转筒的下端喷出的范围内对旋转筒的距下端的距离进行调节即可，在进行该实施时无须特别钻研。因此，由于加压空气向环状间隙的吹入位置在实际装置中是通常的反复试验的范围内能够设定的内容，因此不能认定为违反可实施要件〔知识产权高等法院 2008 年 11 月 26 日判决，平成 19 年（行ケ）第 10406 号〔具有旋转式加压型分离器的粉碎机案〕〕。

（2）因权利要求中所包括的实施方式以外的部分不能实施导致的违反可实施要件

类型 D　仅将关于权利要求中记载的上位概念中所包括的一部分下位概念的实施方式记载到可实施程度

在权利要求中记载了上位概念的发明并在说明书中仅将关于该上位概念所包括的"一部分下位概念"的实施方式记载到可实施程度，并且关于该上位概念所包括其他下位概念，被认定为如果仅以关于该"一部分下位概念"的实施方式，则有理由认为未清楚且充分地说明到所属领域技术人员考虑申请时的技术常识（需要注意其还包括实验及分析的方法等）能够实施的程度的情况。

应对：可以就被具体指出不清楚的其他下位概念，在说明书中加入不构成超范围增加新内容程度的说明，根据需要提出表明申请时的技术水准的技术文献等的复印件，并在意见书中主张其他下位概念对于所属领域技术人员来说也已经明确到可实施的程度。虽然通过以不包括该其他下位概念的方式将权利要求缩小限定为中位概念，也能够克服缺陷，但由于会缩小权利范围，因此需要慎重对待。虽然本来权利要求的记载是能够针对说明书中所记载的一个或多个具体例子进行概括，但是也有些审查员会要求将权利要求的记载缩小到说明书中所记载的特定具体例子程度，因此需要苦思应对方法。

★并不需要在本申请说明中所记载的多个条件的全部范围内均能够制造本申请发明，所属领域技术人员参考技术领域或技术问题，以理所当然要进行的条件调整为前提，根据〔0010〕至〔0012〕中记载的范围来设定具体的制造条件即可……本来，对于产品发明，并不需要在可适用的全部条件范围均存在实施例。应当解释为，对于产品发明来说，与在产品制造方法发明中在权利要求书中示出制造条件的范围，作为公知物质的制造方法主张方法发明的效果的情况相比，在实施例的包罗性上所要求的水准并不相同〔知识产权高等法院2011年4月14日判决，平成22年（行ケ）第10247号［场致发射设备用碳素膜案］〕。

类型 E　仅将特定的实施方式记载到可实施程度

在说明书中仅将特定的实施方式记载到可实施程度，但由于该特定的实施方式为权利要求中包含的特别点等理由，有时有充分的理由认为所属领域技术人员即使考虑说明书及附图的记载以及申请时的技术常识（需要注意其还包括实验及分析的方法等），也无法就权利要求中包含的其他部分对该实施方式实施的情况。

应对：可以就被指出不能实施的其他部分概念，在说明书中加入不构成超范围增加新内容程度的说明，根据需要提出表明申请时的技术水准的技术文献等的复印件，并在意见书中主张所属领域技术人员也能够对该其他部分实施。有时需要将与特定的实施方式对应的权利要求和与相当于该其他部分的其他的实施方式对应的权利要求修改成不同的权利要求。虽然通过以不包括该其他部分的方式单纯地对权利要求进行缩小限定也能够克服缺陷，但由于会缩小权利范围，因此需要慎重对待。

类型 F　仅将马库什形式的一部分可选择要素记载到可实施程度

权利要求是通过马库什形式记载，在说明书中仅将关于一部分可选择要素的实施方式记载到可实施程度，并且关于其余的可选择要素，被认定为如果仅以关于该一部分可选择要素的实施方式，则有理由认为未说明到所属领域技术人员考虑申请时的技术常识（需要注意其还包括实验及分析的方法等）能够实施的程度的情况。

应对：与上述类型 D 的应对相同。

类型 G　仅将通过要达到的结果限定产品的权利要求之中的特定的实施方式记载到可实施程度

权利要求中包括通过要达到的结果进行的限定，在说明书中仅将特定的实施方式记载到可实施程度，并且有充分的理由认为所属领域技术人员即使考虑说明书及附图的记载以及申请时的技术常识（需要注意其还包括实验及分析的方法等）也无法就权利要求中包含的其他部分实施的情况。

应对：可以对权利要求进行修改，从而不是通过要达到的结果对产品进行限定，而是通过将说明书中所记载的实施方式在能够概括的范围内进行上位概念化的方案来对产品进行限定。

> **构成违反可实施要件的说明书记载缺陷的类型**
> （1）因发明实施方式的记载缺陷导致的违反
> - 类型 A：技术手段的记载为抽象性或功能性的记载
> - 类型 B：技术手段之间的相互关系不清楚
> - 类型 C：未记载制造条件等的数值
>
> （2）因发明的实施方式以外的部分不能实施导致的违反
> - 类型 D：仅将关于权利要求中记载的上位概念之中的一部分下位概念的实施方式记载到可实施程度
> - 类型 E：仅将特定的实施方式记载到可实施程度
> - 类型 F：仅将马库什形式的一部分可选择要素记载到可实施程度
> - 类型 G：仅将通过要达到的结果限定产品的权利要求之中的特定的实施方式记载到可实施程度

（3）构成违反可实施要件的其他情况

（i）由于说明书作为日语未正确记载❶，因此其记载内容不清楚的情况（包括所谓的"翻译缺陷"）；

（ii）用语未在说明书、权利要求书及附图整体范围内统一使用的情况；

（iii）用语并非学术用语、在学术文献中惯用的技术用语，并且未在说明书中对该用语进行定义的情况；

（iv）对于即使不使用商标名称也能够表示的，通过商标名称来表示的情况；

（v）在说明书中记载了计量法所规定的物体的状态的量，但未按照计量法所规定的单位进行记载的情况；

（vi）在附图说明的记载（附图及附图标记的说明）中在与说明书的关联上存在缺陷的情况。

（4）违反可实施要件的驳回理由通知书中的审查员的义务

当审查员判断说明书的记载不满足可实施要件时，会发出该内容的驳回理由通知书。审查员会在驳回理由通知书中写明所属领域技术人员无法实施的发

---

❶ 作为日语未正确记载的情况，例如包括主语与谓语的关系不清楚、修饰语与被修饰语的关系不清楚、标点符号的错误、文字的错误（错字、漏字及别字）、符号的错误等。

明中的权利要求，并且明确指出是违反可实施要件而不是违反委任省令要件。当构成违反可实施要件的原因在于说明书或附图中的特定记载时，审查员将指出该特定记载。审查员会在示出判定违反可实施要件的根据（例如，判断时特别考虑的说明书的记载部分以及申请时的技术常识的内容等）的同时，具体说明判定不能实施的理由。另外，会尽可能地记载用于让申请人了解如何克服驳回理由的修改方向的线索（能够被判断为可实施的范围等）。

再有，会尽可能地通过引用文献来指出驳回理由。该情况中的文献原则上仅限于申请时被所属领域技术人员所知晓的文献。但是，当为了指出由于说明书或附图的记载内容与所属领域技术人员一般作为正确内容所认识的科学或技术上的事实违背而导致了违反可实施要件时，在可以引用的文献中也包括在后申请的说明书、实验结果证明、专利异议申诉书、申请人在其他申请中所提出的意见书等。

4.1.4 针对违反可实施要件的驳回理由通知书的申请人的应对

（1）当在驳回理由通知书中未示出判定违反可实施要件的根据（例如，判断时特别考虑的说明书的记载部分以及申请时的技术常识的内容等），并且未具体说明判定不能实施的理由时，可以就其进行反驳。

（2）可以说明如果对说明书及附图的整体记载进行考虑，则所属领域技术人员能够实施权利要求所涉及发明。

当虽然根据说明书等的部分记载似乎不能实施，但是如果从说明书等的整体记载来看已经将发明公开到所属领域技术人员能够实施的程度时，可以就其进行反驳。

（3）可以通过意见书对违反可实施要件的驳回理由通知书进行反驳、阐明。详细说明如果考虑申请时的包括公知、惯用技术的技术常识及对于所属领域技术人员显而易见的内容，则所属领域技术人员能够基于说明书等的记载来理解权利要求书所涉及发明的技术领域、发明的技术问题及发明的解决手段，并且权利要求所涉及发明也能够被所属领域技术人员实施。例如，可以具体示出审查员未认识到的申请时的技术常识（公知、惯用技术等），同时在意见书中主张已经将说明书清楚且充分地记载到了所属领域技术人员能够基于说明书的记载及申请时的技术常识来实施该权利要求所涉及发明的程度。但是，需要注意不要使公知、惯用技术的明确化对创造性的争论产生不利影响。

（4）可以提出实验结果证明并以其为根据，主张能够认定说明书清楚且充分地记载到了所属领域技术人员能够实施权利要求所涉及发明的程度。但是

第4章 说明书等的记载缺陷（法第36条）

需要注意，当由于说明书的记载不充分，因而即使考虑申请时的技术常识也不能认定说明书已经清楚且充分地记载到所属领域技术人员能够实施权利要求所涉及发明的程度时，将难以克服违反可实施要件的驳回理由〔东京高等法院2001年10月31日判决，平成12年（行ケ）第354号［新式功能化全氟聚醚及其制造方法案］〕。

无论上述哪一种情况，均需要主张到审查员能够得出说明书满足可实施要件的结论的程度。

（5）当通过权利要求的缩小修改能够克服驳回理由并且该情况最理想时，则可以对权利要求进行缩小修改。需要尽力以不被解释为有意识的排除（参见本书第3章"创造性"）的方式在意见书中进行该主张等。

（6）虽然违反可实施要件被分类为说明书的记载缺陷，但由于是在权利要求所涉及发明的可实施性上出了问题，因此需要在比较权衡权利要求的记载（想尽量宽地记载）与说明书的记载（被要求详细记载）的基础上斟酌妥善的对策，而非仅考虑说明书的记载。当申请时的原始说明书的公开程度不够充分时，应对将变得极为有限。如果是在申请日起1年以内，则也可以通过在要求本国优先权的申请中增加新内容来克服违反可实施要件。

（7）就被指出可实施要件问题的发明进行分案申请以另作争辩，就本申请针对未被指出可实施要件问题的发明实现迅速授权也是一种对策。

（8）关于可实施要件的举证责任

专利法（现行法）的第36条第4款第1项规定的可实施要件、第36条第6款第1项所规定的支持要件等由于是专利权的发生要件，因此申请人应当承担举证责任（不能采纳与此相反的原告主张）〔知识产权高等法院2009年11月11日判决，平成20年（行ケ）第10483号［六胺化合物案］〕。

（9）可实施要件应当按照各项权利要求来判断，通知违反可实施要件的驳回理由通知书会指出作为违反对象的权利要求。因此，如果删除了作为违反对象的权利要求，则应该能够克服违反可实施要件的缺陷。虽然在以往的审查实务中，存在一旦发出驳回理由通知书，则可能是由于驳回想法的惯性使然，会连修改后的权利要求中未包含的发明（依然记载在说明书中的发明）也被彻底追究可实施要件，或者被强硬要求将关于该发明的记载也从说明书中通通删除的情况。但根据修订后的审查基准，相信该类以往的陋习已被消灭。

4.2 说明书的委任省令要件（法第36条第4款第1项）

> **法第36条第4款第1项**
> 前款第3项的发明的详细说明的记载应当是符合下列各项的记载。
> 一、按照经济产业省令的规定，清楚且充分地记载到使具有该发明所属技术领域的通常知识的人员能够进行其实施的程度。
>
> **施行规则第24条之2（委任省令）**
> 法第36条第4款第1项的按照经济产业省令规定的记载应当记载发明所要解决的问题及其解决手段等为了使具有该发明所属技术领域的通常知识的人员理解发明的技术上的意义所需的内容。

(1) 规定的要旨

当以利用有用的专利发明为目的检索专利文献时，如果着眼于所要解决的问题则能够容易地进行检索。再者，一方面，在判断发明有无创造性时，如果所要解决的问题共同的现有技术文献公知则可以作为否定该发明创造性的根据；另一方面，如果在作为审查对象的申请的说明书和现有技术文献中均记载该问题，则也可以使申请人及第三人容易地进行该判断。根据该要旨，设立了关于委任省令要件的规定。

(2) 关于委任省令要件的判断

委任省令要件中要求记载的内容为以下①及②的内容。

① 发明所属技术领域

作为发明所属技术领域，需要记载权利要求所涉及发明所属的至少一个技术领域。但是，当即使没有关于发明所属技术领域的明示记载所属领域技术人员也能够基于说明书及附图的记载以及申请时的技术常识来理解发明所属技术领域时，不会要求记载发明所属技术领域。另外，像基于与现有技术完全不同的新构思所开发的发明那样，认为并未设想现有的技术领域时，只要记载由该发明所开拓的新技术领域即可，无须记载现有的技术领域。

② 发明所要解决的问题及其解决手段

（i）作为"发明所要解决的问题"，需要记载权利要求所涉及发明所要解决的至少一个技术上的问题。作为"其解决手段"，需要记载该问题怎样被权利要求所涉及发明所解决。

（ii）但是，当即使没有关于发明所要解决的问题的明示记载所属领域技术人员也能够基于包括关于背景技术、发明的有益效果等说明的说明书及附图的记载以及申请时的技术常识来理解发明所要解决的问题时，不会要求问题的记载。

（iii）像基于与现有技术完全不同的新构思所开发的发明或者基于反复实验的结果的发现的发明（例如，化学物质的发明）等那样，认为原本并未设想问题时，不会要求问题的记载。

③ 关于现有技术、与现有技术相比的有益效果、产业上的可利用性的记载，并不包含在委任省令要件中。

（3）违反委任省令要件的驳回理由通知书中的审查员的义务

当审查员判断说明书的记载不满足法第36条第4款第1项中的委任省令要件时，会发出该内容的驳回理由通知书。在该情况的驳回理由通知书中，会指明权利要求，并明确指出是违反委任省令要件而不是违反可实施要件，同时指出根据委任省令的规定是关于哪一项需要记载的内容的缺陷。

（4）针对违反委任省令要件的驳回理由通知书的申请人的应对

① 当在驳回理由通知书中未指明违反要件的权利要求或者未指出未记载哪项需要记载的内容时，可以就其内容进行反驳。

② 可以通过补正书、意见书等，明确指出审查员未认识到的现有技术，并就所属领域技术人员能够基于说明书及附图的记载以及申请时的技术常识来理解权利要求所涉及发明所属的技术领域以及发明所要解决的问题及其解决手段进行反驳、阐述。

③ 可以利用实验结果证明来作为支持反驳、阐明等的根据。

无论上述哪一种情况，均需要主张到审查员能够得出说明书满足委任省令要件的结论的程度。

需要注意，当由于说明书的记载不够充分，无法认定所属领域技术人员能够基于说明书及附图的记载以及申请时的技术常识来理解发明所要解决的问题及其解决手段时，即使通过在申请后提出实验结果证明来填补说明书的记载不足并主张能够理解发明所要解决的问题及其解决手段，也难以克服驳回理由。

4.3 现有技术文献信息公开要件（法第36条第4款第2项）

> 法第36条第4款第2项
> 二、当在与该发明有关的文献公知发明（指法第29条第1款第3项中所述的发明。以下在本项中相同）之中存在要获得专利者在专利申请时知晓的发明时，应当对记载有该文献公知发明的出版物的名称等关于该文献公知发明的信息的出处进行记载。

> **法第 48 条之 7**
> 当审查员认定专利申请不满足法第 36 条第 4 款第 2 项中规定的要件时,可以针对专利申请人就该内容进行通知,指定相应的期限,并给予提出意见书的机会。
>
> **法第 49 条第 5 项**
> 当专利申请属于以下各项的任一项时,审查员应当就该专利申请作出驳回决定。
>
> 五、在根据前条规定进行了通知的情况下,当提出了关于说明书的修改或意见书后该专利申请仍不满足法第 36 条第 4 款第 2 项中规定的要件时。

（1）规定的要旨

在对所要获得专利的发明与申请时的技术水准相比具有何技术上的意义、带来何技术贡献进行理解并对所要获得专利的发明的新颖性及创造性进行判断时,需要现有技术文献信息。因此,如果申请人在说明书中记载现有技术文献信息,则不但能够对迅速审查产生贡献,而且能够准确地评价所要获得专利的发明与现有技术之间的关系,因而也有助于权利的稳定化。

（2）应当公开现有技术文献信息的要件

① 文献公知发明

法第 36 条第 4 款第 2 项中规定的"文献公知发明"是指专利申请前在日本国内或外国发布的出版物中所记载的发明或公众通过电信线路可利用的发明（法第 29 条第 1 款第 3 项）,不包括为公众所知的发明（法第 29 条第 1 款第 1 项）及公开实施的发明（法第 29 条第 1 款第 2 项）。

② 与要获得专利的发明有关的发明

法第 36 条第 4 款第 2 项中规定"与该发明有关的文献公知发明"。"该发明"是指"要获得专利的发明",即所有的"权利要求所涉及发明"。因此,关于知晓相关文献公知发明的权利要求所涉及发明,应当就其全部来记载现有技术文献信息,如果仅就其中一部分权利要求所涉及发明来记载现有技术文献信息,则会不满足现有技术文献信息公开要件。

③ 要获得专利者知晓的发明

在法第 36 条第 4 款第 2 项中规定"要获得专利者……知晓的发明"。

④ 在专利申请时知晓的发明

由于在法第 36 条第 4 款第 2 项中规定"要获得专利者在专利申请时知晓

的发明",因此当存在申请人在"专利申请时"知晓的文献公知发明时,应当记载与其相关的现有技术文献信息。关于在专利申请后知晓的公知发明,没有公开的义务。

(3) 针对法第48条之7的通知书的应对

当审查员判断说明书不满足现有技术文献公开要件时,会对专利申请人发出该内容的通知书,指定相应的期限[30日(外国申请人为60日),但是与其他驳回理由通知书同时发出时为60日(外国申请人为3个月)],给予提出意见书、补正书的机会(法第48条之7)。收到该通知书时的应对如下。

① 当在专利申请时不知晓文献公知发明时,可以在意见书中主张该内容。

② 当存在专利申请时知晓的文献公知发明时,在说明书的【背景技术】栏中增加【现有技术文献】的标题,并记载刊载有文献公知发明的出版物的名称等。

例:【现有技术文献】
　　【专利文献】
　　　　【专利文献1】日本特开2000-123456号公报
　　【非专利文献】
　　　　【非专利文献1】××著,《YY》ZZ出版,2000年1月1日,
　　　　P. 12~34

③ 在说明书中增加现有技术文献信息的修改不属于超范围增加新内容的修改。另外,在说明书的【背景技术】栏中增加该文献所记载的内容不属于超范围增加新内容的修改。

但是,添加与申请发明的对比、关于发明评价或发明实施的信息,或者增加现有技术文献所记载的内容以克服法第36条第4款第1项的缺陷的修改属于超范围增加新内容的修改,不被允许。

(4) 违反现有技术文献信息公开要件的驳回理由通知书

审查员在发出法第48条之7的通知书后,如果根据所提出的补正书或意见书仍得出不满足现有技术文献信息公开要件的结论,则可以发出违反现有技术文献信息公开要件的驳回理由通知书(法第49条第5项)。

情况、时(日文"とき")、时(日文"時")

"情况"和"时"(日文"とき")均是指前提条件的用词,在前提条件分为两个层次的文章中,对于大前提条件使用"情况",对于该大前提条件下的小前提条件使用"时"(日文"とき")。

> 例：在首次收到根据法第 50 条规定所发出的通知书的情况下，在根据法第 50 条规定所指定的期间内时（法第 17 条之 2 第 1 款第 1 项）
>
> "时"（日文"時"）是在表示时点时所使用的用词，与"时"（日文"とき"）区别使用。
>
> 例：在能够对请求书中所附的说明书、权利要求书或附图进行修改之时（日文"時"）或期间内时（日文"とき"）（法第 44 条第 1 款第 1 项）

4.4　支持要件（法第 36 条第 6 款第 1 项）

> **法第 36 条第 6 款**
> 第 2 款的权利要求书的记载应当符合下列各项。
> 一、要获得专利的发明应当记载于发明的详细说明中。
> 二、要获得专利的发明清楚。
> 三、各项权利要求的记载简洁。
> 四、按照其他经济产业省令的规定记载。

法第 36 条第 6 款的驳回理由是在实务中仅次于法第 29 条第 2 款被较多指出的驳回理由。以下将按照审查基准对违反本款第 1 至 4 项的形态分类进行解说，并对针对其的应对进行说明。

（1）规定的要旨

权利要求不得超出说明书的发明的详细说明所记载的范围。其原因是，如果发明在权利要求书中记载但在说明书中未记载，则会变成针对具有公开技术内容作用的说明书中未公开的发明请求了独占权，违反了谋求利用发明的法律目的。本项的规定正是为了防止该情况。

（2）关于支持要件的判断基准

① 权利要求书的记载是否满足支持要件的判断是通过对权利要求与说明书中作为发明记载的内容进行对比、分析而进行的。在进行对比、分析时，审查员不得局限于说明书中所记载的特定的具体例子，超出必要地要求缩小权利要求。

② 在进行对比、分析时，审查员不得局限于权利要求与说明书中作为发明记载的内容的表述上的一致性，而是应当针对实质上的对应关系进行分析。

其原因是，如果仅以形式性的表述上的一致性来判定满足支持要件，则会就实质上未公开的发明产生权利，违反本规定的要旨。另外，笔者认为也不应当不管权利要求与说明书中记载的发明实质上对应而仅以不具备表述上的一致性来判定违反支持要件。

③ 审查员所进行的关于该实质上的对应关系的分析是通过对权利要求是否超出说明书中"以所属领域技术人员能够认识到能够解决发明的技术问题的方式所记载的范围"进行调查而进行。

当判定权利要求超出了"以所属领域技术人员能够认识到能够解决发明的技术问题的方式所记载的范围"时，判定权利要求与说明书中作为发明记载的内容未实质上对应，权利要求书的记载不满足支持要件。

对于发明的技术问题的把握，除了考虑说明书及附图的全部记载内容之外，还要考虑申请时的技术常识。

★ 由于法第 36 条第 1 款第 1 项是依照在技术公开的范围内作为公开的补偿授予独占权的专利制度的目的，以排除授予与说明书中所公开的技术内容相比过宽的独占权为宗旨而设立。因此在对该条款进行解释时，只要根据必要且合乎目的的解释来判断权利要求书的记载是否超出了说明书所记载的技术内容即可〔知识产权高等法院 2012 年 6 月 6 日判决，平成 22 年（行ケ）第 10221 号［记录介质用盘片的收容盒案］〕。

★ 需要符合支持要件，是基于将所要获得专利的发明的技术内容一般性地公开、同时使成立后的专利权的效力所涉及的范围明确这一说明书的本来的功能而规定的。依照该制度宗旨，说明书的发明的详细说明需要被记载到使所属领域技术人员通过参考申请时的所属领域技术人员的技术常识能够认识到能够解决该发明的技术问题的程度〔知识产权高等法院平成 23 年（行ケ）第 10254 号［减盐酱油类案］〕。

本项的规定虽然是作为权利要求书的记载要件的规定，但是在说明书的记载未支持权利要求的意义上也可以将本项看作说明书的记载缺陷。因此，作为应对方法，通过对说明书的记载进行修改而非对权利要求进行修改来克服本项缺陷的情况并不少见。

（3）违反支持要件的类型及应对

类型 H

权利要求中记载的内容在说明书中未进行记载或暗示的情况。

×例 1：在权利要求中进行了数值限定，但在说明书中未就具体的数值进行任何记载或暗示的情况。

×例2：在权利要求中记载了利用超声波马达的发明。相比之下，在说明书中未就利用超声波马达的发明进行任何记载或暗示，仅记载了利用直流马达的发明的情况。

应对：当判定在说明书中实际上记载了被视为问题的权利要求记载内容时，可以在意见书中指明该记载部分并就其进行反驳。当即使考虑说明书、附图及申请时的技术常识，仍判定在说明书中未记载被视为问题的权利要求记载内容时，可以进行修改以将被视为问题的权利要求记载内容也记载到说明书中。此时，需要注意不要构成超范围增加新内容，但由于原始权利要求的记载内容也构成原始说明书等的记载内容的一部分，因此能够作为说明书修改的依据。另外，当进行修改以将被视为问题的权利要求记载内容以不构成超范围增加新内容的程度记载到说明书中时，需要考虑通过该修改能否记载到使所属领域技术人员能够认识到关于该权利要求记载内容能够解决发明的技术问题。

当通过上述应对均无法克服支持要件缺陷时，可以考虑对权利要求进行修改，将该权利要求记载内容删除的对策。

类型 I

权利要求及说明书中所记载的用语不统一，使得两者的对应关系不清楚的情况。

×例3：在文字处理器的发明中，权利要求中所记载的"数据处理单元"与说明书中的"文字尺寸变更单元"对应、与"行间隔变更单元"对应，还是与其两者对应不清楚的情况。

应对：可以通过在说明书中增加"在本实施方式中，文字处理器具有作为数据处理单元的一例的文字尺寸变更单元"等记载，从而使其对应关系清楚。或者，可以进行修改使权利要求与说明书的用语统一。

类型 J

即使参照申请时的技术常识，也无法将说明书所公开的内容概括到权利要求的范围的情况。

① 类型 J 的具体例

×例4：在权利要求中记载了由所要达成的结果所限定的发明〔例如由所期望的能量效率的范围限定的混合动力车（［权利要求1］一种混合动力车，电动行驶中的能量效率为a%~b%）的发明〕。然而，虽然在说明书中记载了特定的控制单元、能量效率的测定方法及测定值，但是即使参照申请时的技术常识，也无法将说明书中公开的内容概括到权利要求的范围的情况。

第 4 章　说明书等的记载缺陷（法第 36 条）

×例 5：在权利要求中记载了使用数式或数值所限定的产品（例如高分子组成物、塑料薄膜、合成纤维或轮胎）的发明，相比之下，在说明书中记载了为了解决技术问题而限定该数式或数值的范围。然而，未将具体例子或说明记载到所属领域技术人员能够认识到若是该数式或数值范围则解决技术问题的程度。因此，即使参照申请时的技术常识，也无法将说明书中公开的内容概括到权利要求的范围的情况。

② 针对类型 J 的应对

权利要求原本是针对说明书所记载的一个或多个具体例子进行概括而记载，允许以不超过说明书所记载的范围的方式进行概括的程度因各技术领域的特性而不同。因此，可以在意见书中指明与审查员判断时所考虑的技术常识不同的申请时的该技术领域中的技术常识等，并主张如果参考该技术常识则能够概括到权利要求的范围。另外，可以利用实验结果证明作为该主张的依据。但是，需要注意如果指明申请时的技术水准较高，则有时会给创造性的争辩带来不利影响。

★由于在本案说明书的发明的详细说明中记载了能够提供尽管食盐含量降低但仍具有盐味的液体调料，并且能够认识到通过添加由本案专利发明 1 所限定含量的琥珀酸从而能够解决改善添加钾的苦味影响的本案专利发明 1 的技术问题，因此乙 1 所示的结果支持了说明书的记载，并非如原告所主张的那样是对说明书的记载内容在记载之外的补充〔知识产权高等法院 2012 年 12 月 13 日判决，平成 23 年（行ケ）第 10339 号［液体调料案］〕。

或者，可以将权利要求缩小修改到能够基于说明书的记载所概括的程度。例如，对于例 4 的情况，可以进行如下的缩小修改。

［权利要求 1］一种混合动力车，<u>具备对无级变速机进行 Y 控制的控制单元，当利用 X 测定法对能量效率进行测定时</u>，电动行驶中的能量效率为 a% ~ b%。

③ 针对类型 J 进行反驳时的注意事项

（a）当驳回理由通知书中的认定局限于说明书所记载的特定具体例子超过必要的要求对权利要求书进行缩小时，可以试着就其内容进行反驳。

（b）与对于产品所具有的功能、特性等和该产品的构造之间的关系难以理解的技术领域（例如，化学物质）相比，关于对该关系较容易理解的技术领域（例如，机械、电学），存在允许根据说明书所记载的具体例子将范围概括得较宽的倾向性。关于电学、机械领域的发明，可以试着基于该倾向性进行反驳。

（c）当驳回理由通知书中的认定与发明的技术问题无关地适用本类型 J 时，可以就其进行反驳，并主张本申请权利要求并未超出在说明书中以使所属领域技术人员能够认识到能够解决发明的技术问题的方式所记载的范围。

（d）当并非是在数值范围上具有特征，而是仅在权利要求中记载了理想的数值范围时，即使在说明书中未记载满足该数值范围的具体例子，也不属于本类型 J。

★假设是在数值限定上存在临界的意义的发明等在数值范围上具有特征的发明，如果不存在示出在该数值上存在临界意义的具体的测定结果，则有可能无法认识到所属领域技术人员能够根据说明书的记载解决该发明的技术问题。然而……由于本案发明 1 的特征部分在于通过"以 Sn 为主，在其中添加 Cu 和 Ni"从而"抑制金属间化合物的发生，并提高流动性"，Cu 和 Ni 的数值限定仅示出了理想的数值范围……因此应当认为无须通过具体的测定结果来支持〔知识产权高等法院 2009 年 9 月 29 日判决，平成 20 年（行ケ）第 10484 号［无铅焊料合金案］〕。

类型 K

由于在权利要求中未反映用于解决说明书所记载的发明的技术问题的手段，因此超出了说明书所记载的范围而要求授予专利的情况。

① 类型 K 的具体例子

×例 6：在说明书中作为发明只记载了仅为了解决能够从服务器向数据形式不同的任意终端提供信息的技术问题。当从服务器向终端提供信息时，服务器从存储单元读取与作为发送目标的终端对应的数据形式转换参数，并且根据所读取的数据形式转换参数对信息的数据形式进行转换并向终端发送信息。另外，由于在权利要求中未反映关于数据形式转换的内容，因此超出了说明书所记载的范围而要求授予专利的情况。

×例 7：根据说明书的记载能够理解的技术问题仅为防止汽车的超速。作为解决手段，根据说明书仅能够理解对于为了随着汽车的速度上升而踩踏加速踏板所需的力积极地增大的构造。另外，由于在权利要求中仅限定为设置了"用于随着汽车的速度上升而使操作加速单元所需的力可变的操作力可变单元"，并且显然即使考虑申请时的技术常识，当随着速度上升使得加速手段操作所需的力减少时也无法解决发明的技术问题，因此超出了说明书所记载的范围而要求授予专利的情况。

② 针对类型 K 的应对

当驳回理由通知书中的技术问题的认定有误时，可以根据需要在指明申请时的技术常识并在意见书中说明正确的技术问题的基础上，说明权利要求已经记载了用于解决该技术问题的手段。或者，可以对权利要求进行缩小修改，以在权利要求中记载用于解决发明技术问题所需的所有特征。例如，在例7的情况中，可以对权利要求进行缩小修改以将权利要求中的"用于随着汽车的速度上升而使操作加速单元所需的力可变的操作力可变单元"变更为"用于随着汽车的速度上升而使操作加速单元所需的力增大的操作力增大单元"。

③ 针对类型K进行反驳时的注意事项

（a）当驳回理由通知书中的认定局限于说明书中所记载的特定的具体例子，并超出必要地要求缩小权利要求时，可以试着就该内容进行反驳。

（b）当能够根据说明书的记载把握多个技术问题时，只要在权利要求中反映了用于解决其中任意一个技术问题的手段即可，无须解决所有技术问题。

违反支持要件的类型

- 类型H：权利要求中记载的内容在说明书中未进行记载或暗示。
- 类型I：权利要求及说明书中所记载的用语不统一。
- 类型J：无法将说明书公开的内容概括成权利要求。
- 类型K：在权利要求中未反映发明的技术问题解决手段。

（4）违反支持要件的驳回理由通知书

在修订审查基准中，规定了审查员的以下说明义务。因此，针对未尽到以下的说明义务的驳回理由通知书，可以就该内容进行反驳。

① 关于违反支持要件的类型J

当审查员参照申请时的技术常识，判定无法将说明书所公开的内容概括到权利要求的范围时，应当指明该判断的依据（例如，判断时特别考虑的说明书的记载部分及申请时的技术常识的内容等），并且具体说明认为无法概括的理由。另外，应当尽可能地记载用于使申请人理解用于克服驳回理由的修改方向的线索（可概括得出的范围等）。

对于未具体说明理由而仅记载"即使参照申请时的技术常识，也无法将说明书所公开的内容概括到权利要求的范围"的情况或者仅仅记载"在该技术领域中难以预测"的情况，由于其有可能难以使申请人进行有效的反驳或理解用于克服驳回理由的修改方向，因此并不妥当。

② 关于违反支持要件的类型K

当审查员判断由于在权利要求中未反映用于解决说明书所记载的发明的技术问题的手段因此超出了说明书所记载的范围而要求授予专利时，应当指明自己认定的发明的技术问题以及用于解决技术问题的手段，并且对考虑未反映用于解决发明的技术问题的理由具体进行说明。此时，当审查员判断说明书中明示记载的技术问题作为权利要求所涉及发明的技术问题并不合理时，还应当记载其理由。另外，审查员在指明用于解决技术问题的手段时，应当注意不要局限于特定的具体例子，同时还应当尽量使申请人能够理解用于克服驳回理由的修改方向。对于未具体说明理由而仅记载"在权利要求中未反映用于解决说明书所记载的发明的技术问题的手段"的情况，由于其有可能难以使申请人进行有效的反驳或理解用于克服驳回理由的修改方向，因此并不妥当。

(5) 申请人针对违反支持要件的驳回理由通知书的应对

① 针对违反支持要件的类型 H

可以主张被视为问题的权利要求记载内容得到了说明书全部记载的整体上的支持。需要注意有时会与创造性判断中的临界意义的记载混淆。只要在本申请发明中的上限值、下限值上不存在特别的临界意义，则关于该值的支持要件应当较宽松地判断。

★ 在本案说明书的发明的详细说明中记载了关于本案专利发明的线的径尺寸（0.06~0.32mmφ）是基于通常所使用的线尺寸来规定⋯⋯内部应力的范围（0±40kg/mm）是基于确认出在实际使用的使用后的线中未产生小波、自由圆直径的减小并不大来规定。如果参考该记载，则可以理解本案专利发明的内部应力的范围（0±40kg/mm）在其上限值或下限值上并不存在特别的临界意义，将线的表面层的内部应力的绝对值规定为较小的数值⋯⋯因此，可以认定，接触到本案说明书的所属领域技术人员根据发明的详细说明的记载可以理解，本案专利发明⋯⋯解决上述技术问题2，并可获得能够使线维持笔直的姿势的效果得到了发明的详细说明的［表1］记载的本案专利发明的具体例1至5及比较例1至5的支持⋯⋯即使［表1］记载的本案专利发明的具体例1至5未覆盖权利要求书中记载的线的径尺寸、内部应力值的数值范围整体，也不能认定本案说明书不满足支持要件〔知识产权高等法院2008年3月27日判决，平成19年（行ケ）第10147号［锯丝用线案］〕。

② 针对违反支持要件的类型 J

申请人可以指明与审查员在判断时所特别考虑的技术常识不同的申请时的技术常识等，并在意见书中主张如果参考该技术常识则能够将说明书中公开的内容概括到权利要求的范围。另外，可以提出实验结果证明作为该意见书的主张的依据。但是，当由于说明书的记载不充分使得即便参照申请时的技术常识

第4章 说明书等的记载缺陷（法第36条）

也无法将说明书中公开的内容概括到权利要求的范围时，即使通过在申请后提出实验结果证明并对说明书的记载不足进行补充来主张能够概括到权利要求的范围，也难以克服驳回理由。

★ 对于明明在说明书中未将具体例子公开到所属领域技术人员可认识到能够解决该发明的技术问题的程度，即使参考本案申请时的所属领域技术人员的技术常识也无法将说明书中公开的内容概括到权利要求书所记载的发明的范围，却通过在专利申请后提出实验数据并对说明书的记载内容进行记载内容之外的补充来将该内容概括到权利要求书所记载的发明的范围从而使其符合说明书的支持要件的情况，其违反了以发明的公开为前提授予专利的专利制度的宗旨，因此不应允许〔知识产权高等法院 2005 年 11 月 11 日判决，平成 17 年（行ケ）第 10042 号［偏光薄膜的制造法案］〕。

即使在本申请发明中未进行非本质性的参数限定，也不会违反支持要件。

★ 在本案专利发明所涉及的说明书的发明的详细说明中，在段落［0046］中，关于将流路的有效内径限定为 65mm 至 85mm 的依据，进行了大体的理论说明，同时记载了通过"试制"来找出其数值的内容。并且，在发明的详细说明中，完全没有关于"熔融金属的压送所需的压力、熔融金属本身的重量、黏性阻抗的大小"等的具体的记载，这些参数的限定在本案专利发明 3 中并非必要的内容。综上所述，本案中的"流路的有效内径"的数值限定应当被认定为关于其他条件参考技术常识能够使熔融金属的导出压力适当降低的程度的数值限定，即使在本案专利发明 3 的权利要求中未记载流路的有效内径以外的参数，也不会在权利要求中产生在发明的详细说明中未记载的部分，因此并不会在权利要求中构成过大的记载，应当认定未违反支持要件〔知识产权高等法院 2010 年 7 月 20 日判决，平成 21 年（行ケ）第 10246 号［容器案］〕。

③ 针对违反支持要件的类型 K

申请人可以进行"如果考虑说明书及附图的记载以及申请时的技术常识，则能够把握与审查员所指出的技术问题或用于解决技术问题的手段不同的技术问题或用于解决技术问题的手段，并且在权利要求中反映了用于解决该技术问题的手段"的反驳。

本申请发明并不需要为了满足支持要件而必须解决根据说明书的记载所能够把握的多个技术问题的全部技术问题。

★当根据说明书的记载能够把握关于本申请发明的多个技术问题时，并不应当无论该发明中的该技术问题的重要性如何，只要未解决根据说明书的记载能够把握的多个技术问题的全部技术问题就认定不满足支持要件〔知识产权高等法院2012年10月29日判决，平成24年（行ケ）第10076号［受阻酚性抗氧化剂组成物案］〕。

④ 关于支持要件的举证责任

应当解释为专利申请人或专利权人负有对说明书的支持要件的存在的证明责任〔知识产权高等法院2005年11月11日判决，平成17年（行ケ）第10042号［偏光薄膜的制造法案］〕。

4.5 清楚性要件（法第36条第6款第2项）

（1）规定的要旨

权利要求书的记载在作为判断新颖性、创造性（法第29条）等专利要件的依据以及作为确定作为独占排他权的对象的专利发明的技术范围（法第70条第1款）的依据上具有重要意义，需要根据权利要求的记载来清楚地把握发明。本项是在担负该权利要求书的功能方面的重要规定，规定了应当以能够清楚地把握所要获得专利的发明的方式进行记载。

（2）判断的基准

① 为了清楚地把握权利要求所涉及的发明，需要权利要求的范围清楚，即需要以所属领域技术人员能够理解某具体的产品或方法是否落入权利要求的范围的方式进行记载。另外，作为其前提，需要发明特征的记载清楚。按照要获得专利的发明是按每项权利要求来记载的所谓的权利要求制度的宗旨，还需要基于每一项权利要求所记载的内容来把握每一个发明。

② 清楚性要件的审查是按照每项权利要求基于权利要求中记载的发明特征来进行的。但是，在对发明特征的含义内容或技术含义进行解释时，不仅要考虑权利要求的记载，还要考虑说明书及附图的记载以及申请时的技术常识。此外，在对权利要求所涉及发明进行把握时，权利要求中未记载的内容并不作为考虑的对象。相反，权利要求中记载的内容必须作为考虑的对象。

③ 认定权利要求的记载本身清楚的情况

需要分析在说明书或附图中是否存在关于权利要求中所记载的用语的定义或说明，并反过来根据该定义或说明来判断权利要求的记载是否会不清楚。例如，关于权利要求中所记载的用语，当在说明书中明示出与其通常含义矛盾的定义时或者当在说明书中进行了具有与权利要求中记载的用语所具有的通常含义不同的含义的定义时，从以权利要求的记载为基础同时还考虑说明书等的记载的所谓的权利要求的认定实际操作来看，有时会不清楚应作何种解释，使得要获得专利的发明变得不清楚。

权利要求的记载本身不清楚的情况

需要分析在说明书或附图中是否存在关于权利要求中所记载的用语的定义或说明，并通过考虑该定义或说明以及申请时的技术常识来解释权利要求中所记载的用语，从而判断权利要求的记载是否清楚。因此，如果认定能够根据权利要求的记载来清楚地把握所要获得专利的发明，则满足清楚性要件。

即使说明书的记载清楚且对发明进行了详细的说明，如果无法认定能够根据权利要求的记载来清楚地把握所要获得专利的发明，则也不满足本项的要件。

★尽管能够易于清楚地记载权利要求书，但如果允许使用特别不清楚或不明确的用语来记载，则有可能无法清楚地确定专利发明的技术范围，使得作为行使专利权的对象的范围不清楚，从而带来无法起到权利要求书应起到的针对社会大众或竞争对手明示出所要行使专利权的范围外延的本来功能的结果……如上所述，尽管本申请说明书的权利要求书的［权利要求1］能够易于明确地记载"所要获得专利的发明的方案必不可少的内容"，但无非是使用特别不清楚或不明确的用语所记载的内容，该［权利要求1］的记载以及引用了该［权利要求1］的记载的［权利要求2］的记载均不满足旧专利法第36条第5款所规定的要件，应认定与其内容相同的复审决定的判断并无任何不当〔东京高等法院2003年3月13日判决，平成13年（行ケ）第346号［织布机的再启动准备方法案］〕。

（3）发明的清楚性缺陷的类型及应对

类型L

由于权利要求的记载本身不清楚，因此发明不清楚的情况。

① 由于在权利要求中存在作为日语不恰当的表述，因此发明不清楚的情况。

×例：如权利要求的记载中的笔误或不明确的记载等作为日语的表述不恰当、发明不清楚的情况或者在计算机软件关联发明中未限定步骤的动作主体的情况。但是，仅为轻微的记载瑕疵，因此对于所属领域技术人员来说发明并不会不清楚的情况除外。

此外，关于计算机软件关联发明，在审查基准中有特别规定，在本书中将在不属于发明的客体的章节进行说明。

② 即使考虑说明书及附图的记载以及申请时的技术常识，所属领域技术人员也无法理解权利要求中所记载的用语的含义内容，使得发明不清楚的情况。

×例：[权利要求1] 一种化合物 D 的制造方法，由使化合物 A 和化合物 B 在常温下在乙醇中反应而合成化合物 C 的步骤以及通过在存在 KM-Ⅱ催化剂下以 80~100℃ 对化合物 C 进行加热处理而合成化合物 D 的步骤组成。

（说明）由于"KM-Ⅱ催化剂"在说明书中未记载定义，也并非申请时的技术常识，因此无法理解"KM-Ⅱ催化剂"的含义内容。

应对：进行修改以改正权利要求中的记载缺陷，并使不清楚的记载明确化。在由于未记载动作的主体或对象使得发明不清楚的情况中，可以将其明确记载在权利要求中。需要注意修改不要超范围增加新内容，并且需要在意见书中示出作为该修改依据的说明书中的部分（段落号、行号）。

类型 M

① 由于在发明特征中存在技术上的缺陷，因此发明不清楚的情况。

×例：[权利要求1] 一种合金，由 40~60 质量% 的 A 成分、30~50 质量% 的 B 成分、以及 20~30 质量% 的 C 成分组成。

（说明）三成分之一的最大成分量 [A 的最大成分量（60 质量%）] 和其余两种成分的最小成分量 [B、C 的最小成分量的和（质量 50%）] 之和超过 100%，存在技术上不正确的记载。

应对：对权利要求进行修改使得三成分之一的（A）的最大成分量与其余两种成分（B、C）的最小成分量之和为 100% 以下。

② 所述领域技术人员无法理解发明特征的技术含义，并且即使考虑申请时的技术常识在发明特征中也显然存在不足，使得发明不清楚的情况。

×例：[权利要求1] 一种加工中心，具备金属制头、弹性体、金属板、自动工具更换装置的臂以及工具盒。

（说明）在权利要求中未规定弹性体及金属板与其他部件之间的构造上的关系，并且即使考虑说明书及附图的记载以及申请时的技术常识，也无法理解弹性体及金属板的技术含义。

应对：可以在权利要求中规定如下的弹性体及金属板与其他部件之间的构造上的关系。"一种加工中心，具备金属制头、设在所述金属制头的下部的弹性体、设在所述弹性体的下部并且与所述弹性体一起用作振动控制部件的金属

第 4 章　说明书等的记载缺陷（法第 36 条）

板、自动工具更换装置的臂以及工具盒。"

③ 由于发明特征彼此之间的关系不匹配，因此发明不清楚的情况。

×例：[权利要求 1] 一种最终生成物 d 的制造方法，由从初始物质 a 生产中间物 b 的第一工序以及以 c 为初始物质来生产最终生成物 d 的第二工序组成。

（说明）第一工序的生成物与第二工序的初始物质不同，并且即使考虑说明书及附图的记载以及申请时的技术常识来解释"第一工序"及"第二工序"的用语的含义，其关系也不清楚的情况。

应对：例如在权利要求中将第一工序的生成物与第二工序的初始物质的关系规定为"以对所述中间物 b 进行加热处理所得到的 c 为初始物质来生产最终生成物 d 的第二工序"等。

④ 由于在发明特征彼此之间不存在技术上的关联，因此发明不清楚的情况。

×例：[权利要求 1] 一种道路，在该道路上行驶有搭载了特定发动机的汽车。

（说明）发动机与道路之间不存在技术上的关联。

应对：例如可以修改为"一种道路，具有接收器，该接收器接收从搭载了特定发动机的汽车的无线发送器所无线发送的发动机状态信号"。

⑤ 由于在权利要求中存在关于销售区域、销售商等的记载，因此整体上记载了非技术内容，导致发明不清楚的情况。

应对：可以删除权利要求中关于销售区域、销售商等的记载。

整体应对：当如果考虑说明书的记载或申请时的技术常识则能够理解用于限定发明的特征所起到的作用或效果时，可以就其进行主张。当无法理解时，可以进行修改以克服权利要求中的技术矛盾、缺陷等，或明确发明特征彼此的关联性。需要注意修改不要超范围增加新内容，并且最好在意见书中示出作为该修改依据的说明书中的部分（段落号、行号）。

类型 N

由于权利要求涉及发明所属的类型（产品发明、方法发明、产品制造方法发明）不清楚或者不属于任意一种类型，因此发明不清楚的情况。

×例："进行……的方法或装置""进行……的方法及装置""……数据信号""由……步骤组成的××装置"。

应对：可以对权利要求进行修改以使发明的类型清楚。多数情况是在类型与引用基础的独立权利要求的类型不同的从属权利要求中类型不清楚。

"……方式"或"……系统"是作为表示"产品"类型的用语来处理。

"……使用"或"……利用"是作为表示"方法"类型的用语来处理。对于计算机所起到的多个功能进行限定的"程序"可以作为"产品"发明在权利要求中记载。由于"程序信号（序列）"或"数据信号（序列）"不能限定"产品"发明或"方法"发明，因此违反本项规定。由于"程序制品"或"程序产品"原则上其含义范围不清楚，违反本项规定，因此需要修改为"程序"或"存储介质"。

类型 O

由于发明特征是通过并列选择项来表述，并且该并列选择项彼此不具有类似的性质或功能，因此发明不清楚的情况。

×例："具有特定电源的发送器或接收器。"

×例："……执行特定的编码方法或解码方法的计算机程序。"

应对：可以对权利要求进行修改以使并列选择项彼此具有类似的性质或功能，或者可以放弃利用并列选择项的表述，分成多个权利要求分别进行记载。但是，需要注意发明的单一性。

类型 P

由于存在会使范围含混不清的表述，因此发明的范围不清楚的情况。

围绕本类型 P，会在期望更宽权利范围的申请人与要求范围清楚的审查员之间产生争论。由于特许厅审查实务并不太会考虑权利行使，因此存在对申请人超出必要地要求针对权利要求的范围进行限定的倾向，有时也存在无法对发明进行保护的实际情况。

① 由于存在否定的表述（"除了……""非……"等），因此发明的范围不清楚的情况。

×例："不根据接收频度来确定数据传送速度"

应对：可以在权利要求中记载根据什么来确定数据传送速度以使发明的范围清楚。虽然"除了……"等表述并非一定不清楚，但当其不清楚时，可以使用积极性的表述而非该消极性的表述进行修改使发明的范围清楚。

② 由于存在仅示出上限或下限的数值范围限定（"……以上""……以下"等），因此发明的范围不清楚的情况。

应对：如"10 以下的自然数"或"耐 5000hPa 以下压力的容器"等，即使是表述上仅有上限或下限任意一者的限定发明的范围也清楚的情况也很多。当发明的范围不清楚时，可以通过如"……以上……以下"示出两端的具体数值范围来明确发明的范围。但是，当说明书中也未记载具体的上限值或下限值，且权利要求中未记载具体的上限值或下限值时，可以考虑本项的要旨，从作用或效果的角度来限定上限或下限的范围。

第4章 说明书等的记载缺陷（法第36条）

> **"以下""以上""未满""超过"等**
>
> "以下""以上""不超过"为包括本数的表述；"未满""超过""低于""小于"为不包括本数的表述。
>
> 例如：
>
> 法第39条第1款 当就同样的发明在不同日存在两个以上的专利申请时，仅最先的专利申请人能够就该发明获得专利（包括两件申请）。
>
> 法第107条第4款 当在根据前款规定所计算出的专利费的金额中存在未满10日元的尾数时，将该尾数舍去（10日元的情况下并不舍去）。

③ 由于存在比较的基准或程度不清楚的表述（"比重稍大""远大于""高温""低温""难以滑动""容易滑动"等）或者用语的含义含混不清，因此有发明的范围不清楚的情况。

但是，如关于放大器所使用的"高频"，当在特定的技术领域中其使用被广泛认可，并且其含义清楚时，通常认为发明的范围清楚。

应对：对于仅为"高温"或"低温"的表述，由于如果不存在相对于何温度为高温或低温的比较对象，则会使发明不清楚，因此当为了解决发明的技术问题而需要限定为高温时，可以在权利要求中明确记载温度的比较对象。然而，当说明书中也未记载具体的比较对象，并且权利要求中未能记载具体的比较对象时，可以考虑本项的要旨，从作用或效果的观点来限定温度的高度。也有时即使存在程度不清楚的记载，也不会被指出驳回理由而被授权。另外，也有时一旦发出驳回理由通知书，则会陷入只要不对权利要求的范围进行缩小限定就绝对不会被授权的状况。可以考虑通过从别的角度增加对发明进行限定的权利要求来确保权利范围的方针。

④ 由于存在使范围不确定的表述（"约""大概""大致""实质上""本质上"等），因此发明的范围不清楚的情况。

但是，即使存在使范围不确定的表述也不应当直接判断发明的范围不清楚，而是应当考虑说明书及附图的记载以及申请时的技术常识来分析是否能够理解发明的范围。

√例：[权利要求1] 一种在半导体基板的表面堆积涂布原料的方法，其特征在于，通过在堆积涂布原料时使半导体基板旋转，从而进行涂布原料的实质上均匀的供应。

（说明）不可能完全均匀地供给涂布原料是申请时的技术常识。如果考虑说明书及附图的记载以及申请时的技术常识，则能够理解本申请发明通过使半

— 143 —

导体基板旋转，从而使供应到半导体基板的表面的涂布原料的供应量实质上均匀。并且，能够清楚地把握此处所说的"实质上均匀的供应"是指通过使半导体基板旋转而得到的程度的均匀性。因此，发明的范围清楚。需要说明的是，在本事例中，即使将"实质上"记载为"大致"，也会同样地判断。

⑤ 由于存在记载有"希望时""需要时"等词语以及任意附加的内容或选择性内容的表述，因此发明的范围不清楚的情况（如包含"特别是""例如""等""优选""适当""主要"词语的记载也与其同样处理）。当存在该类表述时，有时会由于不清楚何种条件下需要该任意附加的内容或选择性内容使得权利要求的内容被解释为多种含义。

应对：可以通过仅仅删除"需要时"词语或明确记载"当……时"等条件来克服本类缺陷。不应当在权利要求中使用表示举例的"例如"或表示任意要求的"优选"等词语。

⑥ 由于在权利要求中存在包括0的数值范围限定（"0～10%"等），因此发明的范围不清楚的情况。

当在说明书中存在由该数值范围所要限定的成分为必要成分的明示记载时，会与被解释为该成分为任意成分的"0～10%"的用语产生矛盾，使得权利要求所记载的用语具有多种含义，发明的范围不清楚。相比之下，当说明书记载为能够理解其为任意成分时，即使记载了包括0的数值范围限定，发明的范围也不会不清楚。

应对：当说明书记载为能够理解该成分的数值可以为"0"时，可以在意见书中主张该内容。当并非任意成分时，可以在权利要求中记载该成分的适当的非"0"下限值。

⑦ 由于权利要求的记载中代替使用了说明书或附图的记载，因此发明的范围不清楚的情况。

×例1：包括"图1所示的自动挖掘机械"等代替使用记载的情况。

×例2：包含"说明书记载的杯子"等引用部分不明的代替使用记载的情况。

应对：一方面，当附图被解释为多种含义并具有含混不清的含义时，不应当用附图的描绘来代替发明范围的限定；另一方面，例如当数值范围等附图中的记述清楚时，也有时能够通过附图的引用来清楚地记述发明的范围。此外，当对权利要求的记载进行修改时，在原说明书中不存在清楚的记载的情况下，以附图中的记载内容作为依据进行修改的情况也不少。

整体应对：一方面，可以改正使发明范围含混不清的表述，进行使范围清楚的修改。申请人往往会因意图要扩大发明的范围而最终设定含混不清的范

第 4 章　说明书等的记载缺陷（法第 36 条）

围，针对本类型的应对并不意味着缩小数值范围，而是在于明确本应清楚的发明的技术范围的外延。当无法确定具体数值时，有时也可以从作用、效果的角度来定义范围。此外，如果考虑等同侵权的适用排除，则与在针对驳回理由通知书答复时被动地对含混不清表述进行限定相比，最好自申请之初起就以不存在含混不清表述的方式来记载权利要求。

另一方面，由于专利申请是为了取得权利的行为，理所当然就是希望取得更宽的专利权，因此可以不屈从于审查员的过度的限定要求，而在合理的范围内进行反驳。由于对于似乎属于本类型 P 的情况也并非经常指出驳回理由，并且审查员或案例的判断也各不相同，因此最好在考虑各种情况的基础上，找出能够取得权利且易于行使权利的表述。

★ 由于本案专利发明中的"预定距离"是在实际制造装置时所属领域技术人员可适当设定的内容，因此对其具体范围的限定并非发明方案的必需要件〔知识产权高等法院 2008 年 11 月 26 日判决，平成 19 年（行ケ）第 10406 号［具有旋转式加压型分离器的粉碎机案］〕。

★ 关于复审决定的判断，其判断本身存在矛盾，对于法第 36 条第 6 款第 2 项错误地进行了解释、适用。换言之，在复审决定中，关于本申请发明的权利要求 1 中的上述各记载，由于认定能够确定无疑地解释为"能够解释为是由人操作 PC 进行的处理或是 PC 不借助人来自动进行的处理"，因此与"由于不清楚其为何含义，因而不清楚其要限定的内容"矛盾。不仅如此，即使以复审决定作出的解释为前提，权利要求书的记载也不会不清楚到给第三人带来难以预料的不利……反而在复审决定中，以自己所作出的广义解释（姑且不论其是否为正确的解释）为基础，应当对包括权利要求书中所记载的本申请发明是否为利用了自然规律的技术思想上的创造之中的高度的创造（法第 2 条第 1 款）、是否属于产业上可利用的发明（法第 29 条第 1 款主段）等专利要件进行关于有无其充分性的实质性判断，不应进行是否具备法第 36 条第 6 款第 2 项的要件的形式性判断。如上所述，认定在该判断结果中也存在错误〔知识产权高等法院 2008 年 10 月 30 日判决，平成 20 年（行ケ）第 10107 号［报纸客户的管理及服务系统以及电子商务系统案］〕。

★ 如果参照本案发明 1、2 的权利要求书的记载，则显然"一定时间"是指……为了起到……等本案发明……1、2 的作用效果所需的充分的时间。因此，对于涉及按摩器制造等的所属领域技术人员，能够容易地理解上述"一定时间"的技术意义〔知识产权高等法院 2011 年 11 月 29

日判决，平成 23 年（行ケ）第 10106 号［按摩器案］］。

类型 Q

由于权利要求包含功能、特性等表述，因此发明不清楚的情况。

① 即使考虑说明书及附图的记载以及申请时的技术常识，也无法理解权利要求中记载的功能、特性等含义内容（定义、测试或测定方法等），使得发明不清楚的情况。

×例：［权利要求 1］一种粘结用组成物，包含按照 X 研究所测试法所测定的黏度为 a～b 帕秒的成分 Y。

（说明）关于"X 研究所测试法"说明书中并未记载定义或测试方法，并且也并非申请时的技术常识，因此所属领域技术人员无法理解"按照 X 研究所测试法所测定的黏度为 a～b 帕秒"的功能、特性等含义内容。

应对：作为用于限定发明的特征所记载的功能、特性等需要具有由 JIS（日本工业标准）、ISO 标准（国际标准化机构标准）或 IEC 标准（国际电气标准会议标准）等标准规定的定义，或者使用按照由其所规定的测试、测定方法所定量确定的功能、特定（如"比重""沸点"等）来记载。当未使用标准使用的功能、特性来表述时，除了该定义、测试或测定方法在该技术领域中被所属领域技术人员惯用或者即便未被惯用也能够被所属领域技术人员理解的情况以外，需要在说明书的记载中明确记载该功能、特性等的定义或测试、测定方法，同时明确地记载权利要求中的该用语是基于该定义或测试、测定方法。

② 如果考虑申请时的技术常识则利用功能、特性等所记载的发明特征显然在技术上未被充分限定，并且即使考虑说明书及附图的记载，所属领域技术人员也无法根据权利要求的记载来清楚地把握发明的情况。

×例：［权利要求 1］一种混合动力车，当利用 X 测定法对能量效率进行测定时，电动行驶中的能量效率为 a%～b%。

应对："一种混合动力车，具备对无级变速机进行 Y 控制的控制单元，当利用 X 测定法对能量效率进行测定时，电动行驶中的能量效率为 a%～b%。"

整体应对：虽然根据要在权利范围中包含能够解决发明技术问题的所有实施方式的意图，往往会记载该类功能限定，但是在权利要求中本应记载技术问题的解决手段。审查员得出利用功能、特性等所记载的内容显然在技术上未被充分限定的判断应当基于发明所属技术领域中的申请时的技术常识来进行。因此，当在驳回理由通知书中未示出作为该判断依据的技术常识的内容时，可以就其进行反驳。当判定即使考虑说明书及附图的记载以及申请时的技术常识也无法理解权利要求中记载的功能、特性等含义内容时，可以通过对说明书和/或权利要求书进行修改，从而明确权利要求中记载的功能、特性等定义、测试、测定方法等，或在权利要求中记载用于解决技术问题的手段。但是，需要注意不要超范围增加新内容。

类型 R

存在利用关于"其他构件"的内容来限定构件（subcombination）发明的记载的情况。

所谓的构件（subcombination）是指相对于将两个以上的装置组合而成的整体装置的发明、将两个以上的步骤组合而成的制造方法的发明等［称其为组件（combination）］的被组合的各装置的发明、各步骤的发明等。

① 即使考虑说明书及附图的记载以及申请时的技术常识，所属领域技术人员基于权利要求中记载的内容也无法理解关于"其他构件"的内容，使得发明不清楚的情况。

② 即使考虑说明书及附图的记载以及申请时的技术常识，所属领域技术人员根据关于"其他构件"的内容也无法明确地把握是否限定了构件发明或者无法明确地把握如何限定，使得发明不清楚的情况。

×例：［权利要求1］一种客户装置，其向检索服务器发送检索词，从检索服务器经由中继器接收返回信息并在显示单元上显示检索结果，其特征在于，所述检索服务器利用加密方式 A 对所述返回信息进行编码后发送。

（说明）所述领域技术人员熟知对于利用加密方式 A 所编码的信号如果不使用解密单元则无法把握返回信息。在本申请发明中，由于返回信息是从检索服务器经由中继器被发送到客户装置，因此不清楚解密单元存在于中继器还是客户装置。因此，关于作为构件发明的客户装置，无法明确地把握是否是通过关于"其他构件"的内容来限定的。

应对：例如可以将权利要求修改为"一种客户装置，其向检索服务器发送检索词，从检索服务器经由中继器接收返回信息并在显示单元上显示检索结果，其特征在于，所述客户装置具有解码单元，所述解码单元针对由所述检索服务器利用加密方式 A 对所述返回信息进行编码后发送的信号进行解码"，以使发明清楚。

类型 S

存在权利要求通过制造方法来限定产品的记载的情况。

① 即使考虑说明书及附图的记载以及申请时的技术常识，所属领域技术人员也无法基于权利要求中记载的内容来理解制造方法（起始物、制造步骤

等），使得发明不清楚的情况。

② 即使考虑说明书及附图的记载以及申请时的技术常识，所属领域技术人员也无法理解产品的特征（构造、性质等），使得发明不清楚的情况。

③ 在涉及产品发明的权利要求中记载有该产品的制造方法的情况（方法限定产品权利要求）。

当在关于产品发明的权利要求中记载有该产品的制造方法时，能够认定为该权利要求的记载符合"发明清楚"的要件的情况仅限于在申请时存在不可能或根本不实际通过其构造或特性来直接限定该产品的情况。并非不可能或不实际的情况将被判断为该产品的发明不清楚〔最高法院 2015 年 6 月 5 日判决，平成 24 年（受）第 1204 号、第 2658 号［普伐他汀钠案］〕。

作为上述不可能或不实际的情况，可以列举以下情况。

（i）在申请时技术上不可能对产品的构造或特性进行分析。

（ii）鉴于专利申请的性质、需要迅速性等情况，为了进行限定产品的构造或特性的工作需要显著巨大的经济支出或时间。

应对：

（i）可以在意见书中反驳该权利要求不属于"记载有该产品的制造方法的情况"。

（ii）可以在意见书中主张在申请时存在不可能或根本不实际通过其构造或特性来直接限定该产品的情况。

（iii）可以改变该权利要求中的表述（如利用构造或手段来限定发明特征或改变为并非制造步骤的表示状态的表述等），进行修改以使该发明变为不包括制造方法的产品发明。

（iv）进行修改将该权利要求中的产品发明改变为产品制造方法的发明。

（v）将该权利要求删除。

明确性要件缺陷的类型

- 类型 L：权利要求的记载本身不清楚。
- 类型 M：在发明特征中存在技术上的缺陷。
- 类型 N：发明所属的类型不清楚。
- 类型 O：表述发明特征的并列选择项彼此不具有类似的性质或功能。
- 类型 P：存在会使范围含混不清的表述。
- 类型 Q：存在利用功能、特性等来限定产品的记载。

第4章　说明书等的记载缺陷（法第36条）

> ● 类型R：存在利用关于"其他构件"的内容来限定构件发明的记载。
> ● 类型S：存在通过制造方法来限定产品的记载（方法限定产品权利要求）。

（4）违反清楚性要件的驳回理由通知书

当审查员判断权利要求不清楚时，应当通过例如指出判断所属领域技术人员无法理解的权利要求中的用语，并且示出该判断的依据（例如进行判断时特别考虑的说明书的记载部分、申请时的技术常识的内容）等方式，具体地说明认为发明不清楚的理由。如果未具体说明理由而是仅记载了"权利要求不清楚"，则会使申请人难以进行有效的反驳或难以理解为了克服驳回理由的修改方向，因此并不妥当。

（5）针对发明的清楚性缺陷的驳回理由通知书的申请人的应对

① 当在驳回理由通知书中未具体地说明判断发明不清楚的理由时，可以就其进行反驳。

就审查员判定无法理解的权利要求中的用语，可以在意见书中主张根据申请时的技术常识能够理解，或者示出与审查员进行判断时特别考虑的内容不同的说明书的记载部分或申请时不同的技术常识，并且主张能够明确地把握发明。

② 针对清楚性要件缺陷的类型L

如果根据权利要求书中的方案的记载能够唯一地理解其方案，则可以主张满足清楚性的要件。

★法第36条第6款第2项中所说的"要获得专利的发明清楚"是指如果根据权利要求书中的方案的记载能够唯一地理解其方案则作为特定的问题必要且充分〔知识产权高等法院平成21年（行ケ）第10281号［加工性良好的高强度合金化熔融镀锌钢板及其制造方法案］〕。

存在判断即使在权利要求中存在笔误使权利要求的记载不清楚，发明通过参照说明书的记载也并非不清楚的判决（当能够进行修改时，应当对该笔误进行订正）。

★如果参见权利要求17，则"图案的布置"与"图案"对应的记载是①本应记载为"图案的布置"对应于"图案的布置"的笔误还是②本应记载为"图案"对应于"图案"的笔误的含义并不清楚，仅根据权利要求书的记载无法唯一且明确地理解其技术意义……如果参照本案专利说明书的记载，则关于权利要求 17 中的"所述各显示列的图案的布置与按每个所述卷盘不同种类的图案对应"的记载内容能够理解为是指"图案"与"图案"对应，因此不能判定为要获得专利的发明不清楚〔知识产权高等法院 2009 年 7 月 29 日判决，平成 20 年（行ケ）第 10237 号［老虎机案］〕。

③ 与缺乏创造性的驳回理由一同被指出的情况

发明的清楚性的驳回理由往往与缺乏创造性的驳回理由一起被指出。由于有时克服清楚性的驳回理由的修改同时也能够克服缺乏创造性的驳回理由，因此可以尝试考虑同时克服两种驳回理由的补正权利要求。

④ 关于发明的清楚性的举证责任

与可实施要件等同样，对于发明的清楚性要件，认为应由专利申请人或专利权人承担举证责任〔知识产权高等法院 2009 年 11 月 11 日判决，平成 20 年（行ケ）第 10483 号［六胺化合物案］〕。

4.6　简洁性要件（法第 36 条第 6 款第 3 项）

（1）规定的要旨

由于权利要求的记载担负着作为用于能够认定作为新颖性、创造性等判断对象的权利要求并且明示专利发明的技术范围的权利文书的使命，因此除了应当满足清楚性要件以外，还应当简洁地记载以使第三人更容易地理解。

（2）判断的基准

简洁性要件是要求权利要求的记载本身应当简洁，而不是针对由该记载所限定的发明的概念的问题。另外，当存在多个权利要求时，并不要求该多个权利要求整体记载的简洁性而是对每个权利要求来要求记载的简洁性。

（3）违反简洁性要件的类型及应对

类型 T

在权利要求中重复记载相同内容的事项，并且记载超出必要地过于冗长的情况。

应对：可以改正重复记载，并将权利要求的记载修改至简洁。

类型 U

在按照马库什形式记载的化学物质的发明等的并列选择方式的记载中，由于并列选择项的个数较多，因此权利要求的记载显著缺乏简洁性的情况。

应对：当对并列选择项中的一部分进行专利要件的判断时，可以进行修改，将被判断专利要件的部分以外的内容从权利要求中删除。对于删除的内容，可以提出分案申请。

（4）违反简洁性要件的驳回理由通知书

当审查员判断权利要求书的记载不满足简洁性要件时，应当在驳回理由通知书中指出符合的权利要求以及判断权利要求中不简洁的内容，同时应当具体地说明该判断的理由。如果未具体说明理由而是仅记载了"权利要求不简洁"，则会使申请人难以进行有效的反驳或难以理解为了克服驳回理由的修改方向，因此并不妥当。

马库什形式权利要求

在发明特征中包含并列选择项的权利要求。

例如，使用了"A为选自a、b、c及d的组的一种物质"类的表述。在一项权利要求中可以包含多个发明。

4.7 权利要求书的委任省令要件（法第36条第6款第4项）

（1）本项是将关于权利要求书记载的技术上规定，即应当如何记载权利要求书委任施行规则第24条之3的条款。

施行规则第24条之3

法第36条第6款第4项的按照经济产业省令所规定的权利要求书的记载如下列各项规定：

一、按每项权利要求另起一行，并赋予一个编号进行记载；

二、针对权利要求赋予的编号应当为按照记载顺序的连续编号；

三、权利要求记载中的对于其他权利要求的引用应当通过对该权利要求所赋予的编号来进行；

四、当权利要求引用其他权利要求进行记载时，该权利要求不得记载在所引用权利要求之前。

（2）违反法第36条第6款第4项（委任省令要件）的类型及其应对

类型V

未按每项权利要求另起一行记载或者未赋予一个编号进行记载的情况（违反施行规则第24条之3第1项）。

×例：［权利要求］一种特定构造的滚珠轴承。
　　　　［权利要求］一种特定构造的滚珠轴承，在外轮的外侧设有环状缓冲体。

（说明）未记载权利要求编号。

类型 W

针对权利要求赋予的编号并非按照记载顺序的连续编号的情况（违反施行规则第24条之3第2项）。

×例：［权利要求1］一种特定构造的滚珠轴承。
　　　　［权利要求3］根据权利要求1所述的滚珠轴承，在外轮的外侧设有环状缓冲体。

（说明）权利要求1之后为权利要求3，权利要求并非连续编号。

类型 X

权利要求记载中的对于其他权利要求的引用并未通过对该权利要求所赋予的编号来进行的情况（违反施行规则第24条之3第3项）。

×例：［权利要求5］上述权利要求任一项所述的滚珠轴承，利用特定的工序。

（说明）权利要求5的"上述权利要求任一项所述的"记载并未通过对权利要求所赋予的编号来进行引用。

类型 Y

当权利要求引用其他权利要求进行记载时，该权利要求记载在所引用权利要求之前的情况（违反施行规则第24条之3第4项）。

×例：［权利要求1］根据权利要求2所述的滚珠轴承，在外轮的外侧设有环状缓冲体。
　　　　［权利要求2］一种特定构造的滚珠轴承。
　　　　［权利要求3］根据权利要求3所述的滚珠轴承，在所述环状缓冲体的外侧设有第二环状缓冲体。

（说明）引用权利要求2的权利要求1记载在权利要求2之前。权利要求3并未引用其他权利要求，而是引用了自身权利要求。

独立权利要求和从属权利要求

独立形式权利要求（独立权利要求）：以未引用其他权利要求的方式记载的权利要求。

引用形式权利要求（从属权利要求）：引用前面的其他权利要求来记载的权利要求。

第4章　说明书等的记载缺陷（法第36条）

> 两者仅在记载形式上不同，受到同等对待。例如，实质审查请求费、专利费等均相同。作为审查对象也受到同等对待。

4.8　关于针对权利要求书的记载缺陷的应对的注意事项

（1）当未对权利要求书进行修改时，可以在意见书中详细说明权利要求的记载本身不存在缺陷。或者可以通过对权利要求的记载进行解释，来说明权利要求的记载内容中不存在缺陷。此时，需要注意不要进行会使权利要求的技术范围被缩小解释的主张。

（2）当对权利要求进行修改时，可以在意见书中清楚、简洁地说明修改后的权利要求书中不存在驳回理由，同时需要注意不要使其之后被解释为有意识的排除（参见本书第3章"创造性"）。

（3）当需要对权利要求等进行修改时，需要注意下列事项。

① 需要以不超范围增加新内容的方式在原说明书等记载的内容的范围内，对在驳回理由通知书中所指出的权利要求的记载缺陷进行改正。此时，最好尽量使用说明书中记载的用语来改写权利要求。

② 对于在驳回理由通知书中所指出的驳回理由即使残存一个驳回理由未被克服，也会使申请整体被驳回。因此，需要注意当对被指出驳回理由的权利要求进行修改来克服驳回理由时，最好再次浏览所有权利要求并完全清除驳回理由，使得在其他权利要求中也不残存同样的驳回理由。当对说明书中的记载缺陷进行克服时，同样也需要完全清除说明书中的记载缺陷，同时需要实现用语的统一或含义的统一，使修改后的说明书等中不存在技术矛盾。

③ 在针对关于记载缺陷的最初的驳回理由通知书进行答复后收到的缺乏创造性的驳回理由通知书有可能是最后的驳回理由通知书，针对最后的驳回理由通知书进行答复的修改会被设置所谓的禁止目的外修改的限制。考虑到该情况，可以在针对最初的驳回理由通知书进行答复时预先对从属权利要求进行完善，例如，预先撰写具有外在附加限定的从属权利要求等，以备之后有可能收到的最后的驳回理由通知书。

（4）即使是针对记载缺陷的应对，也有可能收到"依然不清楚"等再度的驳回理由通知书。因此，需要仔细分析在第一次及第二次的驳回理由通知书中所指出的记载缺陷的理由并把握审查员的真实意图。对于技术上难以理解等无法把握审查员真实意图的案件，最好电话联系审查员请其说明不清楚之处，或者通过发送传真或会晤来确认修改方案是否克服了驳回理由。

第 5 章
发明的单一性（法第 37 条）

5.1　法第 37 条的规定及解释

> **法第 37 条**
> 当两个以上的发明由于具有经济产业省令所规定的技术关系而属于满足发明的单一性要件的一组发明时，可以通过一个请求书来提出专利申请。
>
> **施行规则第 25 条之 8**
> 1. 法第 37 条的经济产业省令所规定的技术关系，是指由于两个以上的发明具有相同或对应的特别技术特征而使该些发明相互关联而形成一个总的发明构思的技术关系。
> 2. 前款规定的特别技术特征是指明示发明针对现有技术的贡献的技术特征。
> 3. 无论两个以上的发明是记载在不同的权利要求中，还是通过择一的方式记载在一个权利要求中，均应对第 1 款规定的技术关系的有无进行判断。

（1）规定的要旨

对于在技术上相互密切关联的发明，如果能够通过一个请求书来对其进行申请，则对于申请人来说能够实现申请手续的简化、合理化，对于第三人来说能够实现专利信息的利用或权利交易的简单化，同时对于日本特许厅来说能够集中高效地进行审查。根据该观点，法第 37 条规定了对于也可以作为不同申请提出的两个以上的不同发明可以通过一个请求书提出申请的范围。

第5章　发明的单一性（法第37条）

（2）相关条文的说明

① 法第37条

法第37条规定了当两个以上的发明满足发明的单一性要件时可以通过一个请求书对该些发明提出专利申请，作为其要件，规定两个以上的发明应当具有一定的"技术关系"，关于"技术关系"的具体要件是通过委托经济产业省令（施行规则第25条之8）来规定。

在本书中，对适用于2004年1月1日以后的专利申请的现行法第37条进行说明，省略了对适用于2003年12月31以前申请的旧法第37条（以特定发明为基准对申请的单一性进行判断）的说明。

② 施行规则第25条之8第1款

施行规则第25条之8第1款中规定"技术关系"为两个以上的发明"相互关联而形成一个总的发明构思"的技术关系。

这里，"一个总的发明构思"对应于《专利合作条约》（PCT）第13条规则中规定的"a single general inventive concept"。

在本款中，关于"相互关联而形成一个总的发明构思"的技术关系，进一步规定是由于"两个以上的发明具有相同或对应的特别技术特征"而形成的。其意味着，两个以上的发明是否相互关联而形成一个总的发明构思的技术关系，是通过该些发明是否具有相同或对应的特别技术特征来判断。

③ 施行规则第25条之8第2款

在施行规则第25条之8第2款中，规定了该条第1款的"特别技术特征"是指"明示发明针对现有技术的贡献的技术特征"。其意味着，为了使"技术特征""特别"，需要通过该"技术特征"带来发明"针对现有技术的贡献"。

这里，"技术特征"是根据作为申请人为了对发明进行限定所需的特征的记载于权利要求中的特征（发明特征）之中的在技术上对发明进行限定的特征来把握。

另外，发明的"针对现有技术的贡献"是指在与现有技术的对比上发明所具有的技术上的意义。

④ 施行规则第25条之8第3款

施行规则第25条之8第3款明确了无论发明是否记载在不同的权利要求中还是通过择一的方式记载在一个权利要求中均进行上述发明单一性的判断。因此，当两个不同的发明通过择一方式记载在一个权利要求中时，对于该些发明间的关系也要判断发明的单一性要件。

(3) 审查基准的修订

① 2013 年修订审查基准

由于 2003 年修订的适用于 2004 年 1 月 1 日以后的专利申请的发明单一性的审查基准过于严格，因此违反法第 37 条的驳回理由通知率逐年上升，在 2011 年达到了接近 13%。日本国内外的专利制度利用者均对关于发明单一性要件的审查实践过于严格表示出了不满。在该背景下日本特许厅就"发明的单一性要件"及"变更发明的特别技术特征的修改"的审查基准的放松进行了研究，于 2013 年 3 月公布了审查基准的修订草案，并面向公众征求了意见。根据收到的意见进行了略微修改后，于 2013 年 7 月 1 日开始适用修订审查基准。

"发明的单一性要件"（法第 37 条）2013 年修订的审查基准，针对 2004 年 1 月 1 日以后的申请，适用于 2013 年 7 月 1 日以后的审查。"变更发明的特别技术特征的修改"（法第 17 条之 2 第 4 款）的 2013 年修订审查基准针对 2007 年 4 月 1 日以后的申请，适用于 2013 年 7 月 1 日以后的审查。

② 2015 年修订审查基准

在"发明的单一性要件"（法第 37 条）2015 年修订的审查基准中，明确记载了通过针对"包含权利要求书的最初记载的发明的全部特征的同一类型的权利要求"进行审查，对于实质上无须补充进行现有技术检索或判断就能够进行审查的发明，基于审查效率性也将作为审查对象。"发明的单一性要件"（法第 37 条）2015 年修订的审查基准针对 2004 年 1 月 1 日之后的申请，适用于 2015 年 10 月 1 日以后的审查。

因此，由于有可能发生在 2015 年 10 月 1 日以前可能被判断为违反法第 37 条的权利要求在 2015 年 10 月 1 日以后会变成并不违反的情况，因此通过正确地理解 2015 年修订的审查基准并作出适当的答复，能够获得根据以往的审查基准无法获得的利益。

5.2 发明的单一性的判断

（1）发明的单一性的判断对象

继权利要求所涉及发明的认定之后，首先针对各权利要求就发明的单一性要件进行审查。原则上仅以满足发明的单一性要件的权利要求作为新颖性、创造性等其他专利要件的审查对象。因此，发明的单一性是为了接受实质审查的最初的关口。

发明的单一性要件是根据权利要求书中记载的发明彼此之间的关系来判断。通常是根据"权利要求所涉及发明"彼此之间的关系来判断。当在一项权利要求中发明特征是通过形式上或事实上的并列的选择项（以下称为"并列选择项"）表述时，也可以根据各并列选择项彼此之间的关系来判断发明的单一性。当权利要求是以马库什形式记载时，也可以根据各并列选择项之间是否具有相同或对应的特别技术特征来判断权利要求内的单一性。

（2）基本的判断方法

发明的单一性是根据两项以上的发明是否具有相同或对应的特别技术特征来进行判断。针对权利要求书的最初记载的发明首先要判断有无特别技术特征。权利要求书最初记载的发明通常是指权利要求1所涉及发明，当权利要求1的特征是以并列选择项来表述时，原则上是指选择最初的并列选择项所把握的发明。在本书中，为便于说明，有时将权利要求书最初记载的发明仅称为"权利要求1所涉及发明"。通常，如图5-1所示，发明的单一性是在权利要求1与其他权利要求之间进行判断。换言之，在权利要求1具有"特别技术特征"的情况下，当其他所有的权利要求均具有与权利要求1所具有的该"特别技术特征"相同或对应的特别技术特征时，该些发明满足发明的单一性要件。对于是否为"相同或对应的特别技术特征"，并不仅取决于表述上的差异，而是基于实质性的内容来判断。

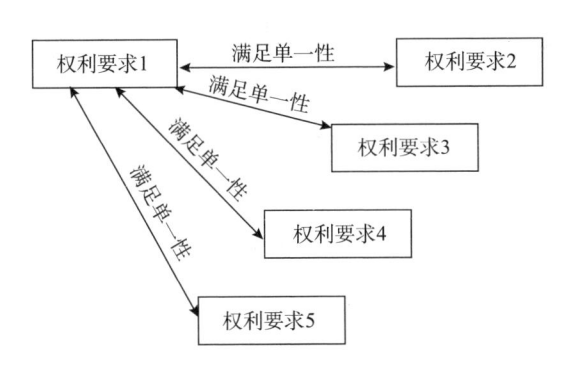

图5-1 发明的单一性

在权利要求书所记载的发明之中，除了满足发明的单一性要件的一组发明（具有相同或对应的特别技术特征的一组发明）以外，还会将满足一定条件（后面将说明）的发明作为法第37条以外要件的审查对象（下称"审查对象"）。并且，仅当存在未作为审查对象的发明时，才会判断专利申请不满足法第37条的要件。

如下述简单的＜例1＞所示，当以特殊的阴螺纹槽形状为特别技术特征时，可以认为权利要求2中的壳体的发明具有相同的特别技术特征。可以认为权利要求3中的螺钉的发明具有对应的特别技术特征。由于"相同"的情况和"对应"的情况均可以作为特别技术特征，因此无须对其严格区别判断。

√＜例1＞

［权利要求1］一种螺母，具有特殊的（在现有技术中未被发现）阴螺纹槽形状。

［权利要求2］一种壳体，具备安装部，该安装部具有特殊的阴螺纹槽形状。

［权利要求3］一种螺钉，具有（与权利要求1的阴螺纹槽形状互补性对应的）特殊的阳螺纹槽形状。

（3）独立权利要求

当相对于权利要求，其他多个独立形式的权利要求具有相同或对应的特别技术特征时，通常认为引用该些独立形式的权利要求的引用形式的权利要求（从属权利要求）也具有相同或对应的特别技术特征，对于引用形式的权利要求也不会产生缺乏单一性的问题。因此，通常为了高效地判断有无发明的单一性，首先是通过独立形式的权利要求彼此之间的对比来进行判断。

然而，例如对作为权利要求的构成要素的特征之一进行替换的引用形式的权利要求，其有时会对发明的单一性的判断产生影响，该类引用形式的权利要求未必满足单一性要件。

从属权利要求的种类

- 串列从属权利要求、并列从属权利要求
- 相同类别的从属权利要求、不同类别的从属权利要求
- 单项引用从属权利要求、多项引用从属权利要求
- 选择引用多项的从属权利要求、合并引用多项的从属权利要求

（4）特别技术特征的判断基准

即使通过上述判断认为满足发明的单一性要件，当之后判明当初的"特别技术特征"针对发明的现有技术（属于法第29条第1款各项任一者的发明）未带来贡献（简单来说，不具有新颖性）时，只要不存在其他的特别技术特征，则会在事后不满足发明的单一性要件。这样一来，发明的单一性并非绝对的要件，而是取决于所引用现有技术内容的相对要件。

这里，"当判明……针对发明的现有技术未带来贡献时"是指属于下列

①~③任意一者时。

否定特别技术特征的判断基准

① 在现有技术中发现了作为"特别技术特征"的特征的情况；

② 作为"特别技术特征"的特征为相对于某一现有技术的公知技术和惯用技术的附加、删除、转换等，且未起到新效果的情况；或者

③ 作为"特别技术特征"的特征仅为针对某一现有技术的常规改变的情况。

例如，当本申请权利要求1为"一种装置X，包括特征A；特征B；特征C以及特征D"，相比之下，主引用文献甲公开了"一种装置X，包括特征A；特征B以及特征C"时，有时会认定特征D为特别技术特征。此时，即便副引用文献乙公开了特征D，特征D为特别技术特征的认定也不会改变。然而，当之后发现了主引用文献甲实际公开了特征D的事实或者发现了公开了"一种装置X，包括特征A；特征B；特征C以及特征D"的新的主引用文献丙时，将推翻特征D为特别技术特征的认定。

例如在下一节的<例2>中，当在现有技术中发现了高分子化合物A（即不具有新颖性）时，使得高分子化合物A并非为特别技术特征，权利要求1及权利要求2不具有相同的特别技术特征，因此变成不满足发明的单一性要件。

当即使权利要求与其他权利要求之间存在相同或对应的技术特征，但审查员仍然认定该技术特征针对现有技术未带来贡献而发出驳回理由通知书时，审查员需要示出属于法第29条第1款的公知文献等。

（5）特别技术特征与新颖性的关系

如本书第2章所述，不具有新颖性的发明是与属于法第29条第1款各项的任一项且被引用的单一的现有技术中的发明（引用发明）对比后的就每一个发明特征均不存在不同点的发明。因此，当权利要求的所有技术特征符合前面说明的<u>特别技术特征的判断基准①</u>时，可以认定该发明为不具有新颖性且不具有特别技术特征的发明，此时的缺乏特别技术特征与缺乏新颖性为大致相同的意思。

另外，虽然由于法第29条第1款第3项中规定的"出版物记载发明"是指所属领域技术人员根据出版物记载内容以及等于记载的内容所能够掌握的发明，因而包括与出版物中直接明确记载的内容相比稍微宽泛（上位）的范围的发明，但是也并非包括超出该范围的发明。另外，根据<u>特别技术特征的判断基准②或③</u>，不是只有当技术特征与现有技术相同时才会被判定不具有特别技

术特征，当技术特征为相对于现有技术的公知技术和惯用技术的附加、删除、转换等且未起到新效果或者技术特征仅为针对现有技术的常规改变时，也会被判定不具有针对现有技术带来贡献的特别技术特征，因此认为其比新颖性的判断更为严格。综上所述，由于被判定具有针对现有技术带来贡献的特别技术特征的发明应该与现有技术相比存在公知技术、惯用技术、仅为常规改变以上的差异，因此认为与所属领域技术人员根据出版物记载内容以及等于记载的内容所能够掌握的程度的发明相比，前者与现有技术之间的差异的程度更大（当然也并未高到具有创造性发明的下限的程度）。然而，在实际中，被判定不具有特别技术特征的发明多数情况会被判定不具有新颖性。

（6）与国际检索报告的关系

尽管说法第37条及施行规则第25条之8是参考基于PCT规则第13条来规定的，但是有时即使在国际申请的国际检索报告中未指出缺乏发明单一性（PCT规则43.7）时，也会就该国际申请的进入日本国家阶段申请（国际专利申请）指出缺乏发明的单一性要件。该类情况的发生是由于发明的单一性因现有技术检索的结果而产生变动，在日本国家阶段的审查中发现了国际检索阶段未发现的现有技术。

5.3 发明单一性的基本判断类型

5.3.1 具有相同的特别技术特征的情况

当两个以上的发明具有相同的特别技术特征时，满足发明的单一性要件。
√＜例2＞
［权利要求1］一种高分子化合物A。
［权利要求2］一种食品包装容器，包括高分子化合物A。

（说明）高分子化合物A（阻氧性较好的透明物质）为针对现有技术带来贡献的特别技术特征。由于权利要求1及2均具有该特别技术特征，因此具有相同的特别技术特征。

需要说明的是，在审查基准中［权利要求2］被表述为"由……组成"，由于"由……组成"有被狭义地解释为"仅由……组成"的风险，因此在本事例中使用了不会作出该解释的"包括……"的表述。
√＜例3＞
［权利要求1］一种照明方法，对来自光源的照明光进行部分遮光。

[权利要求2] 一种照明装置，具有光源以及对来自光源的照明光进行部分遮光。

（说明）对来自光源的照明光进行部分遮光这一点为针对现有技术带来贡献的特别技术特征。由于权利要求1及2均具有该特别技术特征，因此具有相同的特别技术特征。

需要说明的是，由于在审查基准中［权利要求2］的特征不清楚，因此在本实例中通过"……以及……"的表述将特征明确化。

发明单一性的基本判断类型
- 两个以上的发明具有相同的特别技术特征
- 两个以上的发明具有对应的特别技术特征

5.3.2 具有对应的特别技术特征的情况

根据审查基准，两个以上的发明具有"对应的特别技术特征"是指以下①或②的任意一者的情况。

① 在各个发明之间在与现有技术的对比上发明所具有的技术上的意义共通的情况或者密切关联的情况

在两个以上发明中针对现有技术所解决的技术问题（仅限于本案申请时未解决的技术问题）一致或重叠的情况属于在与现有技术的对比上发明所具有的技术上的意义共通的情况或者密切关联的情况。

√ <例4>

[权利要求1] 一种导电性陶瓷，在氮化硅中添加有碳化钛。

[权利要求2] 一种导电性陶瓷，在氮化硅中添加有氮化钛。

（说明）权利要求1及2所涉及发明针对现有技术所解决的技术问题是通过对以氮化硅为构成要素的陶瓷赋予导电性从而能够进行放电加工，该技术问题在本案申请时并未解决。因此，由于权利要求1及2所涉及发明针对现有技术所解决的技术问题一致或重复，因此在与现有技术的对比上发明所具有的技术上的意义共通，具有对应的特别技术特征。

需要说明的是，由于在审查基准中使用了往往被判断为方法限定产品权利要求的历时性的表述"添加……而成的"，因此在本事例中使用表示状态的表述"添加有……"来回避上述判断。

② 各个特别技术特征互补地关联的情况

√ <例5>

[权利要求1] 一种发送器，具有使影像信号通过的时间轴扩展器。

[权利要求2] 一种接收器，具有使所收到的影像信号通过的时间轴压缩器。

[权利要求3] 一种影像信号的传输系统，包括具有使影像信号通过的时间轴扩展器的发送器以及具有使所收到的影像信号通过的时间轴压缩器的接收器。

（说明）权利要求1及2分别在具有时间轴扩展器的发送器及具有时间轴压缩器的接收器上具有不同的技术特征。这里，在发送器中使时间轴扩展并发送影像信号和在接收器中接收影像信号并压缩时间轴两者互补地关联。因此，权利要求1及2具有对应的特别技术特征。权利要求3包括作为权利要求1的特别技术特征的时间轴扩展器，具有与权利要求1相同的特别技术特征。

5.4　审查对象的确定步骤

审查对象包括基于"特别技术特征"所确定的发明以及基于"审查的效率性"所确定的发明。

为了使读者在总体上掌握审查对象的具体的确定步骤，以下首先对其审查手法的概要进行说明，为了便于理解，在本书中，将审查对象的具体的确定步骤分为以下两个步骤进行说明：

A）特别技术特征的发现步骤；以及

B）审查对象的确定步骤。

A）特别技术特征的发现步骤

（1）在基于权利要求书（权利要求）的记载对各权利要求所涉及发明进行认定后，对权利要求书的最初记载的发明即权利要求1所涉及发明是否具有特别技术特征进行判断。当判断权利要求1具有特别技术特征时，停止特别技术特征的发现步骤。

（2）当判断权利要求1不具有特别技术特征时，判断是否存在包含权利要求1的全部特征的❶相同类别❷的权利要求。当存在该类权利要求时，就其

---

❶ "包含……的全部特征"的情况是指例如以下①至④中任意一种情况。在判断是否包含全部特征时，不拘泥于权利要求在形式上是独立形式还是引用形式来进行判断。①在该发明中附加了其他特征的情况；②对该发明的一部分特征或全部特征进行下位概念化的情况；③当在该发明中存在以择一方式记载的要素时，删除该以则择一方式记载的要素的一部分的情况；④该发明的特征的一部分为数值范围时，对其进一步限定的情况。

❷ 发明的类别包括"产品发明""方法发明"以及"产品制造方法发明"三种（法第2条第3款）。

中权利要求编号最小的权利要求，判断有无特别技术特征❶。

简单来说，就权利要求1的从属权利要求之中权利要求编号最小的权利要求（通常为权利要求2）判断有无特别技术特征。

（3）当已经进行了有无特别技术特征判断的权利要求不具有特别技术特征时，判断是否存在包含上一个进行了有无特别技术特征判断的权利要求的全部特征的相同类别的权利要求。当存在该类权利要求时，从其中选择权利要求编号最小的权利要求，判断有无特别技术特征。重复该步骤直到发现特别技术特征或者不存在包含上一个进行了有无特别技术特征判断的权利要求的全部特征的相同类别的权利要求。

简单来说，针对权利要求2之后的串列从属权利要求按权利要求编号从小到大的顺序进行有无特别技术特征的判断。当发现了特别技术特征时，则停止发现步骤；当未发现时，则继续特别技术特征的发现步骤直至到达串列从属权利要求的末尾。

B）审查对象的确定步骤

5.4.1　基于特别技术特征的审查对象的确定步骤

根据在上述特别技术特征的发现步骤中所发现的特别技术特征来确定审查对象。基本上是将以下发明作为审查对象。

① 至此已经进行了有无特别技术特征判断的发明；以及

② 具有与所发现的特别技术特征相同或对应的特别技术特征的发明。❷

5.4.2　基于审查效率性的审查对象的确定步骤

针对与作为审查对象的发明一起进行审查更有效率的发明，会将其加为审查对象。关于一起进行审查是否更有效率，会综合考虑说明书、权利要求书及附图的记载、申请时的技术常识、现有技术检索的观点等来进行判断。

例如，对于属于以下（1）或（2）的发明，将作为与作为审查对象的发明一起进行审查更有效率的发明，加为审查对象。

---

❶ 当要判断有无特别技术特征的权利要求符合以下①及②两者时，无须进一步判断有无特别技术特征。①该发明为在上一个进行了有无特别技术特征判断的权利要求中增加了技术关联性较低的技术特征的发明的情况；②根据增加的技术特征所把握的发明所要解决的具体技术问题为关联性较低的技术问题的情况。

❷ 当发现了特别技术特征的权利要求具有多个不同的特别技术特征时，选择任意一个特别技术特征。此时，优先选择对申请人有利的（使更多发明成为审查对象的）特别技术特征。

（1）包含权利要求 1 的全部特征的相同类别的权利要求所涉及的发明

但是，属于以下①或②的发明有可能会被排除。

① 权利要求 1 所涉及的发明所要解决的技术问题与根据针对该发明增加的技术特征所把握的发明所要解决的具体技术问题的关联性较低的发明；或者

② 权利要求 1 的技术特征与针对该发明增加的技术特征的技术关联性较低的发明。

关于①的技术问题的关联性及②的技术关联性，除了要考虑说明书、权利要求书及附图的记载以及申请时的技术常识以外，还要考虑现有技术检索的观点来进行判断。

（2）基于上述 5.4.1（特别技术特征）及 5.4.2（1）（权利要求 1 的全部特征）针对作为审查对象的发明进行审查后，实质上无须进行追加的现有技术检索及判断就能够进行审查的发明（实质已审查发明）

例如，对于属于以下①至⑤的任一种发明，由于其通常实质上无须进行追加的现有技术检索及判断就能够进行审查，因此将其作为实质已审查发明加为审查对象。

① 与作为审查对象发明仅存在表述上的差异的其他发明；

② 相对于作为审查对象的发明进行了公知技术、惯用技术的附加、删除、转换等，且未起到新效果的其他发明；

③ 与作为审查对象的发明之间的差异为"基于技术的具体应用的常规改变"或"数值范围的最优化或优化"，且能够容易判定该差异与引用发明相比未起到有益效果的其他发明；

④ 在对作为审查对象的发明进行审查后，判明其不具有新颖性或创造性时，包含该发明的较宽概念的其他发明；

⑤ 在对作为审查对象的发明进行审查后，在具有某一特征上判明其具有新颖性及创造性时，包括该特征的其他发明。

5.5 特别技术特征的发现步骤的具体说明

（1）当判断权利要求 1 具有特别技术特征时，停止特别技术特征发现步骤，基于所发现的特别技术特征确定作为审查对象的发明。

（2）关于判定权利要求 1 不具有特别技术特征情况下的特别技术特征的发现步骤，参照 <例 6> 具体进行说明。

第 5 章　发明的单一性（法第 37 条）

① 针对包含权利要求 1 的全部特征的相同类别的权利要求（权利要求 2 ~ 9）之中权利要求编号最小的权利要求（权利要求 2），判断有无特别技术特征。

② 当已经判断了有无特别技术特征的权利要求（权利要求 2）不具有特别技术特征时，从包含上一个判断有无特别技术特征的权利要求（权利要求 2）的全部特征的相同类别的权利要求（权利要求 3 及 7 ~ 9）之中选择权利要求编号最小的权利要求（权利要求 3），判断有无特别技术特征。

③ 重复上述②的步骤，直到发现特别技术特征，如果发现具有特别技术特征的权利要求（例如权利要求 3）则停止②的步骤。

当未发现特别技术特征时，重复②的步骤，直到不存在包含上一个判断有无特别技术特征的权利要求（权利要求 3）的全部特征的相同类别的权利要求（权利要求 7 及 9）（直到权利要求 9）。

在上述①~④的步骤中，当下一个要判断有无特别技术特征的权利要求（作为另外的例子，即使判断到权利要求 7 也未发现特别技术特征情况下的权利要求 9）增加了与上一个判断有无特别技术特征的权利要求（权利要求 7）技术关联性较低的技术特征（特征 F）❶，且根据该技术特征所把握的发明所要解决具体技术问题的关联性也较低时，不进一步判断有无特别技术特征，停止②的步骤（至权利要求 7 为止）。

<例 6>

特别技术特征？　特别技术特征？　特别技术特征？　特别技术特征？　特别技术特征？

权利要求1 A+B	权利要求2 A+B+C	权利要求3 A+B+C+D	权利要求7 A+B+C+D+E	权利要求9 A+B+C+D+E+F
		权利要求4 A+B+G	权利要求8 A+B+C+D+H	
		权利要求5 A+B+D		
		权利要求6 A+B+N		

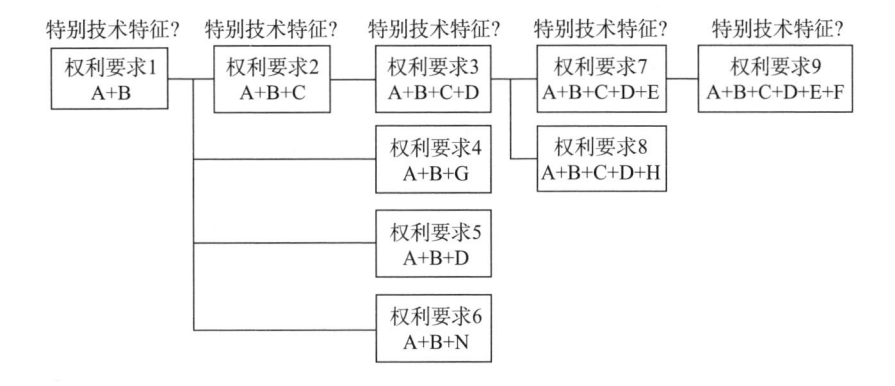

❶ 需要注意，针对不具有特别技术特征的权利要求的下一个要判断有无特别技术特征的权利要求，除了需要包含全部特征并且为相同类别的权利要求以外，还需要所增加的技术特征与上一个权利要求在技术上密切关联。

5.6 权利要求1具有特别技术特征的情况下的审查对象

权利要求1原则上通常被作为审查对象。

关于判断权利要求1具有特别技术特征的情况下的审查对象的确定步骤，参照＜例7＞具体进行说明。在以下说明中，在特别技术特征的发现步骤中，判定权利要求1的特征B为特别技术特征。

（1）基于特别技术特征的审查对象的确定步骤

① 将至此判断有无特别技术特征的权利要求，即权利要求1作为审查对象。

② 将具有与权利要求1的特别技术特征（B）相同的特别技术特征（B）的权利要求（权利要求2～9、权利要求11）以及具有与其对应的特别技术特征（B'）的权利要求（权利要求12）作为审查对象。

关于不具有与权利要求1的特别技术特征（B）相同或对应的特别技术特征的权利要求（权利要求10），原则上不会被作为审查对象，而是发出违反发明单一性要件（法第37条）的驳回理由通知书。由于支付了高额实质审查费的权利要求不被作为单一性以外要件的审查对象会使申请人陷入非常不利的境地，因此在申请或修改时如何构建权利要求体系非常重要。

＜例7＞

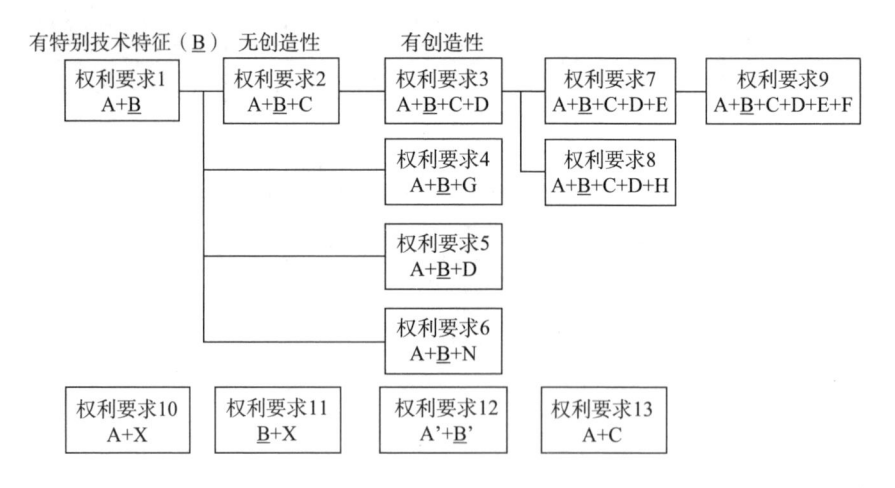

有特别技术特征（B）	无创造性	有创造性		
权利要求1 A+B	权利要求2 A+B+C	权利要求3 A+B+C+D	权利要求7 A+B+C+D+E	权利要求9 A+B+C+D+E+F
		权利要求4 A+B+G	权利要求8 A+B+C+D+H	
		权利要求5 A+B+D		
		权利要求6 A+B+N		
权利要求10 A+X	权利要求11 B+X	权利要求12 A'+B'	权利要求13 A+C	

（2）基于审查效率性的审查对象的确定步骤

① 包含权利要求1的全部特征的发明

将包含权利要求1的全部特征的相同类别的权利要求加为审查对象。在

＜例7＞中，权利要求2～9符合。当判断权利要求1具有特别技术特征时，由于包含权利要求1的全部特征的相同类别的权利要求必然具有该特别技术特征，因此已经被作为审查对象。

② 实质已审查发明

通过对基于上述内容被作为审查对象的发明进行审查后，将属于实质上无须进行追加的现有技术检索及判断就能够进行审查的"实质已审查发明"的发明也加为审查对象。在＜例7＞中，作为包含不具有创造性的权利要求2（A+B+C）的较宽概念的权利要求13（A+C）符合。

5.7 权利要求1以外的权利要求具有特别技术特征的情况下的审查对象

关于判断权利要求3具有特别技术特征的情况下的审查对象的确定步骤，参照＜例8＞具体进行说明。在以下说明中，在特别技术特征的发现步骤中，判定权利要求3的特征D为特别技术特征。

（1）基于特别技术特征的审查对象的确定步骤

① 至此已判断有无特别技术特征的发明（权利要求1～3）以及；

② 具有与所发现的特别技术特征（D）相同或对应的特别技术特征的发明（权利要求7～9以及权利要求5）被作为审查对象。

（2）基于审查效率性的审查对象的确定步骤

① 包含权利要求1的全部特征的发明

在＜例8＞中，将包含权利要求1的全部特征（A+B）的相同类别的权利要求（权利要求4）加为审查对象。作为权利要求1的技术特征（A+B）与针对该发明所增加的技术特征（N）的技术关联性较低的权利要求，将权利要求6从审查对象中排除。

② 实质已审查发明

通过对基于上述内容被作为审查对象的发明进行审查后，将属于实质上无须进行追加的现有技术检索及判断就能够进行审查的"实质已审查发明"的发明也加为审查对象。在＜例8＞中，作为包含不具有创造性的权利要求7的较宽概念的权利要求13符合。

<例8>

```
无特别技术特征      无特别技术特征      有特别技术特征              有创造性
                                    无创造性
权利要求1            权利要求2            权利要求3            权利要求7            权利要求9
A+B                 A+B+C              A+B+C+D            A+B+C+D+E          A+B+C+D+E+F

                                        权利要求4            权利要求8
                                        A+B+G              A+B+C+D+H

                                        权利要求5
                                        A+B+D

                                        权利要求6
                                        A+B+N

权利要求10           权利要求11           权利要求12           权利要求13
A+X                 B+X                 A'+B'              A+C
```

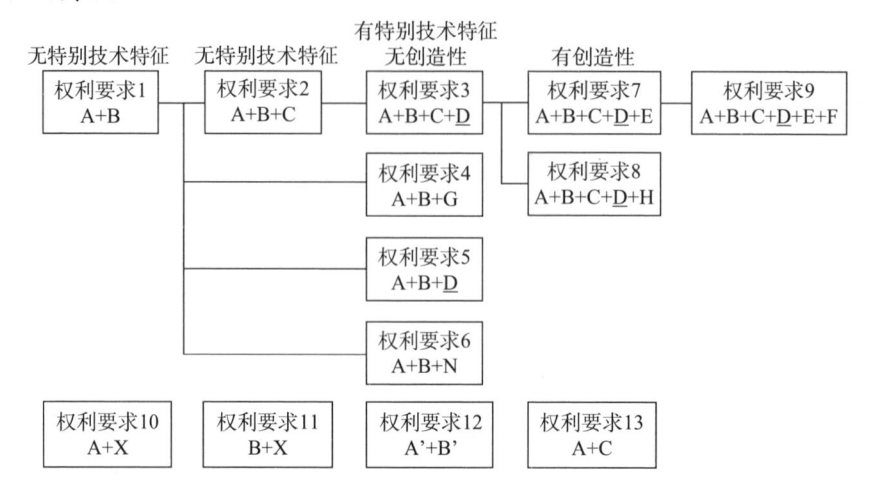

5.8 未发现特别技术特征的情况下的审查对象

关于在特别技术特征发现步骤中未发现特别技术特征的情况下的审查对象的确定步骤，参照<例9>具体进行说明。在以下说明中，关于权利要求1、2、3、7及9判断了有无特别技术特征。

（1）基于特别技术特征的审查对象的确定步骤

由于在至此已判断有无特别技术特征的发明（权利要求1~3、7及9）中未发现特别技术特征，因此不存在具有相同或对应的特别技术特征的发明。

（2）基于审查效率性的审查对象的确定步骤

① 包含权利要求1的全部特征的发明

将包含权利要求1的全部特征（A+B）的相同类别的权利要求（权利要求4、5及8）加为审查对象。作为权利要求1的技术特征（A+B）与针对该发明所增加的技术特征（N）的技术关联性较低的权利要求，将权利要求6从审查对象中排除。

② 实质已审查发明

通过对基于上述内容被作为审查对象的发明进行审查后，将属于实质上无须进行追加的现有技术检索及判断就能够进行审查的"实质已审查发明"的发明也加为审查对象。在<例9>中，例如作为包含不具有创造性的权利要求7的较宽概念的权利要求13符合。

第5章 発明の単一性（法第37条）

<例9>

```
无特别技术特征    无特别技术特征    无特别技术特征    无特别技术特征    无特别技术特征
权利要求1         权利要求2         权利要求3         权利要求7         权利要求9
A+B              A+B+C            A+B+C+D          A+B+C+D+E        A+B+C+D+E+F

                                   权利要求4         权利要求8
                                   A+B+G            A+B+C+D+H
                                                    有创造性
                                   权利要求5
                                   A+B+D

                                   权利要求6
                                   A+B+N

权利要求10        权利要求11        权利要求12        权利要求13
A+X              B+X              A'+B'            A+C+E
```

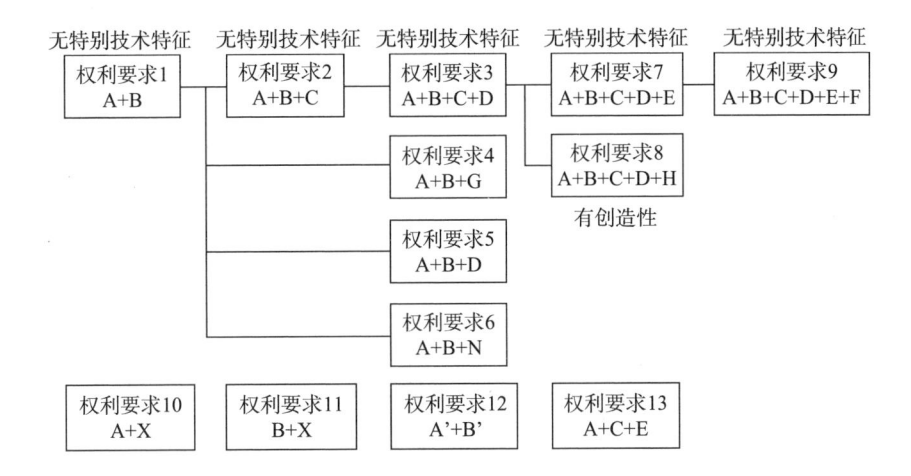

作为单一性以外要件的审查对象的发明
（1）权利要求1具有特别技术特征的情况 ① 具有相同或对应的特别技术特征的发明 ② 实质已审查发明 （2）权利要求1以外的权利要求具有特别技术特征的情况 ① 判断了有无特别技术特征的发明 ② 具有相同或对应的特别技术特征的发明 ③ 包含权利要求1的全部特征的相同类别的发明 ④ 实质已审查发明 （3）未发现特别技术特征的情况 ① 判断了有无特别技术特征的发明 ② 包含权利要求1的全部特征的相同类别的发明 ③ 实质已审查发明

5.9 特定情况下的"相同或对应的特别技术特征"的判断类型

对于多个发明处于特定关系的情况下的相同或对应的特别技术特征的判断类型在审查基准中进行了具体的举例说明，如果多个发明属于该些类型并满足预定条件，则原则上判断为处于具有相同或对应的特别技术特征的关系。具体内容请参照审查基准。

> 特定情况下的"相同或对应的特别技术特征"的判断类型
> - 产品及其产品制造方法、产品及其产品制造机械等
> - 产品及其产品使用方法、产品以及专门利用该产品的特定性质的产品
> - 产品及其产品操作方法、产品以及对该产品进行操作的产品
> - 方法以及直接用于该方法的实施的机械等
> - 马库什形式
> - 中间物以及最终生成物

5.10 针对违反单一性的驳回理由通知书的应对

(1) 违反单一性的驳回理由通知书

当存在不被作为单一性以外要件的审查对象的权利要求时,将发出违反法第 37 条的驳回理由通知书。在该类驳回理由通知书中,会明确示出不被作为审查对象的发明,同时记载不被作为审查对象的理由。

当发出违反法第 37 条的驳回理由通知书时,由于通常会引用现有技术并就某些权利要求指出缺乏新颖性的驳回理由,因此会根据该缺乏新颖性的内容,指出某些权利要求不具有特别技术特征。

另外,会示出基于特别技术特征的审查对象,还会示出基于审查效率性的审查对象。关于该些不被作为审查对象的权利要求,将指出违反法第 37 条。

(2) 认定权利要求 1 具有特别技术特征的情况下的应对

以下利用上述 <例 7> 进行说明。

在上述 <例 7> 中,认定权利要求 1 具有特别技术特征 B,认定权利要求 2~9 具有相同的特别技术特征 B,但认定其他的独立权利要求 10 并非具有与权利要求 1 的特别技术特征 B 相同或对应的特别技术特征的权利要求。另外,认定权利要求 1、2 及 4~6 不具有创造性,权利要求 3 及 7~9 具有创造性。

① 当认为驳回理由通知书中的认定有误,并且该其他的独立权利要求 10 具有与权利要求 1 相同或对应的特别技术特征时,可以就其进行反驳。审查员有时会错误认定权利要求 1 的特别技术特征,或者会忽视权利要求 1 的特别技术特征与该其他的独立权利要求 10 的技术特征之间的对应关系。

② 当认为驳回理由通知书中的关于创造性的认定有误时,可以就其进行反驳,按照该反驳方针对所有权利要求进行修改以使其具有创造性。

第 5 章　发明的单一性（法第 37 条）

③ 当修改前的权利要求 1 具有特别技术特征时，修改后的权利要求 1 通常也会具有特别技术特征，如果修改后的一组权利要求以修改后的权利要求 1 为基准满足发明的单一性要件，则不会构成技术特征变更修改。因此，通常应对不会受技术特征变更修改的规定（第 17 条之 2 第 4 款）的影响。

④ 在本例子中由于认定权利要求 3 具有创造性，因此可以例如以权利要求 3 为修改后的新权利要求①，以权利要求 7~9 作为其从属权利要求。关于权利要求 4、6 及 10，通过将其修改为包含权利要求 3 的全部特征或者作为权利要求 3（新权利要求①）的从属权利要求，从而使其具有创造性。关于权利要求 5，由于如果使其包含权利要求 3 的全部特征则会与权利要求 3 相同，因此并无存在意义因而可以将其删除。

⑤ 如果存在无法通过合法修改来解决的权利要求，则可以将其从本申请中删除，并根据需要提出分案申请。可以参考驳回理由通知书中的关于新颖性及创造性的认定，来考虑分案申请的权利要求书的记载。此时，还应当注意法第 50 条之 2 的规定。关于分案申请的注意事项，将在本书的第 13 章 "分案申请" 中详细进行说明。

⑥ 如果撰写了权利要求的修改方案，则可以制作权利要求树等，检查修改后的一组权利要求是否满足发明的单一性。为了获得专利授权，不仅需要使所有权利要求具有新颖性，还需要使其具有创造性。

（3）认定权利要求 1 以外的权利要求具有特别技术特征的情况下的应对

以下利用上述<例 8>进行说明。

在上述<例 8>中，认定权利要求 1 及 2 不具有特定技术特征，权利要求 3 具有特别技术特征 D，认定权利要求 5 及 7~9 具有相同的特别技术特征 D，但认定其他的权利要求并非具有与权利要求 3 的特别技术特征 D 相同或对应的特别技术特征的权利要求。另外，认定权利要求 1 及 2 不具有新颖性，权利要求 3 不具有创造性，权利要求 7 及 9 具有创造性。

① 当认为驳回理由通知书中的认定有误，并且权利要求 1 具有特别技术特征时，可以就其进行反驳，并按照该反驳方针进行修改以使修改后的一组权利要求满足发明的单一性要件并且使所有权利要求具有创造性。

② 当认为驳回理由通知书中的关于创造性的认定有误时，可以就其进行反驳，并按照该反驳方针进行修改以使修改后的一组权利要求满足发明的单一性要件并且使所有权利要求具有创造性。

③ 当不针对驳回理由通知书中的认定进行反驳时，可以按照该认定对权利要求进行修改。一般通过进行修改以使修改后的新权利要求①具有特别技术

特征 D（并具有为了获得专利授权的创造性）并且其他所有权利要求针对其均具有相同或对应的特别技术特征，从而使修改后的一组权利要求满足发明的单一性。

④ 在本例子中由于认定权利要求 7 具有创造性，因此可以例如以权利要求 7 为修改后的新权利要求①，以权利要求 9 作为其从属权利要求。关于权利要求 4、6 及 8，通过将其修改为包含权利要求 7 的全部特征或者作为权利要求 7（新权利要求①）的从属权利要求，从而使其具有创造性。关于权利要求 5，由于如果使其包含权利要求 7 的全部特征则会与权利要求 7 相同，因此并无存在意义因而可以将其删除。

⑤ 由于如果使修改后的权利要求全部具有修改前的权利要求 3 的特别技术特征 D，则不会构成技术特征变更修改，并且具有共同的特别技术特征（修改前的权利要求 3 的特别技术特征），因此也将满足以新权利要求①为基准的发明的单一性。通常会采用这样的应对。

⑥ 另外，在本例子中由于认定权利要求 7 具有创造性，也即被认为特征 E 对创造性产生贡献，因此可以考虑可否通过将由特征 A＋B＋E 或 A＋B＋D＋E 构成的权利要求作为修改后的新权利要求①从而使其具有创造性，当认为能够具有创造性时，也可以以该新权利要求①作为基准进行修改以使修改后的一组权利要求满足发明的单一性要件。其原因是，由于包含权利要求 1 的全部特征 A＋B 的发明为基于审查效率性的审查对象，在修改前后上满足发明的单一性，因此不违反禁止技术特征变更修改的规定。通过这样应对，有时能够构建权利范围更宽的一组权利要求。

⑦ 如果存在无法通过合法修改来解决的权利要求，则可以将其从本申请中删除，并根据需要提出分案申请。可以参考驳回理由通知书中的关于新颖性及创造性的认定，来考虑分案申请的权利要求书的记载。此时，还应当注意法第 50 条之 2 的规定。关于分案申请的注意事项，将在本书的第 13 章"分案申请"中详细进行说明。

⑧ 如果撰写了权利要求的修改方案，则可以制作权利要求树等，检查修改后的一组权利要求是否满足发明的单一性。为了获得专利授权，不仅需要使所有权利要求具有新颖性，还需要使其具有创造性。

（4）未发现特别技术特征的情况下的应对

以下利用上述＜例 9＞进行说明。

在上述＜例 9＞中，认定权利要求 1~3、7 及 9 不具有特定技术特征。另外，认定权利要求 1~3、5、7 及 9 不具有新颖性，权利要求 4 不具有创造性，权利要求 8 具有创造性。

① 当认为驳回理由通知书中的认定有误，并且权利要求 1~3、7 及 9 之中任一项的权利要求均具有特别技术特征时，可以就其进行反驳，并按照该反驳方针进行修改以使修改后的一组权利要求满足发明的单一性要件并且使所有权利要求具有创造性。

② 当认为驳回理由通知书中的关于创造性的认定有误时，可以就其进行反驳，并按照该反驳方针进行修改以使修改后的一组权利要求满足发明的单一性要件并且使所有权利要求具有创造性。

③ 当不针对驳回理由通知书中的认定进行反驳时，可以按照该认定对权利要求进行修改。在本例子中由于认定权利要求 8 具有创造性，因此可以例如以权利要求 8 为修改后的新权利要求①。关于权利要求 4、7 及 9，通过将其修改为包含权利要求 8 的全部特征或者作为权利要求 8（新权利要求①）的从属权利要求，从而使其具有创造性。关于权利要求 5，由于如果使其包含权利要求 8 的全部特征则会与权利要求 7 相同，因此并无存在意义因而可以将其删除。

④ 由于被认定具有创造性的权利要求 8 的特征 H 有可能成为特别技术特征，因此如果使修改后的权利要求均具有该特别技术特征 H，则能够使修改后的一组权利要求以新权利要求①为基准满足发明的单一性。另外，如果使修改后的权利要求均包含修改前的权利要求 1 的全部特征，则能够使其成为基于审查效率性的审查对象，在修改前后上满足发明的单一性，不违反禁止技术特征变更修改的规定。

⑤ 另外，即使不包含权利要求 8 的全部特征，通过使修改后的权利要求具有权利要求 1 的全部特征 A + B，进一步找出具有创造性的权利要求作为修改后的新权利要求①（例如由 A + B + H 构成的权利要求），并使其他所有权利要求针对其均具有相同或对应的特别技术特征（例如 H），也能够使修改后的一组权利要求满足发明的单一性要件。通过这样应对，有时能够构建权利范围更宽的一组权利要求。

⑥ 如果存在无法通过合法修改来解决的权利要求，则可以将其从本申请中删除，并根据需要提出分案申请。可以参考驳回理由通知书中的关于新颖性及创造性的认定，来考虑分案申请的权利要求书的记载。此时，还应当注意法第 50 条之 2 的规定。关于分案申请的注意事项，将在本书的第 13 章"分案申请"中详细进行说明。

⑦ 如果撰写了权利要求的修改方案，则可以制作权利要求树等，检查修改后的一组权利要求是否满足发明的单一性。为了获得专利授权，不仅需要使所有权利要求具有新颖性，还需要使其具有创造性。

5.11 关于发明单一性的注意事项

（1）有时会在事后变成不满足发明单一性

即使在申请时判断多项权利要求满足发明的单一性要件，当在审查时所引用的现有技术中发现了权利要求1中作为特别技术特征的特征时，如果不存在其他的相同或对应的特别技术特征，则有时也会在事后变成不满足发明的单一性。

另外，即使在最初的驳回理由通知书中判断多项权利要求满足发明的单一性要件，当在后续的审查中所新引用的现有技术中发现了权利要求1中作为特别技术特征所认定的特征时，如果不存在其他的相同或对应的特别技术特征，则有时也会在事后变成不满足发明的单一性。

（2）在权利要求1与其他权利要求之间进行对比

针对发明的单一性要件，是在作为基准的权利要求1与其他权利要求之间进行判断，首先，判断在权利要求1中是否存在特别技术特征。因此，最好使作为基准的权利要求1具有特别技术特征。

其次，判断在权利要求1与其他独立权利要求之间是否存在上述判断类型中所说明的关系。因此，权利要求1担负着作为判断类型中的基准权利要求的作用。

（3）多组发明

有时专利申请的权利要求1会同时具有均能够作为特别技术特征的两个技术特征X及Y，权利要求2具有与权利要求1相同的技术特征X，权利要求3具有与权利要求1相同的技术特征Y，即共存多组发明。然而，法第37条要求"两个以上的发明属于一组发明"，会将具有多组发明的专利申请视为在整体上不满足发明的单一性要件，并从中选择对于申请人有利的一个技术特征（X或Y）作为特别技术特征（手册2301）。

（4）使权利要求1具有新颖性

如上所述，为了不浪费实质审查费，并使尽量多的权利要求成为单一性以外要件的审查对象，最好在实审请求时（或者在收到最初的驳回理由通知书之前）进行修改以使权利要求1至少具有新颖性。另外，还可以设想审查后被认定权利要求1不具有特别技术特征的情况。在涉及发明单一性要件的范围内，预先将从属于权利要求1的从属权利要求调整为串列形式的从属权利要求体系而非并列形式的从属权利要求体系，从而能够更容易地从该些串列形式的从属权利要求之中发现特别技术特征。

（5）串列形式的从属权利要求体系

一方面，当相同类别的多项权利要求形成所谓的串列形式的从属权利要求体系并且其技术特征及技术问题的关联性并不低时，对于该些权利要求会不考虑发明的单一性要件而将其作为审查对象。因此，在涉及发明单一性要件的范围内，串列形式的从属权利要求体系要比并列形式的从属权利要求体系更有利。另一方面，对于多项引用形式（multiple dependency）的权利要求，至少其中的串列形式的从属部分所涉及的一部分发明将被作为审查对象，关于其他部分所涉及的发明按照审查对象的确定也有可能被作为审查对象。

（6）并非异议理由、无效理由

由于违反发明的单一性要件并非异议理由或无效理由，因此无须担忧授权后的情况。

专利第 1 号

日本的专利第 1 号是由居住在东京府的堀田瑞松于明治 18（1885）年 7 月 1 日申请并于同年 8 月 14 日授予专利的"堀田式防锈涂料及其涂法"。由于该专利中作为要求专卖专利的范围记载了"为上文中记载的第一号至第四号涂料及其涂法"，因此可以说是相当于现在的"产品以及该产品的使用方法"的两发明一申请。

第 *6* 章
不属于发明的客体以及产业上的可利用性（法第 *29* 条第 *1* 款主段）

6.1 法第 29 条第 1 款主段的规定和解释

> **法第 29 条第 1 款主段**
> 完成了产业上可利用的发明的人……可就该发明获得专利。

（1）规定的要旨

专利法是以通过实现发明的保护及利用来促进产业发展为目的（法第 1 条）。因此，针对不属于"发明"的客体（法第 2 条 1 款）无须给予保护。即便是属于发明的客体，如果是仅能够在学术、实验上利用的发明等不会促进产业发展的发明则也无须给予保护，本规定的设置正是为了明确该目的。另外，以往将专利法、实用新型法、外观设计法、商标法等统称为"工业所有权法"，但其法律保护范围并不限于狭义的工业，而是还广义地包含农业、矿业等，因此最近逐渐改称为产业财产权法。本条规定了广义地保护产业上可利用的发明，而非仅保护工业上可利用的发明。

（2）规定的解释

① 关于本规定的要件，多数情况是分为属于专利法上的"发明"（属于发明的客体）和"产业上可利用的发明"（产业上的可利用性）两个要件来论述，审查基准上也是这样处理。在本书中，也有时将"不属于发明的客体"包含在"产业上的可利用性"中使用。

② 不属于发明的客体

"发明"是指利用了自然规律的技术思想上的创造之中的高度的创造（法第2条第1款）。"自然规律"是指排除了密码创建方法等人为规定或数学上的公式等的表示自然界中的事物的变化过程的规律，也可以并未冠以某某定律的名称。"技术"是指用于达到一定目的具体手段，其应当可实际利用并且具有客观性〔东京高等法院1999年5月26日判决，平成9年（行ケ）第206号［视频记录介质案］〕。"技术思想"是指可作为知识向第三者传递的客观的技术思想，是一种抽象的概念。"创造"是指新创作出的创造，仅仅为发现的情况原则上不属于"发明"。"高度的创造"是用于区别专利法中的发明与实用新型法中的实用新型，在"不属于发明的客体"的判断中并不需要考虑。

③ 产业上的可利用性

"产业上可利用"是指可将该发明以发挥作用的方式在产业上实施。产业根据其字面意思本来是指制造业，但本规定中的"产业"是包括制造业、矿业、农业、渔业、运输业、通信业等的广义概念。近年来，随着通信技术、IT技术及人工智能（AI）的发展，"产业"的外延逐渐扩展到金融业或网络通信业等进一步包括各种服务的服务业。在医疗业中，如下所述，将作特别的处理。另外，对于仅被个人利用的发明或仅在学术上、实验上利用的发明，不作为产业上可利用的发明来处理。

④ 关于不属于发明的客体及产业上可利用性的要件的判断对象是权利要求。当权利要求书中存在两项以上的权利要求时，对每个权利要求分别判断该要件。

⑤ 以下对专利法上的"不属于发明的客体"的类型及不符合"产业上的可利用性"要件的发明的类型以及针对属于该些类型的驳回理由通知书的应对分别进行说明。

6.2 "不属于发明的客体"的类型及应对

（1）自然规律本身

"发明"应当利用自然规律，能量守恒定律、万有引力定律等自然规律本身由于并未利用自然规律，因此不属于"发明"。

应对：对权利要求的记载进行修改，修改为利用了自然规律的产品发明或方法发明。

（2）仅为发现并非创造

由于作为"发明"的要件之一的创造是指创作，因此并非发明人有目的有意识地想出的某些技术思想的天然物（例如矿石）、自然现象等仅为发现的客体，不属于"发明"。然而，从天然物中人为分离出的化学物质、微生物等可以称为创作，属于"发明"。

应对：可以在意见书中说明并非仅为发现已经存在的客体，而是利用某些技术手段获得原本并未自然存在的客体。或者，也可以考虑获得作为对所发现的产品的用途进行限定的用途发明的专利。

★虽然钝顶螺旋藻或极大螺旋藻针对某种生物体具有重染效果本身确实就是自然规律……但是本案发明针对"红色系锦鲤等""饲喂"钝顶螺旋藻"和/或"极大螺旋藻，换言之，本案发明采用组合钝顶螺旋藻或极大螺旋藻的方式进行饲喂的方法，或者采用分别单独进行饲喂的方法（结合说明书来说，如上所述，通过"分散添加到饲料中"的方式进行饲喂的方法），并且将饲养对象仅限定为具有类胡萝卜色素的锦鲤及金鱼。因此，由于在本案发明的方法中包含超越仅为自然规律的"发现"并利用了自然规律的技术思想的创造的要素，并且显然上述技术思想可在产业上利用，因此本案发明的专利并非仅为"发现"〔东京高等法院1990年2月13日判决，昭和63年（行ケ）第133号［具有红色斑纹、色调的锦鲤及金鱼的饲养方法案］〕。

（3）违反自然规律

当在对权利要求进行限定的特征（技术特征）的至少一部分中存在违反能量守恒定律等自然规律的手段（例如，所谓的"永动机"）时，权利要求所涉及发明不属于"发明"。

×例1：一种针对铜进行无电镀铁的方法

应对：由于铁比铜的离子化倾向更大，因此本例中的镀法在理论上不可能。可以根据关于自然规律的正确的知识来修改权利要求的记载。

（4）未利用自然规律

作为"利用了自然规律"的发明，需要具有可重复性。

★作为"利用了自然规律"的发明，需要所属领域技术人员通过对其重复实施从而能够得到相同结果，即需要具有可重复性。并且，关于"对植物的新品种进行育种繁殖的方法"的育种过程，鉴于其特性，该可重复性只要所属领域技术人员能够在科学上对该植物进行再现即可，

第6章 不属于发明的客体以及产业上的可利用性（法第29条第1款主段）

并解释为其概率无须较高。作为其原因，大概来讲，在上述发明中，只要新品种被育种，则之后利用以往所使用的繁殖方法便能够进行再生产，即便概率较低只要能够进行新品种的育种，则能够提高作为该发明目的的技术效果〔东京高等法院1997年8月7日判决，平成4年（行ケ）第14号［桃的新品种黄桃的育种繁殖法案］〕。

当权利要求所涉及发明属于以下①至⑤中任意一种时，该权利要求所涉及发明未利用自然规律，不属于"发明"。

① 自然规律以外的规律；
② 人为规定（例如，游戏的规则本身）；
③ 数学公式；
④ 人的智力活动；
⑤ 仅利用了上述①至④（例如，进行商业的方法本身）。

当即使在特征中存在利用了自然规律的部分，但仍判定权利要求所涉及发明作为整体未利用自然规律时，该权利要求所涉及发明被判定为未利用自然规律。

反之，即使在特征中存在未利用自然规律的部分，但仍判定权利要求所涉及发明作为整体利用了自然规律时，该权利要求所涉及发明被判定为利用了自然规律。

无论哪种情况，对于作为整体是否利用了自然规律，均应考虑技术特性来进行判断。

★人的智力活动本身并非"发明"，不能作为专利的对象。然而，也不能仅以包含智力活动或与智力活动相关为理由认定不属于"发明"。但是，不论是哪种技术手段，均由人创造出，包含智力活动的人的活动均会发挥作用，并提供有助于或替换该技术手段的手段，与人的活动之间必然具有关联性。因此，不论在权利要求中提出了何种技术手段，当对权利要求中所记载的内容从整体上进行考察后，发明的本质指向智力活动本身时，则不属于法第2条第1款规定的"发明"。另外，即便是在包含利用人的智力活动所作出的行为或与智力活动相关的情况下，当发明的本质是提供对人的智力活动进行辅助或将其替换的技术手段时，则不应以其不属于"发明"而将其从专利的对象中排除〔知识产权高等法院2008年6月24日判决，平成19年（行ケ）第10369号［双向牙科治疗网络案］〕。

×例2：计算机程序语言（属于②）。

×例3：对征收金额之中未满10日元进行四舍五入后征收电费或煤气费等的收款方法（属于⑤）。

×例4：一种集装箱船的航运方法，从原油昂贵且饮用水低廉的地域在船舱内装载多个放有饮用水的集装箱后起航，运输到饮用水昂贵且原油低廉的地域，将集装箱卸货后在船舱内装进原油，向起航地返航（属于⑤）。

×例5：一种电线杆广告方法，其特征在于，预先以任意个电线杆为A组，同样地编出由同样个数的电线杆所组成的B组、C组、D组等所需个数的组，在这些电线杆上分别安装相同的捆绑器件从而能够刊登广告板，按电线杆各组在一定期间内依次循环刊登各自不同的多组广告板［东京高等法院1956年12月25日判决，昭和31年（行ナ）第12号］（属于⑤）。

应对：以能够被判定为权利要求所涉及发明作为整体利用了自然规律或能够被判定为发明的技术问题解决原理利用了自然规律的方式，对权利要求的记载进行修改。此时，可以在对具体利用了哪种自然规律进行认识的基础上进行修改，并在意见书中就利用了什么自然规律进行说明。或者，作为其他应对方法，也可以以使权利要求所涉及发明具有属于以下（i）或（ii）的特征的方式，对权利要求进行修改。

（i）针对设备等（例如，电饭锅、洗衣机、发动机、硬盘装置、化学反应装置、核酸扩增装置）具体进行控制或控制附带的处理的特征。

（ii）根据对象的物理性质、化学性质、生物学性质、电性质等技术性质（例如，发动机转数、压延温度、生物的基因序列与表型表现的关系、物质间的物理或化学的结合关系）具体进行信息处理的特征。

另外，作为其他应对方法，也可以通过以能够被判定为利用软件和硬件资源的协同动作而构建了基于使用目的的特有的信息处理装置或其动作方法的方式对权利要求的记载进行修改，从而使审查员从软件相关发明的观点来认定属于"利用了自然规律的技术思想上的创造"。

×例6：一种在远程的对弈者之间进行日本象棋的方法，其特征在于，交替重复以下步骤：当轮到自己走棋时利用聊天系统将自己的走棋传递给对手的步骤；以及当轮到对手走棋时利用聊天系统从对手处接收对手的走棋的步骤（属于②）。

（说明）尽管存在利用了聊天系统这一技术手段的部分，但是作为整体，只是仅利用了在远程的对弈者之间交替重复走棋而进行日本象棋这一人为规定的方法，因此不属于"发明"。

第6章　不属于发明的客体以及产业上的可利用性（法第29条第1款主段）

×例7：一种游戏方法，向每个游戏者分发写有n×n个（n为3以上的奇数）数字的卡片，如果有由计算机进行的抽签所选择出的数字，则各个游戏者在自己的卡片上进行打钩，对竖、横、斜任意一列的数字最快进行了打钩的游戏者为胜者（属于②）。

（说明）尽管存在利用了由计算机进行的抽签这一技术手段的部分，但是作为整体，只是仅利用了如果有由抽签所选择出的数字则游戏者在自己的卡片上进行打钩，对一列的数字最快进行了打钩的游戏者为胜者这一游戏规则的游戏方法，因此不属于"发明"。

对于计算机软件相关发明，由于判定为未利用自然规律的情况较多，对其进行特别处理，因此将另作说明（参见本章6.3）。

★当即使在权利要求所记载的要获得专利的发明中提出了某些技术思想……但在参照其技术意义并作为整体进行考察后，其技术问题的解决手段主要指向人的智力活动、决策、抽象的概念或人为规定本身，未利用自然规律时，不属于法第2条第1款规定的"发明"……如果参考根据本申请发明的技术问题、用于解决该技术问题的技术手段的方案及由该方案导出的效果等而分析出的本申请发明的技术意义，则本申请发明的本质主要指向人的智力活动本身，并非自然规律或利用自然规律，因此应当认定作为整体不属于"利用了自然规律的技术思想上的创造"〔知识产权高等法院2016年2月24日判决，平成27年（行ケ）第10130号［节能行动片材案］］（属于④）。

（5）并非技术思想

① 技能（虽然可通过个人的熟练程度达到，但是缺乏可作为知识向第三人传达的客观性）

×例8：一种吉他的弹法，其特征在于吉他的握法和弦的弹法。

应对：当认定方法发明为技能时，可以修改为作为具有一定的普遍性且可向第三人传达的客观技术的方法。为了增加主张的说服力，申请人需要在针对究竟利用了何种自然规律充分进行认识的基础上再进行主张。如果可能的话，可以改变为产品发明。

② 信息的单纯表示（特征仅在于所表示的信息的内容，以信息的表示为主要目的）

×例9：关于机械的操作方法或化学物质的使用方法的手册。仅以所录音的音乐为特征的CD。利用数字照相机拍摄的图像数据。利用文件创建装置所创建的运动会的程序。计算机程序列表［计算机程序的通过针

— 181 —

对纸的印刷、针对画面的显示等所进行的表示（列表）本身〕。

应对：可以进行修改以使信息的表示（表示本身、表示手段、表示方法等）具有技术特征，而非仅为信息的内容本身，从而属于"发明"。

√例10：一种电视机接收器用的测试表，在其本身具有技术特征。

√例11：一种塑料卡，将由文字、数字、符号组成的信息记录成凸状。

（说明）通过对利用压纹加工在塑料卡上刻印的信息进行凸印从而能够进行转印，在信息的表示手段上具有技术特征。

★认定本申请发明的特征在于，分别将作为要唱歌曲的伴奏的"声音信息"、作为该歌曲的歌词的"文字信息"及作为该歌曲的背景的"影像信息"利用声音、文字及影像的形式记录在视频记录介质中，随着信息的行进利用色调变化器将文字的颜色依次着色成不同颜色来进行记录。这样一来，采用将要唱的歌词作为文字记录，并以可将该文字之中现在要唱的文字与其他文字区别的方式使颜色变化来进行记录的方案，并且提供与其相当的结果，因此应当认定本申请发明在关于文字的"信息表示"上具有技术特征〔东京高等法院1999年5月26日判决，平成9年（行ケ）第206号［视频记录介质案］〕。

③ 单纯的美术创作品

√例12：绘画、雕刻等

应对：绘画或雕刻本身为著作权的保护对象，并非专利权的保护对象，因此应对很困难。如果根据说明书及附图可以明确其实施外观设计的物品（海报、陈列品等），则有时可以变更为外观设计登记申请（外观设计法第13条）。

（6）尽管示出了用于解决发明的技术问题的手段，但是显然利用该手段不可能解决技术问题

√例13：一种火山的爆发防止方法，通过用熔点较高的物质（例如钨）包围中子毒物（例如硼），使其为球状，并将其大量投入到火山口底来进行。

（说明）以火山的爆发是由于铀等在火山口底发生核裂变的错误假设为前提条件。

应对：如果能够在理论上明确可解决技术问题，则属于"发明"。满足本规定的要件的举证责任应由申请人承担。

第6章　不属于发明的客体以及产业上的可利用性（法第29条第1款主段）

不属于发明的类型
（1）自然规律本身
（2）仅为发现并非创造
（3）违反自然规律
（4）未利用自然规律
（5）并非技术思想
（6）显然不可能解决发明的技术问题

6.3　计算机软件相关发明及应对

（1）利用自然规律

如以下①或②，作为整体利用了自然规律，与是否利用了计算机软件无关，被认定为"利用了自然规律的技术思想上的创造"的情况属于"发明"，无须从计算机软件的观点进行讨论。

另外，对于用于使计算机执行由于是"利用了自然规律的技术思想上的创造"而属于"发明"的方法的计算机软件或者执行该方法的计算机或系统，通常由于其是作为整体利用了自然规律的技术思想上的创造，因此属于"发明"。

① 针对设备等（例如，电饭锅、洗衣机、发动机、硬盘装置、化学反应装置、核酸扩增装置）具体进行控制或控制附带的处理。

② 根据对象的物理性质、化学性质、生物学性质、电性质等技术性质（例如，发动机转数、压延温度、生物的基因序列与表型表现的关系、物质间的物理或化学的结合关系）具体进行信息处理。

（2）计算机软件相关发明

当计算机软件相关发明满足一定要件时，则被判定为利用了自然规律。以下对与计算机软件相关的方法发明、产品发明、是否属于发明的判断基准及应对简单进行说明。

（i）方法发明

当软件相关发明能够以按时间顺序排列的一系列处理或动作（即"步骤"）表述时，可以通过对该"步骤"进行限定，从而记载为"方法发明"（包括"产品制造方法的发明"）。

（ii）产品发明

当软件相关发明能够通过该发明所实现的多个功能表述时，可以记载为由该些功能所限定的"产品发明"。此外,对于程序或数据通过按以下方式记载,则能够在一定条件下获得授权。

(a) 对于记录有程序的计算机可读记录介质或者通过所记录的数据结构对计算机所进行的处理内容进行限定的"记录有具有结构的数据的计算机可读记录介质",可以记载为"产品发明"。

√例14:一种计算机可读记录介质,其记录有用于使计算机执行步骤A、步骤B、步骤C……的程序。

√例15:一种计算机可读记录介质,其记录有用于使计算机起到单元A、单元B、单元C……的功能的程序。

√例16:一种计算机可读记录介质,其记录有用于使计算机实现功能A、功能B、功能C……的程序。

√例17:一种计算机可读记录介质,其记录有具有A结构、B结构、C结构……的数据。

(b) 对于针对计算机所实现的多个功能进行限定的"程序",可以记载为"产品发明"。

√例18:一种程序,其用于使计算机执行步骤A、步骤B、步骤C……

√例19:一种程序,其用于使计算机起到单元A、单元B、单元C……的功能。

√例20:一种程序,其用于使计算机实现功能A、功能B、功能C……

(iii) 软件相关发明是否属于发明的判断基准

(a) 当"软件所进行的信息处理是利用硬件资源来具体实现"时,该软件被判定为是"利用了自然规律的技术思想上的创造"。"软件所进行的信息处理是利用硬件资源来具体实现"是指通过软件与硬件资源的协同动作,从而构建基于使用目的的特有的信息处理装置或其动作方法。

并且,由于上述基于使用目的的特有的信息处理装置或其动作方法可以称为"利用了自然规律的技术思想上的创造",因此当"软件所进行的信息处理是利用硬件资源来具体实现"时,该软件被判定为是"利用了自然规律的技术思想上的创造"。

对于仅记载单纯希望的动作、结果的权利要求或者虽记载了信息处理但未记载硬件资源的权利要求,判断其未利用自然规律。对于包括如"用户进行……的步骤"等人为动作主体的步骤或可解释为人为动作主体的步骤的权利要求,会被判定为缺乏清楚性要件。

(b) 当该软件根据上述(a)被判定为"利用了自然规律的技术思想上的创造"时,与该软件协同进行动作的信息处理装置及其动作方法、记录有该软件

第6章 不属于发明的客体以及产业上的可利用性（法第29条第1款主段）

的计算机可读记录介质也被判定为"利用了自然规律的技术思想上的创造"。

（3）关于软件相关发明的应对

① 可以对权利要求的记载进行修改，以使软件所进行的信息处理使用硬件资源来具体实现。针对在软件相关发明中包括人作为动作主体的步骤或可解释为人为动作主体的步骤的权利要求，有可能会发出违反本规定的驳回理由通知书。另外，如果未对步骤的动作主体进行限定，则会以发明不清楚为理由，发出违反清楚性要件的驳回理由通知书。针对该类驳回理由通知书，可以明确地记载硬件手段作为该步骤的动作主体。然而，仅将人为的行为替换成计算机的动作的权利要求也不总会被授权。可以以在权利要求中记载具体的硬件手段，使所属领域技术人员可理解通过该硬件手段进行与软件协同的动作从而解决发明的技术问题的方式对权利要求进行修改。通常，多数情况是通过对进行某些判断或计算的判断（计算）单元、根据判断（计算）结果执行某些动作的执行单元、存储某些结果的存储单元等的协同动作进行限定，从而被判定为利用了自然规律。

② 对于具体进行针对设备等的控制或控制附带的处理的发明或者具体进行基于对象的物理性质或技术性质的信息处理的发明，无须作为软件相关发明来处理，会被判断为利用了自然规律，因此可以将权利要求修改为该类发明。

③ 在与例如IT或网络商务等有关的软件相关发明的情况下，存在在权利要求中记载多个动作主体（例如，服务器和客户终端、网络销售站点和客户终端等）的倾向。然而，如果在权利要求中记载多个主体，则在进行权利行使时需要对多个主体所进行的行为进行举证，并且难以确定构成直接侵权的侵权人。而且还可以设想权利要求中记载的方案的一部分是在外国实施。因此，为了易于对直接侵权进行主张，可以将权利要求撰写成动作主体为单一主体的计算机的装置发明或方法发明。

④ 在通过在权利要求中记载计算机内部的处理来限定的发明的情况下，在进行权利行使时很难对被控侵权产品的内部处理进行举证。因此，可以一并撰写利用在计算机外部表现出的现象（输入输出或显示等）对发明进行限定的权利要求。

6.4 不满足"产业上的可利用性"要件的类型及应对

6.4.1 对人进行手术、治疗或诊断的方法的发明

"对人进行手术、治疗或诊断的方法"通常是指医生（包括接受医生指示

的人，下同）针对人实施手术、治疗或诊断的方法，即所谓的"医疗行为"，该行为不可获得专利。如果一方面有可能会对从事医疗行为的医生追究专利侵权的责任，一方面又让其进行医疗则在医疗行为的工作性质上会显著不合理，因此专利法应被解释为不将涉及医疗行为的方法发明作为"产业上可利用的发明"〔东京高等法院2002年4月11日判决，平成12年（行ケ）第65号〔用于可再现地以光学方式显示外科手术的方法及装置案〕〕。

（a）针对人的避孕、分娩等的处理方法；以及

（b）以将来自人体的提取物用于治疗而返回到被提取人为前提，对提取物进行处理的方法（例如，血液透析方法）或处理中对提取物进行分析的方法。

原则上包含在"对人进行手术、治疗或诊断的方法"中。

在日本，针对动物实施手术、治疗或诊断的方法可以获得专利。即使手术、治疗或诊断方法的对象一般为动物，如果并不明确对象不包含人，则也会作为"对人进行手术、治疗或诊断的方法"来处理，不可获得专利。对人进行手术、治疗或诊断的装置为产品发明而非方法发明，可以获得专利。

6.4.1.1 属于"对人进行手术、治疗或诊断的方法"的类型及应对

（1）对人进行手术的方法

"对人进行手术的方法"不可获得专利。

"对人进行手术的方法"包括以下方法。

（i）对人体实施外科处理的方法（包括进行切开、切除、穿刺、注射、植入的方法等）

×例21：由微型手术机器人进行的患部处理方法。

应对：多数情况可以通过改变为下述的医疗设备的工作方法来获得专利。在该例子中，可以改变为微型手术机器人的工作方法。需要说明的是，微型手术机器人本身为产品发明可以获得专利。

（ii）在人体内（除了口腔内、外鼻孔内、外耳道内）使用装置（导管、内视镜等）的方法（包括装置插入、移动、维持、操作、取出的方法等）

×例22：一种利用内视镜对体腔内进行拍摄的方法，操作者通过对转动指示器进行操作并使光轴相对于所述内视镜的插入轴倾斜的拍摄单元转动，从而改变视野方向。

应对：有时通过改变为内视镜的工作方法，将动作的主体由操作者改变为机器从而可以获得专利。

√例23：一种内视镜的工作方法，用于使光轴相对于内视镜的插入轴倾

第 6 章　不属于发明的客体以及产业上的可利用性（法第 29 条第 1 款主段）

斜的拍摄单元转动的单元接收转动指示信号并工作。

（iii）用于手术的预备性的处理方法（包括用于手术的麻醉方法、注射部位的消毒方法等）

需要说明的是，对人进行手术的方法还包括如用于美容、整容的手术方法等不以治疗或诊断为目的的方法。

×例 24：一种磁共振摄影方法，在摄影中向被检测体注入造影剂，以较粗的分辨率进行实时摄影，如果所期望区域的信号强度变化得比阈值大，则提高分辨率转移到正式摄影。

应对：改变为装置的工作方法，并删除机器针对人体的作用步骤。需要说明的是，磁共振摄影装置本身为产品发明可以获得专利。

√例 25：一种磁共振摄影装置的工作方法，如果所设定的区域的信号强度变化得比阈值大，则提高该磁共振摄影装置进行摄影的分辨率。

（2）对人进行治疗的方法

"对人进行治疗的方法"不可获得专利。

"对人进行治疗的方法"包括以下方法。

（i）为了减轻及抑制疾病，对患者实施投药、物理治疗法等手段的方法

×例 26：一种癌症的治疗方法，使用被聚焦超声波破坏而放出内部的抗癌剂的微胶囊 X 以及基于表示肿瘤位置的图像数据将聚焦超声波的焦点位置对准肿瘤的位置针对微胶囊 X 照射聚焦超声波的装置。

应对：改变为聚焦超声波照射装置的工作方法或癌症的治疗系统。

√例 27：一种癌症的治疗系统，具有被聚焦超声波破坏而放出内部的抗癌剂的微胶囊 X 以及基于表示肿瘤位置的图像数据将聚焦超声波的焦点位置对准肿瘤的位置针对微胶囊 X 照射聚焦超声波的装置。

需要说明的是，最好也针对微胶囊 X 的发明及聚焦超声波照射装置的发明分别进行权利化。

（ii）安装人工脏器、假肢等替代器官的方法

×例 28：一种软骨的再生方法，其特征在于，将在由生物相容性高分子材料 Z 形成的硅胶中镶铸有 A 细胞的材料移植到人的关节内。

应对：改变为替代器官、材料、医药等产品发明。

√例 29：一种由生物相容性高分子材料 Z 及 A 细胞组成的软骨再生用移植材料，其特征在于，通过以在由生物相容性高分子材料 Z 形成的硅胶中镶铸有 A 细胞的方式构成，从而能够移植到人的关节内。

（iii）疾病的预防方法（例如，虫牙的预防方法、感冒的预防方法）

需要说明的是，为了维持健康状态而进行处理的方法（例如，按摩方法、指压方法）也作为疾病的预防方法来处理。

（iv）用于治疗的预备性的处理方法（例如，用于电疗的电极的配置方法）

（v）用于提高治疗效果的辅助性的处理方法（例如，功能恢复训练方法）

（vi）用于看护的处理方法（例如，褥疮防止方法）

（3）对人进行诊断的方法

"对人进行诊断的方法"不可获得专利。

"对人进行诊断的方法"包括以下方法。

（i）包括以医疗目的对人的病状或健康状态等身体状态或精神状态进行判断的步骤的方法

（ii）包括以医疗目的根据上述（i）的状态对处方、治疗或手术计划进行判断的步骤的方法

×例30：一种对由 MRI 检查所得到的图像进行观察从而判断为脑梗塞的方法。

应对：可以通过将发明改变为不属于医疗行为的方法或以下所述的医疗设备的工作方法等来获得专利。另外，如果能够改变为装置的发明，则可以使其不属于进行诊断等的方法而获得专利。

6.4.1.2　不属于"对人进行手术、治疗或诊断的方法"的类型

（1）医疗设备、医药等的产品发明

医疗设备、医药本身为产品，不属于"对人进行手术、治疗或诊断的方法"，可以获得专利。对其进行组合的产品也不属于"对人进行手术、治疗或诊断的方法"。

（2）医疗设备的工作方法

医疗设备的工作方法是将医疗设备本身所具备的工作表述为方法，不属于"对人进行手术、治疗或诊断的方法"，可以获得专利。在此所说的"医疗设备的工作方法"不限于医疗设备内部的控制方法，还包括医疗设备本身所具备的功能性或系统性的工作（例如，根据操作信号所进行的切开手段的移动或开闭动作或者放射线、电磁波、声波等的发送或接收）。

另外，对于作为权利要求的特征包括：

（i）由医生进行的步骤（例如，医生为了根据症状进行处理而对机器进行操作的步骤），或；

（ii）由机器进行的针对人体的作用步骤（例如，由机器进行的患者的特定部位的切开或切除或者由机器进行的针对患者的特定部位的放射线、电磁

第6章 不属于发明的客体以及产业上的可利用性（法第29条第1款主段）

波、声波等的照射）的方法，不属于在此所说的"医疗设备的工作方法"，属于"对人的手术、治疗或诊断的方法"，不可获得专利。

×例31：一种X射线发生器在门架内每转一圈，对所述X射线发生器的管电压及管电流进行切换并对人体照射X射线的方法。

应对：考虑到本例中的表述为"对人体照射X射线"的步骤为由机器进行的针对人体的作用步骤，因此不属于"医疗设备的工作方法"，属于"对人进行手术、治疗或诊断的方法的发明"，不可获得专利。可以改变表述以使其属于医疗设备的工作方法，并且使其不包含由医生进行的步骤或针对人体的作用步骤。

√例32：一种X射线装置的控制单元对X射线发生器进行控制的方法，X射线发生器在门架内每转一圈，对所述X射线发生器的管电压及管电流进行切换。

图6-1示出了针对属于医疗方法的驳回理由通知书的答复进行分析时的例子。即使打算修改为自认为属于医疗设备的工作方法的权利要求，很多情况会因表述问题被认定为不属于医疗设备的工作方法而是属于医疗方法而被驳回，因此需要慎重地进行权利要求修改。

（3）从人体收集资料的方法

对人体的各器官的构造或功能进行测量等用于从人体收集各种资料的以下（i）或（ii）的方法原则上不属于"对人进行诊断的方法"。因此，只要不包括以医疗目的对人的病情或健康状态等身体状态或精神状态进行判断的方法或者对基于其的处方、治疗或手术计划进行判断的方法，就不属于"对人进行诊断的方法"，可获得专利。本类型是在2009年11月1日施行的修订审查基准中新增加的类型，对涉及医疗行为的专利要件稍作放松。以往包括针对人体的作用对身体各器官的构造或功能进行测量的方法被视作属于"对人进行诊断的方法"而无法获得专利。依据上述修订审查基准，属于本类型的资料收集方法的发明即使包括针对人体的作用步骤，也可获得专利。

（i）从人体收集样本或数据的方法、使用从人体所收集的样本或数据进行与基准的比较等分析的方法

√例33：用于流感检查的利用棉棒进行的口腔黏膜采取方法。

√例34：对胸部照射X光来对肺进行拍摄的方法。

√例35：将耳式电子体温计插入外耳道来对体温进行测量的方法。

√例36：将试纸浸渍到所采取的尿中，将试纸所呈的颜色与颜色表进行比较，对尿糖的量进行判定的方法。

— 189 —

```
S0: 涉及医疗的发明
  ↓
S1: 产品发明or方法发明？
  → 产品（例如，医疗设备、医药等）→ 不存在属于医疗方法的驳回理由
  ↓ 方法
S2: 能否就并非手术、治疗或诊断方法进行反驳？
  → Yes（例如，从人体收集资料的方法）→ 通过意见书进行反驳，根据需要进行修改
      • 如果包括以医疗目的对身体状态或治疗等进行判断的步骤，则属于诊断方法。
      • 如果包括属于对人进行手术、治疗的方法的步骤，则属于手术、治疗方法。
  ↓ No
S3: 修改为合适的医疗设备的工作方法的权利要求草案
  ↓
S4: 是否已将医疗设备本身所具备的功能表述为方法？
  → No → 有可能属于手术方法等
  ↓ Yes
S5: 包括由医生进行的步骤？
  → Yes → 有可能属于手术、治疗方法
  ↓ No
S6: 包括由机器进行的针对人体的作用步骤？
  → Yes → 有可能属于手术、治疗方法
  ↓ No
S7: 能否解释为由人对医疗设备进行控制、操作？
  → Yes → 未将医疗设备本身所具备的功能表述为方法
  ↓ No
S8: 不存在属于医疗方法的驳回理由
```

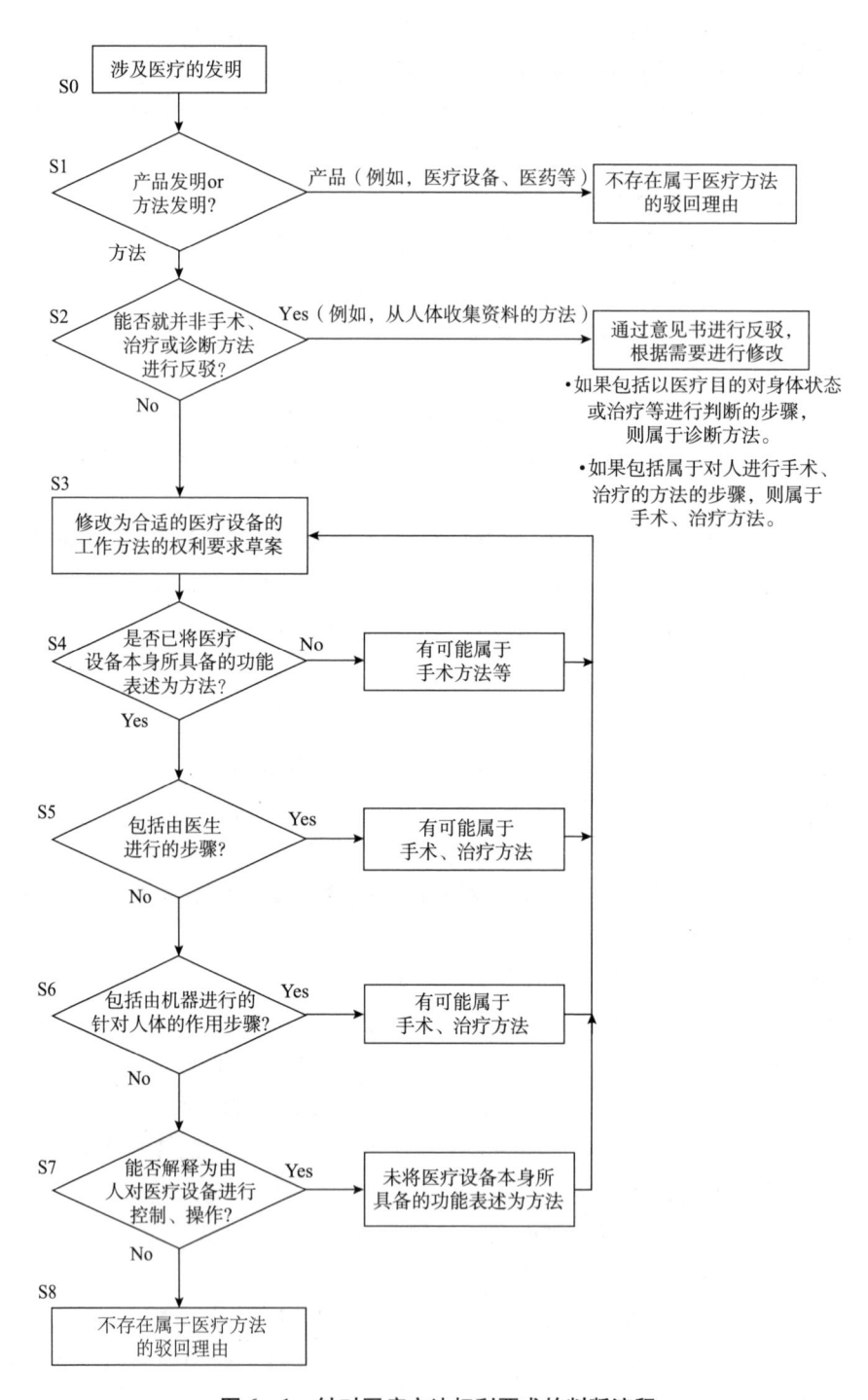

图6-1 针对医疗方法权利要求的判断流程

第6章 不属于发明的客体以及产业上的可利用性（法第29条第1款主段）

√例37：确定来自被测人的X遗传基因的碱基序列的第n个碱基的种类，通过与该碱基的种类为A时容易患病、为G时不容易患病的基准进行比较，从而测试被测人的高血压症的患病难易度的方法。

（ii）用于对人的各器官的构造或功能进行测量的预备性的处置方法。

√例38：涂布在体表的超声波检查用胶状物的涂布不均防止方法。

6.4.1.3 对人体采取物进行处理的方法

作为对人体采取物（例如，血液、尿、皮肤、毛发、细胞、组织）进行处理的方法或对其进行分析等对各种数据进行收集的方法的以下（i）或（ii）的方法不属于"对人进行手术、治疗或诊断的方法"，可获得专利。

（i）未以为了治疗而将人体采取物返回到被采取人为前提的方法；

（ii）以为了治疗而将人体采取物返回到被采取人为前提的以下（ii-1）至（ii-4）中的任一种方法：

（ii-1）用于以人体采取物为原料来制造医药品（例如，血液制剂、疫苗、转基因制剂、细胞医药）的方法；

（ii-2）用于以人体采取物为原料来制造医药材料（例如，人工骨、培养皮肤片材等用于身体各部分的人工代用品或替代物）的方法；

（ii-3）用于以人体采取物为原料来制造医药品或医疗材料的中间阶段的产物（例如，细胞的分化诱导方法、细胞的分离或纯化方法）的方法；

（ii-4）用于对以人体采取物为原料所制造的医药品或医疗材料或者其中间阶段的产物进行分析的方法。

6.4.2 无法作为事业进行利用的发明

以下（i）或（ii）属于"无法作为事业进行利用的发明"，不可获得专利：

（i）仅被个人利用的发明（例如，吸烟方法）；

（ii）仅在学术上、实验上利用的发明。

然而，存在市场销售或经营的可能性的发明，有可能不属于"产业上无法利用的发明"，而可以获得专利。

如"使头发卷曲的方法"等虽然是可以被个人利用的发明但是存在经营的可能性的发明不属于（i）"仅被个人利用的发明"。另外，如在学校被使用的"理科的实验套件"等虽然是在实验上利用的发明但是存在市场销售或经营的可能性的发明不属于（ii）"仅在学术上、实验上利用的发明"。即便假设就仅在学术上、实验上利用的发明获得了专利权，专利权的效力也不会延及用于实验或研究的专利发明的实施（法第69条）。

6.4.3 实际上显然无法实施的发明

当即使理论上能够实施该发明但是实际上无法考虑该实施时，属于"实际上显然无法实施的发明"，不属于"产业上可利用的发明"。

×例39：一种为了防止伴随臭氧层减少的紫外线增加而用紫外线吸收塑料薄膜覆盖整个地球表面的方法。

关于产业上可利用发明的问题点

- 对人进行手术、治疗或诊断的方法
- 医疗设备的工作方法
- 从人体收集样本的方法
- 对人体采取物进行处理的方法
- 无法作为事业进行利用的发明
- 实际上显然无法实施的发明

6.5 针对不具备"不属于发明的客体"及"产业上的可利用性"要件的驳回理由通知书的应对

以上说明了针对个别事例的对应，在此将说明一般性应对的注意事项。

（1）满足"属于发明的客体"要件及"产业上的可利用性"要件的举证责任在申请人一方。仅将审查员的结论否定到真伪不明的程度是不够的，还需要应对到具有"属于发明的客体"及"产业上的可利用性"要件的确凿证据的程度。

（2）当认为审查员误解了本申请发明时，可以在注意禁反言原则的同时，在意见书中就发明的技术问题解决原理与产业上的可利用性之间的关系详细进行说明。在与审查员的会晤中对发明的技术问题解决原理等进行说明也同样有效。

（3）当收到不具备产业上的可利用性要件的驳回理由通知书时，多数情况是如果不修改权利要求则无法克服驳回理由。当被否定自然规律利用性时，可以以使审查员认识到权利要求所涉及发明作为整体利用了自然规律的方式进行修改。在软件相关发明的情况中，可以以使作为技术特征的硬件资源与软件协同动作来解决技术问题的方式进行修改。对于商业模式发明，有时仅通过将动作主体改变为设备而非人即可解决。对于医疗方法的发明，可以以改变为产

第6章 不属于发明的客体以及产业上的可利用性（法第29条第1款主段）

品发明，或者改变为不包括针对人体的作用或由医生进行的行为或判断步骤的医疗设备的工作方法，或者改变为不包括医疗判断步骤的从人体收集样本的方法的方式进行修改。

（4）随着IT产业的发展，出现了要对关于经由服务器和客户端等远程设置的多个计算机间的网络的关联动作进行保护的需要。当在权利要求中记载该类关联动作时，由于以多个主体的动作为技术特征的权利要求的权利行使并不容易，因此应当尽量仅以单一主体，即服务器或客户端的一方的动作为技术特征。另外，当服务器或客户端的任一方有可能设置在外国时，由于日本的专利权无法在外国行使，因此在权利要求中记载设置于日本国内的装置也很重要。

（5）一般来说，方法发明更容易被否定产业上的可利用性，可以通过将其改变为产品发明从而就上述各个类型满足产业上的可利用性（产品本身为制造业的对象物）。

> 及、以及、或、或者
>
> （1）"及""以及"为合并性的连接词，在并列关系中存在等级的文章中，对于大的合并连接使用"以及"，对于小的合并连接使用"及"。单独使用时使用"及"。
>
> 例：请求书中所附的说明书及权利要求书中记载的内容以及附图的内容（法第64条第2款第4项）。
>
> （2）"或""或者"为选择性的连接词，在选择关系中存在等级的文章中，对于大的选择连接使用"或者"，对于小的选择连接使用"或"。单独使用时使用"或者"。
>
> 例：当专利申请或实用新型申请被放弃、撤回或视为未提出，或者驳回专利申请的审查决定或复审决定生效时（法第39条第5款）。
>
> （3）"和/或"被认定为也包括仅任意一个的情况〔大阪地方法院2012年10月18日判决，平成23年（ワ）第10712号［通信终端装置、来信历史显示方法及程序案］〕。

第 7 章
先申请原则（法第 39 条）

7.1　法第 39 条的规定及解释

> **法第 39 条**
>
> 1. 当就同样的发明在不同日存在两件以上的专利申请时，仅最先的专利申请人能够就该发明获得专利。
>
> 2. 当就同样的发明在同日存在两件以上的专利申请时，仅经专利申请人协商所确定的一方专利申请人能够就该发明获得专利。当协商未达成一致或者无法进行协商时，各专利申请人均不得就该发明获得专利。
>
> 3.（省略）
>
> 4.（省略）
>
> 5. 当专利申请……被放弃、撤回或视为未提出、或者驳回专利申请的审查决定或复审决定生效时，就第 1 款至前款的规定的适用，该专利申请……被视为自始不存在。但是，当因属于第 2 款后段或前款后段的规定而驳回该专利申请的审查决定或复审决定生效时，则不在此限。
>
> 6. 在第 2 款或者第 4 款的情况中，特许厅厅长应当指定相应的期限，责令申请人进行第 2 款或第 4 款的协商并报告其结果。
>
> 7. 当在依前款规定所指定的期限内未进行同款规定的报告时，特许厅厅长可以视为第 2 款或第 4 款的协商未达成一致。

（1）规定的要旨

专利制度是以技术思想的创造的发明的新的公开作为补偿对专利权人授予一定期间的独占权（专利权），对第 2 次以后所公开的发明无须授予专利权。另外，

第 7 章　先申请原则（法第 39 条）

针对同样的发明不应认可多个作为物权权利的专利权（一物一权原则）。法第 39 条（在先在后申请）正是基于排除重复授权的宗旨，明确一件发明一件专利的原则，并明确当就一件发明存在多件申请时仅最先的申请人能够获得专利的规定。

（2）规定的解释

"就同样的发明"：当在先申请及在后申请的权利要求所涉及发明彼此相同时，适用本条的在先在后申请的规定。

"在不同日""在同日"：在先在后申请的规定与新颖性不同无须考虑到时刻。如果是同日的申请，则无须考虑到同日中的申请时刻的先后而是同等对待。关于申请日的解释后面将说明。

"两件以上的专利申请"：对象是处于要授予专利状态的多件专利申请（该条第 5 款），由于驳回决定或维持驳回的复审决定生效的申请并不会产生重复授权的问题，因此并不作为本规定的对象。由于实用新型申请也具有本规定的在先申请的地位（该条第 3 款、第 4 款），因此当作为在先申请或同日申请存在实用新型申请或实用新型权时，会针对作为本申请的专利申请产生驳回理由。然而，虽然在本章中为了简化说明而省略了关于实用新型申请的说明，但针对在先申请为实用新型申请或实用新型权的情况，也会按照在先申请为其他专利申请或其他专利的情况同样地进行处理。

"仅最先的专利申请人"：仅最先的专利申请（在先申请）的专利申请人可获得专利。由于先申请原则的优点之一是与发明日相比申请日更容易进行证明，因此在先申请的举证较容易。虽然法第 39 条的规定被称为"先申请原则"，但本规定的真正作用是对最先的专利申请人以外的申请人所提出的专利申请（在后申请）进行驳回，因此本规定适用于在后申请而非在先申请。

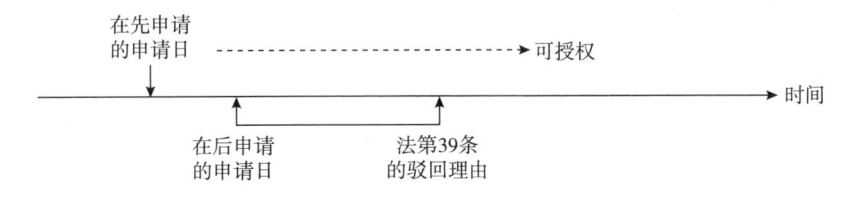

图 7-1　在先申请与在后申请的申请日的关系

7.2　在先在后申请的判断对象

（1）作为在先在后申请（法第 39 条）所涉及发明是否相同的判断对象的

发明，在先申请及在后申请均为"权利要求所涉及发明"。在先在后申请的规定并不适用于仅在说明书中记载的发明。

根据法第 2 条，发明是指利用了自然规律的技术思想上的创造之中的高度的创造，因此发明是否相同的判断通过对技术思想的相同性进行判断来实现。即使实施方式的一部分有可能重叠，如果技术思想不同，则也不构成同样的发明〔东京高等法院 1956 年 12 月 11 日判决，昭和 30 年（行ナ）第 39 号［含有耐久性维生素 B_1 的注射液的制造方法案］；最高法院 1975 年 7 月 10 日判决，昭和 42 年（行ツ）第 29 号［多重多级的时分通信方式案］）。

（2）当权利要求书中存在两项以上的权利要求时，对每项权利要求判断在先在后申请的规定的要件。

（3）在本章中，将作为审查对象的专利申请称为"本申请"，对于本条第 1 款至第 4 款的适用，将本申请以外的申请称为"其他申请"。另外，关于本条第 1 款或第 3 款，对于不同日提出的多件申请，将在先提出的申请称为"在先申请"，将较该申请在后提出的申请称为"在后申请"，关于本条第 2 款或第 4 款，将与本申请同日提出的其他申请称为"同日申请"。有时也会将"在先申请"及"在后申请"合称为"在先在后申请"。

7.3　不会构成在先申请的申请

（1）被放弃、撤回或视为未提出的申请、驳回决定或维持驳回的复审决定生效的专利申请

① 对于在先在后申请的规定的适用，这些申请被视为自始不存在（第 5 款前段），不具有在后申请排除效果。公布前被放弃等的专利申请未被公布。如果对该类未公布的专利申请给予在先申请的地位（在后申请排除效果），则不仅该发明对于第三人的利用完全未作出贡献，反而在第三人于其后就相同发明进行申请并公布时会妨碍该第三人获得独占权，因此会违反对公布进行补偿的宗旨。

② 由于被放弃、撤回或视为未提出的申请不会被授权，因此即使在后申请被授权，也不会发生重复授权的情况，因而没有问题。当专利申请在公布后被放弃或撤回时，虽然对于该专利申请不会给予由本规定所产生的在后申请排除效果，但会对被公开的专利申请给予在下一章要说明的抵触申请（法第 29 条之 2）的地位，因此在后申请有可能会因法第 29 条之 2 的规定而被驳回。专利申请的放弃是通过向日本特许厅提出申请放弃声明而发生。专利申请的撤回是通过提出申请撤回声明而发生，由于在法定期限内未提出实审请求或者就

外文专利申请在法定期限内未提出说明书等的译文等会被视为撤回。专利申请的视为未提出是通过由日本特许厅厅长作出的视为未提出处分决定（法第18条、法第18条之2）等而发生。

③ 驳回决定或维持驳回的复审决定生效的申请原则上也会失去在先申请的地位（在后申请排除效果）（例外将在后面说明）。无效决定或异议申诉取消决定生效的专利权被视为自始不存在（法第125条、法第114条第2款第3项）。然而，由于未规定会失去在后申请排除效果，因此认为无效决定或异议申诉取消决定生效的专利权所涉及的在先申请仍保留在后申请排除效果。

④ "视为自始不存在"：对于被放弃等的专利申请，申请程序在放弃等以后被终止，失去作为申请的地位，关于第5款前段的在先在后申请的规定的适用，溯及申请时且申请被视为自始不存在。

专利申请的放弃、撤回、视为未提出

"专利申请的放弃"：关于要获得专利的权利，在提出专利申请后由申请人对日本特许厅厅长进行的放弃该权利的意思表示。

"专利申请的撤回"：关于专利申请手续，由申请人对日本特许厅厅长进行的在手续上撤回专利申请的意思表示。在专利法中有时也会被视为撤回（法第48条之3第4款）。

"专利申请的视为未提出"：当专利申请手续不合法，且未能对其进行补正时，由日本特许厅厅长作出的申请手续视为未提出的处分决定（法第18条之2）。

"专利申请的搁置"：实务上针对专利申请不提出任何手续而进行搁置。

---

⑤ 设想就与最先的专利申请A同样的发明在之后提出专利申请B并进一步在之后就同样的发明提出专利申请C的情况。对于专利申请B，由于存在在先申请A，因此根据先申请的规定被驳回，如果驳回生效则失去在后申请排除效果。因此，对于专利申请C，并非因专利申请B的存在而被驳回，而是由于专利申请A为在先申请，根据先申请的规定被驳回。

⑥ 针对协商未达成一致申请的适用除外

对于因就同样发明同日申请协商未达成一致使得驳回生效的申请，可以在先申请原则的判断中作为在先申请来处理而对在后申请进行排除（第5款后段）。如果对该类驳回生效申请不认可在后申请排除效果，则当因就同样发明同日申请协商未达成一致而存在驳回生效的多件申请时（由于协商未达成一致，因此多件申请均被驳回），由第三人提出的在后申请或由协商未达成一致的同一人再次提出的申请将能够取得专利权,其不仅会带来不公平,而且会违反设置协商制度的宗旨。

(2) 冒认申请的在先申请的地位

以往,关于在先在后申请的规定的适用,由既非发明人也非继承申请专利权的人所提出的专利申请(所谓的"冒认申请")被视为并非专利申请,以未被给予作为在先申请的地位且不具有在后申请排除效果来处理。然而,如果真正的权利人行使依据 2011 年修订法所设立的转移请求权(法第 74 条),则可以取得冒认申请所涉及的专利权。假如与旧有法律同样地不认可冒认申请的在先申请地位,则真正的权利人可以通过自己在冒认申请后就同样的发明提出申请从而就自己的申请再次获得专利权。因此,为了防止真正的申请人就同样的发明重复地获得专利权的情况,对 2012 年 4 月 1 日以后申请的冒认申请认可了在先申请的地位。

关于可以依据法第 49 条第 7 项来驳回冒认申请的处理,与以往一样。

7.4　在先在后申请的申请日

作为在适用先申请原则时为不同日的专利申请还是为同日的申请的判断基准的申请日的解释与新颖性判断中的申请日的解释相同。换言之,对于通常的申请是以实际向日本特许厅申请之日为基准来判断在先在后申请,对于国际申请的进入日本申请(国际专利申请)是以国际申请日为基准(法第 184 条之 3),对于要求了合法的优先权的专利申请是以优先权日(作为优先权要求基础的申请之日)为基准(《巴黎公约》第 4 条 B、法第 41 条第 2 款)来判断在先在后申请。在要求了基于多件基础申请的优先权的申请的情况下,是通过对各项权利要求最初在哪件基础申请中被公开进行分析来判断要求优先权的效果,并针对每项权利要求来判断作为在先在后申请判断基准的优先权日。当一项权利要求中的特征(技术特征)是由并列的选择项来表述时,对各个并列的选择项分别判断优先权日。

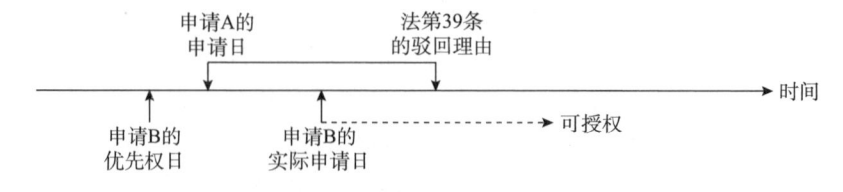

图 7 - 2　申请 A 的申请日与申请 B 的优先权日的关系

第 7 章　先申请原则（法第 39 条）

7.5　发明的相同性的判断手法

（1）如上所述，对在先申请的权利要求所涉及发明与在后申请的权利要求所涉及发明之间的相同性进行判断。权利要求所涉及发明的认定方法与 2.2 "新颖性的判断步骤"（3）"关于本申请发明的认定"中叙述的认定方法相同。

（2）申请日不同的发明的相同性的判断手法

① 当在后申请（本申请）的权利要求所涉及发明（下称"本申请发明"）的技术特征与在先申请的权利要求所涉及发明（下称"在先申请发明"）的技术特征之间不存在不同点时，两者相同。

② 尽管本申请发明与先申请发明的技术特征之间不存在不同点，但属于以下（i）、（ii）、（iii）任意一种情况（实质相同的情况）时判定为相同。

（i）本申请发明的技术特征与在先申请发明的技术特征的不同点为用于解决技术问题的具体化手段中的细微差别（公知技术、惯用技术的附加、删除、转换等，且未起到新效果）的情况；

（ii）该不同点为在本申请发明中将在先申请发明的技术特征作为上位概念来表述的差异的情况；或者

（iii）本申请发明与在先申请发明仅为类别表述上的差异的情况。

（3）申请日相同的发明的相同性的判断手法

在就原申请的权利要求原封不动地提出分案申请时，分案申请与原申请也会构成申请日相同的发明，并在发出协商通知书的同时发出法第 39 条第 2 款的驳回理由通知书。

① 在以发明 A 为在先申请发明，以发明 B 为在后申请发明的情况下，当在后申请发明 B 与在先申请发明 A 相同（基于上述判断方法的相同）并且即使申请的先后关系相反、在后申请发明 A 也与在先申请发明 B 相同时，两者属于"同样的发明"。

例：对于对应的发明技术特征，一方的发明仅处于对公知技术、惯用技术进行附加、删除的关系的两个发明。

② 在以发明 A 为在先申请发明，以发明 B 为在后申请发明的情况下，当虽然在后申请发明 B 与在先申请发明 A 相同，但是如果使申请的先后关系相反则在后申请发明 A 与在先申请发明 B 不同时，两者不属于"同样的发明"。

例：发明技术特征处于上位概念、下位概念的关系的两个发明。

7.6　关于先申请原则要件的判断手法

(1) 与法第29条、法第29条之2的适用关系

一方面，法第39条适用于本申请发明与在先申请发明或同日申请发明相同的情况，有可能通过对其他申请的权利要求书进行修改从而改变在先申请发明或同日申请发明的内容；另一方面，对于将本申请适用于法第29条（新颖性及创造性）时的引用发明，不可能进行该改变。另外，可根据法第29条之2（抵触申请）来排除本申请的范围为在先申请的申请时的说明书、权利要求书或附图，比法第39条更宽，也无法通过修改使其变动。因此，作如下处理。

① 当就在先申请在本申请的申请前发行了申请公布所涉及的公开专利公报、专利授权公告公报时，由于该些公报中记载或授权公告的发明属于法第29条第1款第3项的发明，因此法第39条的规定不适用本申请，法第29条的规定适用本申请。

② 当能够将法第29条之2的规定适用于本申请时，法第39条的规定不适用本申请，法第29条之2的规定适用本申请。

(2) 在先申请发明或同日申请发明的认定

将在先申请或同日申请的权利要求书中记载的发明认定为在先申请发明或同日申请发明。但是，当该些发明包括超范围内容或原文超范围内容时，并不认定为在先申请发明或同日申请发明。这是因为，如果让包括超范围内容或原文超范围内容的发明具有在后申请排除效果，则会违反先申请原则。

7.6.1　其他申请为在先申请的情况

(1) 本申请的申请人与其他申请的申请人不同的情况

当本申请的发明人与其他申请的发明人不同时，适用法第29条之2的规定。

当两发明人相同时，会针对本申请发出基于法第39条第1款规定的驳回理由通知书。但是，当要基于该驳回理由发出驳回决定时，会等待在先申请的结果，至其结果确定为止不会继续进行审查。

即使本申请由于错误审查而被授权，专利权人也不能实施自己的专利发明（法第72条）。

(2) 本申请的申请人与其他申请的申请人相同的情况

不论在先申请的结果是否确定，对本申请发出基于法第39条第1款的规

定的驳回理由通知书并继续进行审查。

当根据未确定的在先申请（包括未提出实质审查请求的在先申请）对本申请发出基于法第39条第1款规定的驳回理由通知书时，会在驳回理由通知书中附注当未能克服驳回理由时即使在先申请未确定也将作出驳回决定的内容。

需要说明的是，在针对本申请的驳回理由通知书进行答复时，有时尽管针对在先申请提出了实质审查请求但还未对在先申请着手进行审查。在该情况中，如果在针对本申请的驳回理由通知书的答复中提出了克服同样发明状态的修改的意思，则将作如下处理。

① 在先申请存在驳回理由的情况

对在先申请发出驳回理由通知书，经过指定期限后，至确认在先申请有无修改及修改内容为止，不会对本申请继续进行审查。

② 在先申请不存在驳回理由的情况

至在先申请授权为止，不会对本申请继续进行审查。

7.6.2　其他申请为同日申请的情况

（1）本申请的申请人与其他申请的申请人不同的情况

① 各申请在日本特许厅尚未结案的情况

根据就各个同日申请是否提出了实质审查请求，其处理不同。

（a）当就各个同日申请均提出了实质审查请求的情况

针对各申请，以日本特许厅厅长名义发出附带指定期限的协商通知书。需要说明的是，当本申请中存在法第39条第2款以外的驳回理由时，针对本申请发出协商通知书时，将一并发出驳回理由通知书。其理由是使申请人能够同时得知实质上的所有驳回理由并能够采取适当的应对。

在指定期限内报告了协商结果的情况下，当本申请为根据协议所规定的一方的申请时，如果不存在其他驳回理由则将进行授权。当本申请并非根据协议所规定的一方的申请时，将发出基于法第39条第2款规定的驳回理由通知书。

当协商未达成一致或无法进行协商时，就该发明均无法获得专利。与作为选择物的商标不同，如果进行抽签则当由他人获得独占排他权时的不利过大，因此规定为均不被授权。不论申请人相同的情况还是不同的情况均同样处理。

"协商未达成一致"是指尽管进行了协商但未达成一致的情况。当发出协商通知书后，在指定期限内未报告协商结果时，视为协商未达成一致，对各申请人发出基于法第39条第2款规定的驳回理由通知书。

"无法进行协商时"是指因对方未对协商进行回答等原因而无法进行协商

的情况或者任意一个申请已经被授权的情况。

(b) 当就同日申请之中的一部分申请未提出实质审查请求的情况

当除了基于法第 39 条第 2 款的规定的该驳回理由之外还存在其他的驳回理由时,将就其他的驳回理由继续进行审查。但是,基于其他的驳回理由的驳回决定仅限于当基于法第 39 条第 2 款规定的该驳回理由被克服时才会作出。当该驳回理由未被克服时,不会作出基于法第 39 条第 2 款以外规定的驳回理由的驳回决定。这是因为,如果作出驳回决定并生效,则本申请会失去在先申请的地位使得其他的同日申请不会基于法第 39 条第 2 款被驳回,违反了协商的宗旨。

至就其他的同日申请提出了实质审查请求从而能够发出协商通知书为止或者至其他的申请被撤回(包括超过实质审查请求期限)或被放弃为止,不会继续进行审查。

② 同日申请之中的至少一件申请被授权的情况

由于属于"无法进行协商时",因此在法律上,针对专利申请将根据法第 39 条第 2 款的规定进行驳回,并且针对专利会暗藏因法第 39 条第 2 款而被宣告无效的无效理由(包括异议理由。在本章中以下相同)(法第 123 条第 1 款第 2 项、法第 113 条第 4 项)。针对未被授权的本申请,不会发出以日本特许厅厅长名义的协商通知书,而是发出基于法第 39 条第 2 款规定的驳回理由通知书。当针对本申请发出基于法第 39 条第 2 款规定的驳回理由通知书时,会针对专利权人方通知该事实。这是为了给予其为了回避驳回理由或无效理由的实质的协商机会。

③ 各申请均被授权的情况

当各申请因错误审查而被授权时,由于属于"无法进行协商时",因此在法律上,针对各专利会暗藏因法第 39 条第 2 款而被宣告无效的无效理由(法第 123 条第 1 款第 2 项)。解释为各专利权人至自己的专利被无效为止能够实施自己的专利发明。这是因为法第 72 条规定为"该专利申请之日前的申请所涉及的他人的专利发明",并且如果规定为不能实施各专利发明则会违反利用发明的立法宗旨。

(2) 本申请的申请人与其他申请的申请人相同的情况

① 各申请在日本特许厅尚未结案的情况

对于申请人相同的情况,根据排除重复授权的宗旨,也参照申请人不同的情况来处理。

但是,当发出协商通知书时,会与协商通知书同时发出(由于无须协商因此未附带指定期限）通知所有驳回理由的驳回理由通知书。这是因为当申请人相同时无须用于协商的时间。

② 同日申请之中的至少一件申请被授权的情况

参照申请人不同的情况来处理。

但是，当针对本申请发出基于法第39条第2款规定的驳回理由通知书时，不会针对专利权人（与本申请的申请人相同）通知该事实。

③ 对于分案申请的适用

实务上，由于没有充分的时间对分案申请用的权利要求进行考虑，因此往往姑且先以与原申请相同的权利要求来提出分案申请，而当在对权利要求进行修改前就已收到驳回理由通知书时，绝大多数的案件是发出协商通知书的同时（由于无须协商因此未附带指定期限）发出了基于法第39条第2款规定的驳回理由通知书。这是因为由于分案申请保留原申请的申请日，因此两申请被视为同日申请。在该类案件中，通常是对分案申请的权利要求进行修改以克服两发明的相同性，并在分案申请中将希望获得权利的其他发明作为审查对象。然而，由于有时上述的驳回理由通知书为附带法第50条之2的通知书的驳回理由通知书，因而被禁止所谓的目的外修改（参见本书第12章），修改的自由度被大幅限制。因此为了不陷入该类境地，最好尽早地预先对分案申请的权利要求进行修改。

7.7 对于具有特定表述的权利要求等的处理

（1）对于功能性权利要求的处理

当在权利要求中，未对产品本身明确进行限定，而是通过作用、功能、性质或特性（功能、特性等）对产品进行限定记载时（下称"功能性权利要求"），原则上该记载被（广义地）解释为是指具有该功能、特性等的所有产品。在该类情况中，当审查员对于在先申请发明与本申请发明为相同产品抱有大致合理的质疑时，会发出基于法第39条规定的驳回理由通知书。对此，当申请人通过提交意见书或实验结果证明等，针对两者为相同产品的大致合理的质疑进行反驳、阐明，并且能够将审查员的结论否定到真伪难辨的程度时，驳回理由将被克服。当申请人的反驳、阐明为抽象或一般的反驳或阐明等而未能改变审查员的结论时，将作出基于法第39条规定的驳回决定。

（2）对于方法限定产品权利要求的处理

对于在本申请发明的权利要求中存在通过制造方法对产品进行限定的方法

限定产品权利要求的情况，该记载会被解释为是指最终所得到的产品本身。因此，即使是根据申请人自己的意思而明确表示出如"由专用 A 方法所制造的 Z"类的仅要限定为通过特定的方法所制造的产品的情况，也会解释为是指产品（Z）本身来对本申请发明进行认定。当本申请权利要求中记载的制造方法所限定的产品与在先申请发明的产品相同时，无论权利要求中记载了何种制造方法，当审查员对于在后申请发明所涉及的产品与本申请发明的对应产品为相同产品抱有大致合理的质疑时，会发出基于法第 39 条的驳回理由通知书。对此，当申请人通过提交意见书或实验结果证明等，针对两者为相同产品的大致合理的质疑进行反驳、阐明，并且能够将审查员的结论否定到真伪难辨的程度时，驳回理由将被克服。当申请人的反驳、阐明为抽象或一般的反驳或阐明等而未能改变审查员的结论时，将作出基于法第 39 条的驳回决定。

7.8 针对先申请原则的驳回理由通知书的应对

（1）由于在基于法第 39 条规定的驳回理由通知书中记载有判定本申请发明与在先申请发明等实质相同的理由，因此可以在理解该理由的基础上，采取修改或反驳的应对方法。作为基本的应对方法，与缺乏新颖性（法第 29 条第 1 款）的情况类似，可以根据需要，对本申请发明的权利要求进行修改以使本申请发明与在先申请发明不同。如果本申请发明与在先申请发明实质不同，则无须进行修改。无论是何种情况，均可以在意见书中主张实质不同。申请人并不对本申请发明与在先申请发明不同负有举证责任，关于与在先申请发明相同的举证、说明责任在对驳回或无效进行主张、认定的一方。在申请实务上，申请人方通过对两发明的技术特征进行对比从而反驳到是否实质相同真伪不明的程度即可。

（2）当在先申请与在后申请的申请人不同且发明人也不同时，会发出法第 29 条之 2 的驳回理由通知书，因此当收到基于法第 39 条的驳回理由通知书时，通常在先申请为自己的申请。当在先申请的专利确定时，可以就本申请发明的修改进行考虑。当在先申请未确定时，可以不仅就收到驳回理由的申请考虑权利要求的修改，为了实现适当的专利网的构建，还可以一并考虑对在先申请发明进行修改。

（3）当没有时间充分对分案申请的权利要求进行考虑时，有时会以使分案申请的权利要求 1 与母申请的权利要求 1 相同的方式提出分案申请。该类情况下，如果在审查着手前不对分案申请的权利要求进行修改，则会收到法第

39条的驳回理由（并不违反分案要件）通知书。当母申请未确定时，有时对于如何修改分案申请的权利要求会很伤脑筋。最好在充分理解法第39条的发明相同性判断的基础上，对专利网的构建进行考虑。

> **"视为""推定"**
>
> "视为"：是指通过将某一事物或行为绝对地同等看待为与其不同的另一事物或行为，从而就该事物或行为产生一定的法律效果。不允许非相同事物或行为的反证。"拟制"也具有相同含义。
>
> 例："视为撤回"（法第48条之3第4款）
>
> "推定"：是指就某一（不明的）事物或行为，判定法令姑且处于一定的事实状态，并作相应处理。可以通过反证来推翻。
>
> 例："推定为利用该方法进行的制造"（法第104条）
>
> **发明日**
>
> 为了纪念1885年（明治18年）4月18日公布专卖专利条例（相当于现在的专利法），1954年（昭和29年）1月28日根据通商产业省省议决定，确定4月18日为"发明日"。高桥是清是第一任专卖专利所所长。日本专利法有125年以上的历史。

第 8 章
抵触申请（法第 29 条之 2）

8.1 法第 29 条之 2 的规定和解释

> **法第 29 条之 2**
> 　　当专利申请所涉及发明于该专利申请的申请日前提出……且在该专利申请后……进行……专利授权公告公报或申请公布公报的发行的另一件专利申请的请求书中最初所附的说明书、权利要求书……或附图……中所记载的发明……（除了完成该发明的……人与该专利申请所涉及发明的发明人为同一人的情况外）相同时，即使满足前条第 1 款的规定，也不可就该发明获得专利。但是，当该专利申请时其申请人与该另一件专利申请……的申请人为同一人时，不在此限。

（1）规定的要旨

在就与在先申请的说明书或附图所记载的发明相同的发明提出在后申请的情况下，当在后申请所涉及发明与在先申请的权利要求书所记载的发明不同时，不适用先申请原则的规定（法第 39 条）。另外，当于在先申请的申请公布前提出在后申请时，在先申请的公布不会使在后申请发明丧失新颖性。然而，说明书或附图所记载的发明即使未记载在权利要求书中，一般也会通过申请公布公开其内容。因此，即使在后申请是在在先申请的申请公布之前提出申请，当在后申请所涉及发明与在先申请的原始说明书等所记载的发明相同时，在后申请的申请公布也不会公开任何新技术。如果对该类发明授予作为独占权的专利，则从作为新发明公开的补偿对发明加以保护的专利制度的宗旨来看并不合适，因此通过将在先申请的范围扩大至涵盖整个原始说明书或附图所记载的发明从而将该类在后申请驳回。由于是将在先申请的范围扩大至涵盖整个原始说明书或附图所记载的发明,因此在日本专利法原文中本条的在先申请被称为"扩大的在先申请"。

(2) 规定的解释

"在该专利申请的申请日前提出……另一件专利申请":本条规定仅限于另一件申请的申请日在本申请(在后申请)的申请日前的情况。同日的情况下,有可能适用法第39条的规定。不仅是发明申请,实用新型申请也可以成为本条中规定的另一件申请(抵触申请),虽然在本书中为了简化说明未对实用新型申请或实用新型进行说明,但其也被包括在内。

"在该专利申请后进行申请公布的":虽然当在先申请未进行申请公布或专利授权公告公报的发行(下称"申请公布等")而被撤回时不具有抵触申请的地位,但是一旦进行了申请公布则即便之后被撤回也不会失去抵触申请的地位。如果在先申请于在后申请的申请前进行了申请公布等,则有时在先申请会根据法第29条的规定使在后申请发明丧失新颖性或创造性。当在先申请于在后申请的申请日被申请公布时,在先申请不具有抵触申请的地位,通常该在先申请的公布不能构成否定在后申请的新颖性或创造性的依据。

"请求书中最初所附的":就另一件申请的申请时的说明书等所记载的内容给予抵触申请的地位。

"说明书、权利要求书或附图中所记载的发明":将作为在后申请发明的权利要求所涉及发明与抵触申请的整个说明书等所记载的发明进行对比。

"除了完成该发明的人与该专利申请所涉及发明的发明人为同一人的情况外":当另一件在先申请的发明的发明人与在后申请发明的发明人相同时,不适用本条。

"当该专利申请时其申请人与该另一件专利申请的申请人为同一人时,不在此限":当在后申请的申请时申请人相同的,也不适用本条。当申请人为多人时,本条的不适用要求多名申请人完全相同。只要于在后申请的申请时申请人相同,则即使于在后申请的申请后更改了申请人,也不会对不适用产生改变。

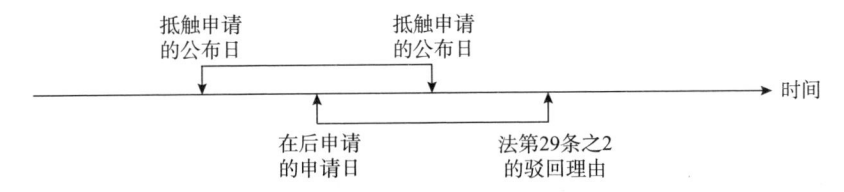

图 8-1 抵触申请的申请日、公布日与在后申请的申请日的关系

8.2 抵触申请规定适用的判断

8.2.1 另一件申请的申请日

不论是另一件申请还是本申请，如下所述以各自的优先权日为基准判断申请的先后。

8.2.1.1 另一件申请为分案申请或变更申请的情况

另一件申请的申请日并不保留原申请日，而是实际的申请日（法第44条第2款但书等）。

8.2.1.2 另一件申请为要求《巴黎公约》优先权的申请的情况

关于

（ⅰ）首次申请的所有申请文件；以及

（ⅱ）另一件申请的原始说明书等。

共同记载的发明，另一件申请的申请日为首次申请日。

关于（ⅱ）中记载，（ⅰ）中未记载的发明，另一件申请的申请日为实际的申请日。

关于（ⅰ）中记载，（ⅱ）中未记载的发明，不具有抵触申请的地位。

8.2.1.3 另一件申请为作为要求本国优先权基础的申请（在先申请）或享有本国优先权的申请（在后申请）的情况

（1）关于在先申请和在后申请双方的原始说明书等所记载的发明（双方记载发明）（图8-2的发明B）

以在先申请作为另一件申请，针对本申请适用抵触申请的规定。另一件申请的申请日为在先申请的申请日d2。在后申请被申请公布，但在先申请由于自在先申请的申请日1年3个月后被视为撤回因而未被公布，这样的话无法具有抵触申请的地位。因此，关于双方记载发明B，基于在先申请的申请日以在先申请作为另一件申请（视为在先申请被公布）适用本条的规定（法第41条第3款）。但是，当在先申请为进一步享有优先权（包括《巴黎公约》优先权）的申请时，关于双方记载发明之中的、作为在先申请的进一步要求优先权基础的申请（进一步的在先申请）的原始说明书等中也记载的发明（图8-2的发明A），根据防止优先权期限的实质性延长的宗旨，不以在先申请作为另一件申请来适用本条的规定（法第41条第3款括号内容），而是以在后申请作为另一件申请来适用本条的规定。另一件申请的申请日为在后申请的申请日d3。

第8章　抵触申请（法第29条之2）

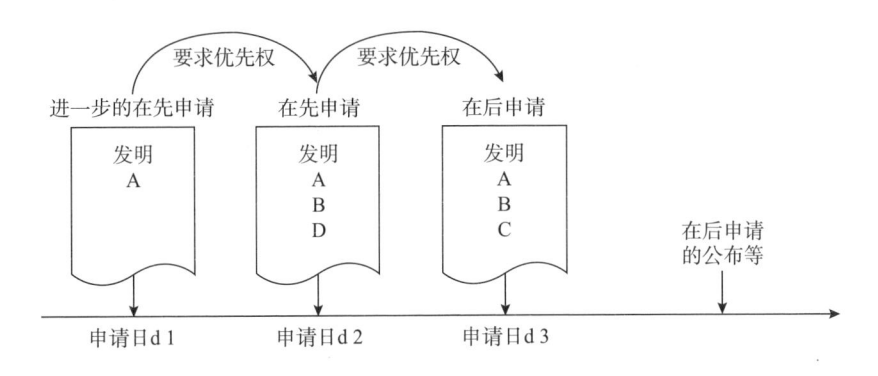

图 8-2　优先权与抵触申请的关系

（2）关于仅于在后申请的原始说明书等中记载，未于在先申请的原始说明书等中记载的发明（图8-2的发明C）

将在后申请作为另一件申请，针对本申请适用抵触申请的规定。另一件申请的申请日为在后申请的申请日 d 3。

（3）关于仅于在先申请的原始说明书等中记载，未于在后申请的原始说明书等中记载的发明（图8-2的发明D）

抵触申请的规定并不适用本申请。因为该发明并未被视为进行了公布等（法第41条第3款）。

8.2.1.4　外文文本申请或外文专利申请中的适用

如表8-1所示进行适用。

表 8-1　外文文本申请或外文专利申请中的适用

	外文文本申请	外文专利申请
另一件申请	另一件申请（除了由于未提出译文而被视为撤回的申请）	另一件申请（除了由于未提出译文而被视为撤回的申请）
申请公布等	申请公布等	国际公布等
原始说明书等	外文文本（原文）	于国际申请日的国际申请的说明书、权利要求书或附图（原文）

自2016年4月1日起，也可以用英文以外的外文来提出外文文本申请（施行规则第25条之4）。

8.2.2　本申请的申请日

对于本申请为分案申请、享有优先权的申请等情况下的申请日，如表8-2

所示进行处理。

表 8-2　不同情况下申请日的处理

本申请的种类	本申请的申请日
分案申请、变更申请或基于实用新型权的专利申请	原申请的申请日（法第 44 条第 2 款等）
享有本国优先权的申请	在先申请的申请日（法第 41 条第 2 款）
享有《巴黎公约》优先权的申请	首次申请的申请日（《巴黎公约》第 4 条 B）
国际专利申请	国际申请日（法第 184 条之 3 第 1 款）。但在享有优先权的情况下，为首次申请的申请日

8.2.3　抵触申请发明的认定

（1）并不限于另一件申请的权利要求书所记载的发明，而是以请求书中最初所附的说明书、权利要求书或附图所记载的发明之中的与本申请发明最接近的发明作为"抵触申请发明"来认定。

"所记载的发明"是指根据另一件申请的原始说明书等所记载的内容及等于记载的内容所掌握的发明。

★原告主张两者的相同性应当仅根据两者的对比来进行判断，不允许援引其他证据所示出的技术常识来进行判断。然而，说明书并非包罗关于该发明的所有技术并对其进行说明，而是通常在以申请时的所属领域技术人员的技术常识为前提的基础上撰写的，因此即使说明书中未特别记载，也不应禁止在对该发明进行理解时根据证据来认定所属领域技术人员所具有的技术常识并对其进行参考〔东京高等法院 1986 年 9 月 29 日判决，昭和 61 年（行ケ）第 29 号［液晶显示器反射装置案］〕。

（2）对于在申请后通过修改而增加的内容并不给予抵触申请的地位。如果是原始的记载内容，则即使在申请后通过修改被删除，也不会失去抵触申请的地位。

（3）如果在先申请作为发明未被完成，则不被给予抵触申请的地位。

★根据在先申请说明书的记载，并不能认定作为用途发明的在先申请包括在方案上与本申请发明一致的"由 12～30 重量%的木薯淀粉和 88～70 重量%的谷粉类组成的方便冷冻面类用谷粉"的部分，并且未构成到所属领域技术人员能够反复继续并提高预定效果程度的具体、客观的发明，应认定为未完成的发明。因此，并不能认定在先申请具有针对本申请发明的所谓的在后申请排除效果，应当认定本申请发明与在先申请相同且根据法第 29 条之 2 第 1 款而无法获得专利的复审决定的判断有误〔知识产权高等法院 2001 年 4 月 25 日判决，平成 10 年（行ケ）第 401 号〔方便冷冻面类用谷粉案〕〕。

（4）在对"另一件申请"的发明进行认定时所参考的技术常识并非本申请申请时的技术常识，而是该"另一件申请"申请时的技术常识。

★在对法第 29 条之 2 的适用中，当对"另一件申请"的发明进行认定时，基于该"另一件申请"的原始说明书及附图的记载针对其中所记载的发明进行认定，此时可参考的为"另一件申请"申请时的技术常识〔知识产权高等法院 2009 年 2 月 26 日判决，平成 20 年（行ケ）第 10128 号〔水用配管铺设方法及水用可运输配管单元案〕〕。

8.2.4　本申请发明的认定

对本申请的各权利要求进行认定。当权利要求书包括 2 项以上的权利要求时，对每项权利要求判断本条规定的要件。

针对在后申请的权利要求的认定方法，与本书 2.2 "新颖性的判断步骤"（3）"关于本申请发明的认定"中所述的内容相同。

8.2.5　发明的相同性判断的手法

① 在处于上位概念、下位概念关系的情况下，与先申请原则（法第 39 条）一章中所述的内容相同。

★关于"在先申请发明"的化合物，即使抽象地包含于在先申请说明书等的〔化 5〕〔化 16〕所示通式中，在先申请说明书等中也未就该构造具体进行记载。并且，关于上述〔化 5〕〔化 16〕，仅对多个化合物的组合进行了表述，应当认为为了认定在说明书等中公开了某一化合物，即便是在表中，也需要限定并公开具体的构造（关于"在先申请发明"的化合物，具有甲基作为取代基的具体构造）……由于与法第 29 条之 2 第 1 款所规定的在先申请发明的相同性的判断和法第 29 条 2 款的创造性的判断不同，因此并不应简单地参考上述"公知技术"并对在先申请说明书等的记载进行补充，并且不应当舍弃有无甲基而将化合物 No. Ⅱ-10 与"在先申请发明"化合物同样看待并视为"在先申请发明"化合物实质记载于在先申请说明书等中……因此，由于不能认定被告所说的"在先申请发明"化合物未记载于在先申请说明书等中且也不等于被记载，因此等于"在先申请发明"的化合物被记载于在先申请说明书等中的适用法第29条之2的复审决定有误〔知识产权高等法院2009年11月11日判决，平成20年（行ケ）第10483号［六胺化合物案］〕。

② 本申请发明与抵触申请发明的对比

（i）本申请发明与抵触申请发明的对比通过针对本申请发明的技术特征与用于对抵触申请的发明加以限定的特征的相同点及不同点的认定来进行。

（ii）作为对比的结果，当本申请发明的技术特征与抵触申请发明的技术特征之间不存在不同点时，判定本申请发明与抵触申请发明相同。

一方面，即便本申请发明的技术特征与抵触申请发明的技术特征之间存在不同点，当该不同点为用于解决技术问题的具体化手段中的细微差别（公知技术、惯用技术的附加、删除、转换等，且未起到新效果）时（实质相同时），判定两发明相同。另一方面，当两发明的基本方案不同，且对于两发明的方案的技术手段并不能认定惯用性时，判断为不同。

★虽然本申请发明与在先申请发明在设置用于防止电子零件从剥掉胶带后的容纳孔中脱落的手段这点上相同地形成轨道，但是作为用于达成该目的的具体手段，本申请发明通过使用从上方压住容纳电子零件的容纳孔的压板等"按压单元"从而防止电子零件脱落，相比之下，在先申请发明中在通过使用从设在容纳凹部底面的抽吸孔对空气进行抽吸的单元从而防止电子零件的脱落这点上基本上与该方案不同。为了以不同方案的技术手段为惯用手段的关系为理由认定两者实质相同，作为其前提应当需要两者的方案的技术手段均在两发明所属的技术领域被较多使用〔东京高等法院1990年9月20日判决，平成元年（行ケ）第226号［电子零件安装装置案］〕。

★虽然认定车辆的当前位置显示装置中的行驶轨迹的显示在引用发明的申请时已经为公知技术，但是由于行驶轨迹的显示对于车辆的当前位置显示装置并非必不可少，因此即便为公知技术，也不能以其为理由判定在引用发明中采用显示行驶轨迹的方案。由于引用文献中作为可选择的信息仅列举出地名、停车区域、加油站、服务区的各个位置或高速公路费用等要显示在特定处的固定信息，关于显示行驶轨迹等变动信息并不存在任何记载或暗示，因此无法理解引用文献中所谓的"行使时所需的信息"中包括车辆到当前位置的行驶轨迹。判定为引用发明具有显示车辆到当前位置的行驶轨迹的方案的复审决定的认定有误〔东京高等法院 1996 年 5 月 30 日判决，平成 6 年（行ケ）第 97 号 [车辆的当前位置显示装置案]〕。

8.3 与法第 39 条的先申请原则规定的不同点

（1）主体

法第 39 条的规定对于相同申请人的在后申请也适用，但法第 29 条之 2 的规定对于相同申请人或相同发明人的在后申请不适用。

（2）在后申请排除效果的客体范围

在法第 39 条的规定中，在后申请授权时在先申请的权利要求具有在后申请排除效果。相比之下，在法第 29 条之 2 的规定中，抵触申请的整个原始说明书等具有在后申请排除效果。

（3）申请日

法第 39 条的规定对于同日的申请也适用，但法第 29 条之 2 的规定对于同日的申请不适用。

（4）在先申请的手续性条件

为了构成法第 29 条之 2 的抵触申请，申请公布等为要件，但是对于法第 39 条的先申请原则并未要求该要件。

一方面，被放弃、撤回或视为未提出的申请，或者驳回决定或维持驳回的复审决定生效的申请原则上失去法第 39 条在先申请的地位；另一方面，关于本规定，即使是申请公布后被放弃、撤回或视为未提出的申请，或者驳回决定或维持驳回的复审决定生效的申请，也不会失去法第 29 条之 2 抵触申请的地位。

8.4 针对抵触申请的驳回理由通知书的应对

（1）基本的应对与缺乏新颖性（法第 29 条第 1 款）的情况相同，可以根据需要进行修改以与抵触申请发明实质上不同，并进行反驳。如果即使不进行修改也实质上不同，则可以通过意见书就其进行反驳。当未指出新颖性、创造性的驳回理由而仅指出了本条规定的驳回理由时，多数情况下通过对权利要求进行修改可以迅速被授权。

(2) 由于所引用的其他公司的抵触申请有可能会对其权利要求书进行修改并改变权利范围，因此在商业战略上需要对该其他公司的在先申请进行跟踪关注。

(3) 反过来说，当得知将本公司的申请作为抵触申请针对其他公司的在后申请发出了法第29条之2的驳回理由通知书的信息时，需要考虑对该其他公司的在后申请进行跟踪关注，或者对本公司在先申请的权利要求进行修改以覆盖其他公司的产品。

(4) 依据2011年修订的专利法，对于所谓的冒认申请也给予法第39条的在先申请的地位，相比之下，以往以来对于冒认申请一直给予抵触申请的地位。以下，关于自己所完成的发明被他人盗用并被在先提出申请（被冒认申请），使得自己在后提出的专利申请因被引用该在先冒认申请作为抵触申请而被驳回的情况进行分析。如果基于本规定的宗旨来考虑，则该冒认申请的真正发明人并非请求书中所记载的虚假发明人而是自己本身，因此通过对属于"发明人相同"进行主张举证，应该能够免除本规定的驳回理由。关于该问题，依据2015年修订的审查基准，规定了"原则上推定该请求书中所记载的发明人为本申请的权利要求所涉及发明的发明人。对于另一件申请的发明人也进行同样的推定……应当注意，当由申请人提出了支持发明人相同的主张的证据（另一件申请的发明人的书面誓词等）时，可以推翻发明人不相同的推定"。因此，针对发明人相同进行主张举证也可以作为针对抵触申请驳回理由通知书的应对手段之一来考虑。

日本十大发明家（由日本特许厅选定）	
丰田佐吉	木制人力织布机（专利第1195号）
御木本幸吉	养殖珍珠（专利第2670号）
高峯让吉	肾上腺素（专利第4785号）
池田菊苗	谷氨酸钠（专利第14805号）
铃木梅太郎	维生素B_1（专利第20785号）
杉本京太	日文打字机（专利第27877号）
本田光太郎	KS钢（专利第32234号）
八木秀次	八木天线（专利第69115号）
丹羽保次郎	照片传送方式（专利第84722号）
三岛德七	MK磁铁钢（专利第96371号）

第Ⅲ部

修改、分案、复审等

在第Ⅲ部中将就说明书、权利要求书或附图（说明书等）的修改、分案申请、复审请求以及与审查员等的会晤进行说明。

虽然为了顺利且迅速地进行手续希望从最初就提出完备内容的说明书等，但是由于在先申请原则下需要赶紧进行申请等原因，实际上有时无法指望有完备的说明书等。另外，当经过审查发现了驳回理由时，有时也需要对说明书等进行修改。为此，专利法规定为可以对说明书等进行修改。但是，如果在时机上随时可以自由地修改，则会使手续混乱并招致申请处理的迟缓，因此对可进行修改的时机设置了一定的限制（时机要件）。另外，为了保证迅速授权，并确保申请处理的公平性及申请人与第三人之间的平衡，对可进行修改的范围也设置了限制（实体要件）。

修改和分案申请是中间手续中的两大手段。随着对权利要求的修改限制的严格化及权利有效利用的活跃化，作为修改的替代方案及补充方案的分案申请的重要性正在增强。分案申请所涉及发明与原申请所涉及发明必须不同，实务上原申请的修改手续与分案申请手续互相密切关联，需要对两者的手续综合进行掌握来对作为中间手续的对策加以考虑。作为针对驳回决定的答复，分案申请和复审请求是重要的手续。

首先对修改的要件进行说明。

第 *9* 章
修改的要件（法第*17*条之*2*）

9.1 修改的时机要件

法第 17 条之 2（抄录）

在专利授权通知书的副本送达前，专利申请人可以对请求书中所附的说明书、权利要求书或附图进行修改。但在收到依据法第 50 条的规定所发出的通知书后，仅在下列情况下可以进行修改。

一、当最初收到依据法第 50 条的规定所发出的通知书（省略括号内容）（本条下称"驳回理由通知书"）时，依据法第 50 条的规定所指定的期限内；

二、当在收到驳回理由通知书后收到依据法第 48 条之 7 的规定所发出的通知书时，依据法第 48 条之 7 的规定所指定的期限内；

三、当在收到驳回理由通知书后又收到驳回理由通知书时，依据最后收到的驳回理由通知书中基于法第 50 条的规定所指定的期限内；

四、提出复审请求时，与该复审请求同时进行。

9.1.1 可以对说明书等进行修改的时机

在以下列举的时机，可以对说明书、权利要求书或附图（说明书等）进行修改。

（1）申请后至收到最初的驳回理由通知书的期间（法第 17 条之 2 第 1 款前段）

① 于该期间进行的修改一般被称为"主动修改"。如果未收到驳回理由

通知书而直接收到授权通知书,则之后会失去修改的机会。如果是 2007 年 4 月 1 日以后的申请,则可以在授权通知书副本送达后 30 日以内提出分案申请。

② 国际专利申请的特例

(ⅰ)对于日文专利申请,如果并未提交进入国家阶段的书面声明且交纳手续费,则不可进行修改(法第 184 条之 12 第 1 款)。

(ⅱ)对于外文专利申请,如果并未提交进入国家阶段的书面声明以及说明书等的译文并交纳手续费,并且经过了国家阶段处理基准期❶,则不可进行修改(法第 184 条之 12 第 1 款)。

(2)现有技术文献公开通知书(法第 48 条之 7)中指定的答复期限内

关于答复期限,对于日本国内申请人为 30 日,对于国外申请人为 60 日,与驳回理由通知书同时发出的情况下分别为 60 日及 3 个月。

(3)最初的驳回理由通知书(法第 50 条)中指定的答复期限内

作为意见书提出期限所指定的答复期限,对于日本国内申请人为自驳回理由通知书发送日起 60 日,在 2016 年 4 月 1 日以后,可以通过在答复期限内的请求而延长 2 个月。

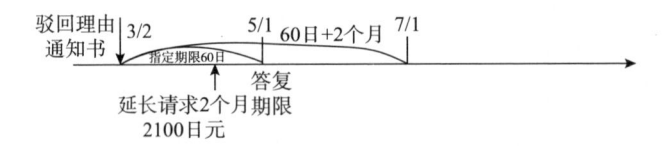

图 9-1 2016 年 4 月 1 日以后的意见书提出期限的延长(日本国内申请人)

2016 年 4 月 1 日以后,即使超过 60 日的答复期限,如果支付高额的延长请求费则也可以延长 2 个月。

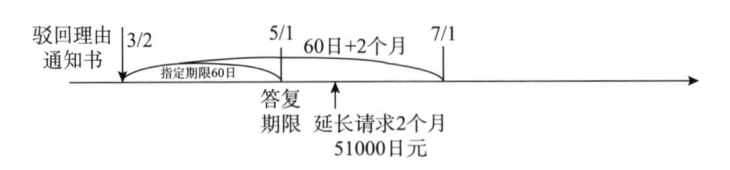

图 9-2 2016 年 4 月 1 日以后的超过期限后的延长(日本国内申请人)

❶ 国家阶段处理基准期:进入国家阶段的书面声明的提出期限(优先权日起 30 个月)届满时(申请人提出实审请求的情况下为该实审请求时)(法第 184 条之 4 第 6 款)。

第9章 修改的要件（法第17条之2）

国外申请人的答复期限为3个月，通过在答复期限内第1次的请求可以延长2个月，通过在延长后的答复期限内的第2次请求可以再延长1个月。

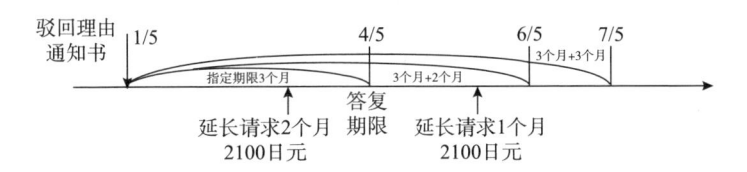

图9-3　2016年4月1日以后的意见书提出期限的延长（外国申请人）

2016年4月1日以后，即使超过3个月的答复期限，如果支付高额的延长请求费则也可以延长2个月。

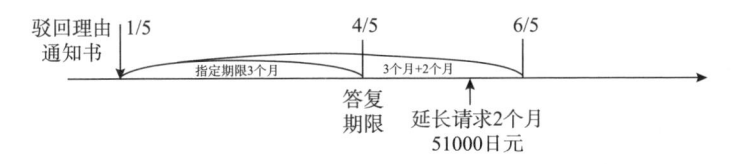

图9-4　2016年4月1日以后的超过期限后的延长（外国申请人）

（4）最后的驳回理由通知书（法第50条）中指定的答复期限内

作为意见书提出期限所指定的答复期限，对于日本国内申请人为自驳回理由通知书发送日起60日，对于国外申请人为自驳回理由通知书发送日起3个月。关于延长，与针对最初的驳回理由通知书的情况相同。

（5）与复审请求（法第121条）同时

复审的请求期限为自驳回决定副本送达日起3个月（外国申请人为4个月）。

与复审请求"同时"，并非同日。通过电子方式进行复审请求手续时，需要将复审请求书和补正书放入同一文件夹并同时进行发送。

（6）摘要可以在优先权日❶起1年3个月以内进行修改（法第17条之3）。但是在请求了申请公布后不可修改。

---

❶　优先权日：当为不享有优先权的申请时为申请日或国际申请日、为享有优先权的申请时为首次申请日、为保留原申请日的申请时为原申请日。

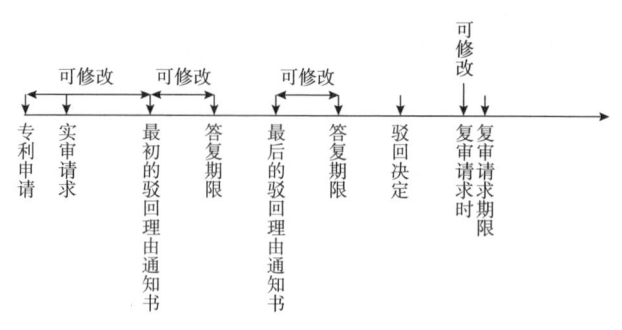

图 9-5 说明书等的可修改时机

9.1.2 违反时机要件的补正书的处理

在不可进行修改的期间所进行的修改为非法手续，以不可进行修改为理由，发出视为未提出通知书后将补正书视为未提出（法第 18 条之 2）。

9.2 修改的实体要件

作为说明书等的修改的实体要件，存在以下三种不同的限制，随着进行修改的时间点的不同，所要求的限制也不同。关于实体要件的具体内容，将在下章以后进行说明。

9.2.1 主动修改时修改的实体要件

对于至收到最初的驳回理由通知书的期间的修改（主动修改）的情况，要求以下实体要件。

禁止超范围增加新内容（法第 17 条之 2 第 3 款）

如果在主动修改时进行了违反禁止超范围增加新内容的修改，则该申请会成为驳回理由、异议理由及无效理由的对象（法第 49 条第 1 项、法第 113 条第 1 项、法第 123 条第 1 款第 1 项）。

9.2.2 针对最初的驳回理由通知书的答复时修改的实体要件

对于针对最初的驳回理由通知书进行答复时的修改及针对驳回理由通知书后的现有技术文献公开通知书进行答复时的修改的情况，要求以下的实体要件。

① 禁止超范围增加新内容（法第 17 条之 2 第 3 款）

如果在针对最初的驳回理由通知书的答复时进行了超范围增加新内容的修

改，则该申请会成为驳回理由、异议理由及无效理由的对象（法第49条第1项、法第113条第1项、法第123条第1款第1项）。

② 禁止技术特征变更（法第17条之2第4款）（适用2007年4月1日❶以后的申请）

如果在针对最初的驳回理由通知书的答复时进行了技术特征变更修改，则该申请会成为驳回理由的对象（法第49条第1项）。然而，不会成为异议理由或无效理由的对象。

9.2.3 针对最后的驳回理由通知书等的答复时修改的实体要件

对于针对最后的驳回理由通知书进行答复时的修改、针对附带依据法第50条之2的规定所发出的通知书的驳回理由通知书进行答复时的修改及复审请求时的修改的情况，如下所述，附加地要求进一步严格的实体要件。

① 禁止超范围增加新内容（法第17条之2第3款）

如果在针对最后的驳回理由通知书的答复时等进行了超范围增加新内容的修改，则该修改会被不予接受（法第53条第1款、法第159条第1款）。如果修改被不予接受，则权利要求书会回到修改前的状态，由于驳回理由未被克服，因此多数情况会同时作出驳回决定或维持驳回的复审决定。

如果在针对最后的驳回理由通知书等的答复时所进行的超范围增加新内容的修改被忽略而被授权，则在授权后会构成该专利权的异议理由及无效理由（法第113条第1项、法第123条第1款第1项）。

② 禁止技术特征变更（法第17条之2第4款）（适用2007年4月1日以后的申请）

如果在针对最后的驳回理由通知书等的答复时进行了技术特征变更修改，则该修改会被不予接受（法第53条第1款、法第159条第1款）。如果修改被手续驳回，则权利要求书会回到修改前的状态，由于驳回理由未被克服，因此较多情况会同时作出驳回决定或维持驳回的复审决定。

技术特征变更修改不会构成异议理由或无效理由。

③ 禁止目的外修改（法第17条之2第5款）、违反独立专利要件（法第17条之2第6款）

如果在针对最后的驳回理由通知书等的答复时进行了目的外修改或者进行了违反独立专利要件的修改，则该修改会被不予接受（法第53条第1款、法

---

❶ 对于国际申请的进入日本申请根据国际申请日来判断如何适用，对于要求《巴黎公约》优先权的申请根据实际申请日来判断如何适用。

第159条第1款)。如果修改被不予接受,则权利要求书会回到修改前的状态,由于驳回理由未被克服,因此多数情况会同时作出驳回决定或维持驳回的复审决定。

如果目的外修改或违反独立专利要件的修改被忽略而被授权,则虽然目的外修改不会构成异议理由或无效理由,但是违反独立专利要件的修改会违反各自的专利要件并构成异议理由及无效理由。

9.2.4 改正译文错误

在外文文本申请或外文专利申请的情况中,当由于译文错误使得原文与译文之间存在不一致时,可以通过提出"改正译文错误的书面请求",从而进行修改将该译文错误改正为恰当的译文。可进行修改的范围并非译文的范围,而是原文所记载内容的范围。需要在改正译文错误的书面请求中明示译文错误的内容或改正的理由等,并对原文所记载的范围内的恰当的修改(改正译文错误)进行说明。

改正译文错误也是修改的一种,为了与改正译文错误相区别,有时将通常的修改称为"一般修改"。

当收到审查员认定一般修改在说明书中所增加的内容为译文超范围新内容的驳回理由通知书时,如果该增加的内容未超出原文记载内容的范围,则可以通过提出改正译文错误的书面请求来改正译文错误从而克服该译文超范围新内容的驳回理由。当考虑要在说明书中增加虽是译文超范围新内容但并非原文超范围新内容的内容时,可以主动地提出改正译文错误的书面请求。

9.3 修改手续上的注意事项

(1) 下划线
需要通过在因修改而变更记载的部分画下划线,从而明示出修改部分。

(2) 权利要求书的全文修改
当对权利要求的个数进行增减或在驳回决定副本送达后进行修改时,应当以整个权利要求书为单位进行修改。

(3) 补交实审请求费
当在实审请求后进行增加权利要求个数的修改时,应当缴纳与所增加权利要求个数对应的实审请求费。关于复审请求费也同样。

第9章 修改的要件（法第17条之2）

（4）多份补正书

最好不要在同日提出以说明书或权利要求书的相同部分为修改对象的多份补正书。这是因为会分不出修改的先后，不清楚最终修改为哪份补正书。

如果修改对象不同，则可以在不同日提出多份补正书，甚至可以在同日提出多份补正书。例如，在针对最后的驳回理由通知书等进行答复时就多处修改内容进行修改的情况下，当担心某一处修改内容是否满足修改要件时，其具有能够避免修改不予接受的影响延及其他满足要件的修改内容的好处。

主动修改时修改的限制
- 禁止超范围增加新内容

针对最初的驳回理由通知书的答复时修改的限制
- 禁止超范围增加新内容
- 禁止技术特征变更

针对最后的驳回理由通知书等的答复时修改的限制
- 禁止超范围增加新内容
- 禁止技术特征变更
- 禁止目的外修改

第 10 章
超范围增加新内容修改
（法第 17 条之 2 第 3 款）

10.1 超范围增加新内容修改的规定和要旨

> **法第 17 条之 2 第 3 款**
> ……当针对说明书、权利要求书或附图进行修改时……应当在请求书中最初所附的说明书、权利要求书或附图（……）所记载的内容的范围内进行。

要旨

为了实现手续顺利迅速的进行，希望从最初就提出完备内容的说明书等，但是实际上无法指望从最初就提出完备的说明书的情况也不少。为此，需要在一定的修改范围的限制下允许对说明书等进行修改。然而，如果允许在专利申请后进行超出请求书中最初所附的说明书、权利要求书或附图（下称"原始说明书等"）所记载的内容的范围的修改，则由于修改的效果会溯及申请时，因此有可能会给信赖原始说明书等的记载内容的第三人带来难以预料的不利。

因此，法第 17 条之 2 第 3 款通过规定修改应当在"原始说明书等所记载的内容的范围内"进行，从而使发明的公开自申请之初就充分进行，保证迅速授权，并确保发明的公开自申请之初就充分进行的申请与未充分公开的申请之间的处理公平性，同时不会给以申请时所公开的发明范围为前提采取行动的第三人带来难以预料的不利，实质性地确保先申请原则。

10.2　超范围新内容的基本判断方法

（1）根据在与"原始说明书等所记载的内容"的关系上修改是否导入了新的技术内容，来判断该修改是否为超范围增加新内容的修改。

"原始说明书等所记载的内容"是指所属领域技术人员通过综合原始说明书等的全部记载而导出的技术内容。一方面，当在与"原始说明书等所记载的内容"的关系上修改未导入新的技术内容时，该修改并非超范围增加新内容的修改；另一方面，当修改导入了新的技术内容时，该修改为超范围增加新内容的修改。在享有《巴黎公约》优先权的申请中，作为优先权基础的申请的说明书等并不能作为用于判断是否超范围增加新内容的基础。

（2）由于"原始说明书等所记载的内容"是指针对具有技术思想高度的创造的发明以获得因专利权所带来的独占为前提对第三人公开的内容，因此当以此处所说的"内容"为说明书等所公开的发明所涉及的技术内容为前提时，"原始说明书等所记载的内容"是指所属领域技术人员通过综合原始说明书等的全部记载而导出的技术内容。因此，当在与这样所导出的技术内容的关系上修改未导入新的技术内容时，可以认定该修改是在"原始说明书等所记载的内容"的范围内进行的修改〔知识产权高等法院平成18年（行ケ）第10563号〔阻焊剂图案形成方法案〕大合议判决〕。

10.3　超范围新内容的具体判断手法

（1）修改为"原始说明书等明确记载的内容"

当修改后的内容为"原始说明书等明确记载的内容"时，由于该修改未导入新的技术内容，因此被允许。

（2）修改为"根据原始说明书等的记载显而易见的内容"

当修改后的内容为"根据原始说明书等的记载显而易见的内容"时，即使在该原始说明书等中没有明确的记载，由于该修改未导入新的技术内容，因此也被允许。

> **原始说明书等所记载的内容**
>
> 所属领域技术人员通过综合原始说明书等的全部记载而导出的技术内容
> - 原始说明书等明确记载的内容
> - 根据原始说明书等的记载显而易见的内容

（3）为了判定修改后的内容为"根据原始说明书等的记载显而易见的内容"，其应当是以下内容：对于接触到原始说明书等的所属领域技术人员来说，在参照申请时的技术常识后，能够理解就等于修改后的内容已被原始说明书等记载。在判断是否为"根据原始说明书等的记载显而易见的内容"时，需要注意以下的（ⅰ）及（ⅱ）。

（ⅰ）如果修改后的内容所涉及的技术本身仅是公知技术或惯用技术，则并非"根据原始说明书等的记载显而易见的内容"。

（ⅱ）也有时对于所属领域技术人员来说，在参照申请时的技术常识后，可以理解修改后的内容为根据原始说明书等的多处记载显而易见的内容。原始说明书等的多处记载例如是指关于发明所要解决的技术问题的记载和发明的具体例子的记载、说明书的记载和附图的记载等。

√例：在原始说明书等中仅记载了具有弹性支撑体的装置，未公开特定的弹性支撑体。然而，当对于所属领域技术人员来说，根据申请时的附图记载及申请时的技术常识来看，能够理解"弹性支撑体"显然是指"螺旋弹簧"时，允许将"弹性支撑体"修改为"螺旋弹簧"。

（4）外文文本申请及外文专利申请的特例
① 超范围新内容的特例

在用英文等外文提出的外文文本申请的情况中，将依据法第36条之2第4款的规定以被视为说明书等的译文作为"原始说明书等"来处理（法第17条之2第3款括号内容）。

在外文专利申请的情况中，以法第184条之4第1款的说明书等的译文作为"原始说明书等"来处理（法第184条之12第2款）。

因此，除了提出改正译文错误的书面请求进行修改的情况以外，不允许超出该译文所记载的内容的范围的修改（包含译文超范围新内容的修改）。

② 驳回理由等的特例

在外文文本申请的情况中，当于申请后在译文或其后的补正说明书等中增加了英文等外文的外文申请文件未记载的内容（原文超范围新内容）时，原

第 10 章　超范围增加新内容修改（法第 17 条之 2 第 3 款）

则上构成驳回理由、异议理由及无效理由（法第 49 条第 6 项、第 113 条第 5 项、第 123 条第 1 款第 5 项）。

在外文专利申请的情况中，当在申请后增加了于国际申请日所提出的国际申请的说明书等未记载的内容（原文超范围新内容）时，原则上构成驳回理由、异议理由及无效理由（法第 49 条第 6 项、第 113 条第 5 项、第 123 条第 1 款第 5 项、第 184 条之 18）。

10.4　权利要求书的修改类型

当修改后的权利要求书所记载的技术特征包含超出原始说明书等所记载的内容的范围的内容（超范围新内容）时，该修改不被允许。关于超范围增加新内容，以下对权利要求书的修改类型进行说明。

（1）对技术特征进行上位概念化、删除或改变的修改

① 当对权利要求的技术特征进行上位概念化、删除或改变的修改导入了新的技术内容时，该类修改不被允许。

② 即便是对权利要求的技术特征进行上位概念化、删除或改变的修改，特别是当删除权利要求的一部分技术特征时，如果显然该修改未增加新的技术上的含义，则并未导入新的技术内容。因此，允许该类修改。

例如，当所删除的内容与发明的技术问题的解决无关，且根据原始说明书等的记载显然为任意的附加性的内容时，多数情况下该修改并未增加新的技术上的含义。

×例：将权利要求所记载的"一种弹子机，具有由……组成的可变显示器"改变为"一种游戏机，具有由……组成的可变显示器"的修改（上述①的例子）。

（说明）在该例子中，在申请时的说明书等中始终仅就"弹子机"进行说明，甚至没有记载可以认识到弹子机仅为游戏机的一例或者暗示"由……组成的可变显示器"通常被应用于"游戏机"。因此，即使根据申请时的技术常识来看容易将该可变显示器应用于"弹子机"等游戏机，由于在原始说明书等的记载中完全没有能够理解该可变显示器通常被应用于"游戏机"的线索，因而不能判定为对所属领域技术人员来说等于在原始说明书等中记载了"一种游戏机，具有由……组成的可变显示器"。

√例：将技术特征的一部分删除的修改（上述②的例子）。

将关于双异质型化合物半导体装置的发明的权利要求的"构成源极、漏

极的杂质扩散区域"的记载改变为"构成源极、漏极的杂质区域"的修改。

（说明）在该例子中，申请中的发明的内容在于用特定的构造和材料来构成有源区域的半导体层，在原始的权利要求中偶尔限定为源极、漏极由"杂质扩散区域"构成。然而，源极及漏极未被限定为是通过扩散形成，且根据原始说明书等的记载显而易见只要是杂质区域即可，该修改未给发明的技术上的含义带来任何改变。需要说明的是，如果在原始说明书中记载有扩散以外的形成杂质区域的手段，则修改将更加合法。上述修改相当于权利要求范围的扩大。

√例：将权利要求"油压气缸"的记载改变为"流体压气缸"的修改。

（说明）在该例子中，在原始说明书等中，关于"油压气缸"记载了除了油以外使用水或空气，所属领域技术人员可以解释为记载了使用公知的"水压气缸"或"气压气缸"。并且，"油压气缸"及"水压气缸"也可以被表述为"液体压气缸"，"气压气缸"也可以被表述为"气体压气缸"。因此，可以认定为接触到原始说明书等的所属领域技术人员可以理解作为综合了该"油压气缸"以及"水压气缸"及"气压气缸"的概念，等于记载了意味着"液体压气缸"及"气体压气缸"的"流体压气缸"。

（2）对技术特征进行下位概念化或附加的修改

① 对权利要求的技术特征的一部分进行限定并下位概念化为原始说明书等明确记载的内容或根据原始说明书等的记载显而易见的内容的修改由于未导入新的技术内容，因此被允许。

② 即便对权利要求的技术特征进行下位概念化的修改并不是下位概念化为原始说明书等明确记载的内容或根据原始说明书等的记载显而易见的内容的修改，如果显然该修改未增加新的技术上的含义，则并未导入新的技术内容。因此，允许该类修改。

③ 即使是对权利要求的技术特征进行下位概念化的修改，当通过该修改从而限定（个别化）为根据原始说明书等的记载并非显而易见的内容时，该修改导入了新的技术内容。因此，该类修改不被允许。

需要说明的是，上述①至③对于串列地附加技术特征的修改也同样。

√例：对技术特征的一部分进行限定的修改（上述②的例子）。

将权利要求的"记录或再生装置"的记载改变为"碟盘记录或再生装置"的修改。

（说明）在该例子中，在原始说明书等中作为具体例子记载的是以 CD-ROM 为对象的再生装置。另外，在原始说明书等的其他记载中，记载了权利

第10章 超范围增加新内容修改（法第17条之2第3款）

要求所涉及发明是以通过对记录及/或再生装置未收到工作命令时的供电进行调节从而降低电池的电力消耗为目的的发明。因此，如果参照原始说明书等的其他记载内容，则非常显然不仅能够适用于以 CD–ROM 为对象的再生装置，而且还能够适用于任何碟盘记录及/或再生装置。

√例：将权利要求的"工件"的记载改变为"矩形工件"的修改。

（说明）在该例子中，在原始说明书等中明确了本申请发明的涂布装置的涂布对象为玻璃衬底、晶片等"工件"。作为具体例子仅记载了大致正方形的工件。然而，由于显然"矩形"为玻璃衬底的代表性形状，因此改变为"矩形工件"的修改是在原始说明书等所记载的内容的范围内的修改〔东京高等法院2001年5月23日判决，平成11年（行ケ）第246号［涂布装置案］〕。

(3) 数值限定

① 对于在权利要求中增加数值限定的修改，当该数值限定未导入新的技术内容时，该修改被允许。

√例如，当在说明书中明确记载了"优选为 24～25℃"的数值限定时，将该数值限定增加到权利要求中的修改被允许。

√当记载了24℃和25℃的实施例时，虽然不会以此直接允许"24～25℃"的数值限定的修改，但是也有时被认定为从原始说明书等的记载整体来看提及了 24～25℃ 的特定范围（例如有时被认定为从技术问题、效果等的记载来看，24℃和25℃作为某一连续的数值范围的上限、下限等边界值被记载）。该类情况下，由于与不存在实施例的情况不同，能够被认定为数值限定是自申请时即被记载，并未导入新的技术内容，因此该修改被允许〔东京高等法院平成13年（行ケ）第89号［深紫外线光刻案］〕。

② 对于将权利要求所记载的数值范围的上限、下限等边界值改变从而成为新的数值范围的修改，当同时满足以下（i）及（ii）时，由于未导入新的技术内容，因而被允许。

(i) 在原始说明书等中记载了新的数值范围的边界值；
(ii) 原始说明书等所记载的数值范围包含新的数值范围。

(4) 排除式权利要求

"排除式权利要求"是指保留原权利要求所记载内容的记载表述，并明确地将权利要求中所包含的仅一部分内容从该权利要求所记载内容中排除的权利要求。

√例：对于"排除式权利要求"，即使"排除"的内容未在原始说明书等中记载,当排除后的"排除式权利要求"未导入新的技术内容时,将被允许。由于以下的(i)及(ii)的修改为"排除式权利要求"的修改未导入新的技术内容,因此该修改被允许。

(i)当由于权利要求与现有技术重叠因而有可能被否定新颖性等时,保留修改前的原权利要求所记载内容的记载表述,仅排除该重叠内容的修改。

√例:"含有Na离子作为阳离子的无机盐……" → "含有Na离子作为阳离子的无机盐(但除了阴离子为CO_3离子的情况)……"

(ii)在由于权利要求包含"人类"因而不满足法第29条第1款主段的要件或属于法第32条所规定的不授予专利权事由的情况下,当如果排除"人类"则可以克服该驳回理由时,保留修改前的原权利要求所记载内容的记载表述,仅排除该"人类"内容的修改。

√例:"一种哺乳动物……" → "一种非人类哺乳动物……"

(5)马库什形式的权利要求

√例:在马库什形式等用选择形式所记载的权利要求中,对于删除一部分可选择要素的修改,当由保留的特征所限定的发明未导入新的技术内容时,将被允许。

(6)基于附图的修改

由于"原始说明书等"之中不仅包括原始说明书,还包括原始附图,因此原始附图中公开的技术内容也构成"原始说明书等所记载的内容"。因此,当在权利要求中要增加的技术内容未被原始说明书明确记载时,可以对原始附图的内容进行详细确认后尝试以原始附图的内容作为权利要求修改的依据。实务中,有时发明人的意图会出乎意料地充分反映在附图中。

但是,附图的记载也不一定被解释为反映实际的尺寸。

10.5 说明书的修改的类型

当修改后的说明书所记载的内容包含超出原始说明书等所记载内容的范围的内容(超范围新内容)时,该修改不被允许。关于超范围增加新内容,以下对说明书的修改类型简单进行说明。

(1)现有技术文献内容的增加

√例:根据法第36条第4款第2项的规定,要求记载现有技术文献信息。由于在说明书中增加现有技术文献信息的修改以及在[背景技术]栏中增加该文献所记载内容的修改未导入新的技术内容,因此被允许。

第10章 超范围增加新内容修改（法第17条之2第3款）

×例：对于增加与申请所涉及发明的对比等关于发明评价的信息或关于发明实施的信息的修改或者增加现有技术文献所记载内容以克服法第36条第4款第1项的缺陷的修改，由于导入了新的技术内容，因此不被允许。

(2) 发明效果的增加

×例：一般来说，由于增加发明效果的修改导入了新的技术内容，因此不被允许。

√例：然而，当在原始说明书等中明确记载了发明的构造、作用或功能，发明效果根据该记载对于所属领域技术人员来说显而易见时，该修改被允许。

(3) 不匹配记载的消除

√例：当说明书等中存在互相矛盾的两处以上记载，并且根据原始说明书等的记载对于所属领域技术人员来说且显而易见能判断出其中哪处记载正确时，将其调整为该正确记载的修改将被允许。

(4) 不清楚记载的明确化

√例：当即使记载本身不清楚，但根据原始说明书等的记载对于所属领域技术人员来说其本来的含义明确时，对其进行明确化的修改将被允许。

(5) 具体例的增加

×例：一般来说，增加发明的具体例或增加材料的修改导入了新的技术内容，因此不被允许。

×例：例如，在涉及由多个成分所组成的橡胶组成物的专利申请中，一般来说，增加"也可以增加特定成分"等信息的修改不被允许。同样地，当在原始说明书等中未公开特定的弹性支撑体而记载了具有弹性支撑体的装置时，不允许增加"作为弹性支撑体也可以使用螺旋弹簧"等信息的修改。当需要增加该类内容时，如果是在自申请日起1年以内，则可以利用要求本国优先权的申请来实现。

(6) 无关、矛盾内容的增加

×例：对于增加与原始说明书等所记载内容无关的内容或矛盾的内容的修改，由于导入了新的技术内容，因此不被允许〔东京高等法院2001年12月27日判决，平成12年（行ケ）第396号［中通钓竿案］〕。

10.6　附图的修改

√例：即使对于附图的修改，如果未超出原始说明书等所记载内容的范围，则也将被允许。

然而，应当注意，一般来说附图的增加超出原始说明书等所记载内容的情况较多。在申请时提交照片来代替附图，并在申请后替换为附图的情况特别需要注意。

实务中，多数是提出专利申请时忘记附上一部分附图，因而需要增加附图的情况。此时，需要在对说明书的记载一字一句地确认的基础上，找出增加附图修改的依据后再增加附图。

10.7　申请人方的说明

（1）在进行修改时，最好在补正书中利用下划线来明确表示出修改部分。

例：当将权利要求的"记录或再生装置"的记载修改为"碟盘记录或再生装置"时，可以如"<u>碟盘</u>记录或再生装置"对所增加表述标记下划线。

当将权利要求的"构成源极、漏极的杂质扩散区域"的记载修改为"构成源极、漏极的杂质区域"时，为了便于理解，可以如"构成源极、漏极的<u>杂质区域</u>"对所删除表述前后的文字标记下划线。

（2）修改依据

在主动修改情况下的书面说明中以及在答复驳回理由通知书的修改情况下的意见书中，最好在明确示出作为修改依据的原始说明书等的记载部分的基础上，对修改未超出原始说明书等所记载内容的范围进行说明。

特别是，当修改是在权利要求中增加新的特征时，需要在意见书中进行引用段落号的说明使得审查官更容易理解作为所增加特征的依据究竟记载在原始说明书的何处。

（3）当超出原始说明书等所记载内容的范围的修改内容被授权时，由于该专利会隐含异议理由、无效理由，因此需要注意审查阶段中被忽视的瑕疵会在权利行使时成为障碍。

（4）当申请人未就修改未超出原始说明等所记载内容的范围进行说明且不清楚修改内容与原始说明书等所记载的内容之间的对应关系时，审查员会发

第10章　超范围增加新内容修改（法第17条之2第3款）

出该修改超出原始说明书等所记载内容的范围的驳回理由通知书等。实务中，如果未示出修改依据，则即使修改未包含超范围新内容，有时审查员也不太会对说明书等进行核对而是会发出属于超范围增加新内容修改的驳回理由通知书。当然，考虑到修改不包含超范围新内容的举证责任在申请人方，因此明确示出修改依据是必须的。

10.8　超范围增加新内容修改的处理

（1）如果主动修改或针对最初的驳回理由通知书进行答复的修改属于超范围增加新内容，则会构成驳回理由（法第49条第1项）、异议理由（法第113条第1项）或无效理由（法第123条第1款第1项）。

（2）如果针对最后的驳回理由通知书进行答复的修改或复审请求时的修改属于超范围增加新内容，则会构成修改不予接受的对象［法第53条、第159条第1款、第163条第1款（除了法第164条第2款）］。

10.9　针对超范围增加新内容的驳回理由通知书的应对

（1）在最初的驳回理由通知书中指出超范围增加新内容的驳回理由的情况

① 可以在对原始说明书等的内容进行了详细确认的基础上，在意见书中主张属于明确记载的内容或显而易见的内容。当对显而易见的内容进行主张时，例如可以示出申请时的技术文献等，并就认为修改所增加的内容对于所属领域技术人员来说显而易见进行合理说明。

② 可以进一步进行修改，并以不包含超范围新内容的方式进行。此时，最好尽量利用与原始说明书等中所存在的表述同样的表述。实务中，是否属于超范围增加新内容的判断因审查员或案件各有不同，如果一旦被指出属于超范围增加新内容，则往往为了克服驳回理由而被迫使用与说明书相同的表述。最好在最初进行修改的时候就使用与说明书同样的表述来进行修改从而不被指出超范围增加新内容。

（2）在最后的驳回理由通知书中指出说明书的修改属于超范围增加新内容的驳回理由的情况

① 意见书　与上述①同样。

② 补正书　与上述②同样。

（3）在最后的驳回理由通知书中指出权利要求的修改属于超范围增加新内容的驳回理由的情况

① 意见书　与上述①同样。

② 补正书　与上述②同样。但是，从权利要求中删除特征的修改往往构成目的外修改而不被允许。因此，当能够通过进行删除权利要求的修改或者通过进行满足限定性缩小的要件且对权利要求所记载内容进行下位概念化的修改来克服超范围增加新内容的缺陷时，可以进行该类修改。

★由于法第 17 条之 2 第 4 款第 4 项规定"不清楚记载的澄清（仅限于针对驳回理由通知书所涉及的驳回理由中所示的内容）"，因此以"不清楚记载的澄清"为目的的修改在法律上仅限于针对审查员在驳回理由中指出对权利要求书不清楚的内容进行使该记载清楚的修改的情况，原告所主张的"克服超范围增加新内容状态"目的的修改应当不属于法第 17 条之 2 第 4 款第 4 项〔知识产权高等法院平成 19 年（行ケ）第 10159 号〔等离子处理装置及等离子处理方法案〕〕。

③ 在上述以外的情况下，一方面，由于存在超范围增加的新内容，因此如果不进行修改则会被驳回；另一方面，如果进行将所超范围增加的新内容删除的修改则也会构成目的外修改，从而会在修改被不予接受的同时还被驳回。无论怎样应对最终也会是被驳回的命运，因此可以考虑进行分案申请。

由于会使申请人陷入不得不舍弃原申请而提出分案申请并再次缴纳高额的实审请求费的境地，因此笔者认为禁止目的外修改制度的这种实际运用对于申请人来说过于严酷，在对发明的保护上有所欠缺。

（4）外文文本申请或外文专利申请的情况下，也可以考虑改正译文错误的可能性

在被认定为修改所增加的内容超出译文范围的情况下，当考虑该内容未超出原文所记载内容的范围时，可以考虑改正译文错误。

第 *11* 章
技术特征变更修改
(法第 *17* 条之 *2* 第 *4* 款)

11.1 技术特征变更修改的规定和要旨

> **法第 17 条之 2 第 4 款**
> 除了前款规定以外,在第 1 款各项所列的情况下对权利要求书进行修改时,在该修改前所收到的驳回理由通知书中就能否授予专利进行了判断的发明与由该修改后的权利要求书中记载的内容所限定的发明应当属于满足法第 37 条发明的单一性要件的一组发明。

(1) 要旨

虽然将能够通过一个请求书来进行专利申请的发明限制在满足发明的单一性要件(法第 37 条)的范围内,但是修改后的一组权利要求整体上不满足发明的单一性要件的情况并不会违反法第 37 条。然而,如果在收到驳回理由通知书后允许超出发明单一性的限制而就权利要求书自由地进行修改,则有时会因修改使得在收到驳回理由通知书后的审查中无法有效地利用至此所进行的现有技术检索、审查的结果,而不得不重新进行现有技术检索、审查。因此,为了实现审查的迅速化,关于收到驳回理由通知后的修改所涉及的发明,在与修改前的发明之间的关系上也设置了与发明的单一性限制同样的限制。鉴于上述情况,审查基准中规定了不会超出必要范围的对法第 17 条之 2 第 4 款的要件进行严格适用。

(2) 审查基准的修订

① 2013 年修订审查基准

如本书"发明的单一性"一章中所述,在日本国内外的专利制度利用者针对关于"发明的单一性"及"变更发明的特别技术特征的修改"要件的审查实践过于严格的不满（例如针对修改前的权利要求不具有新颖性的情况下修改的限制过于严格的不满）高涨的背景下，日本特许厅对就该些要件放松审查基准进行了研究，于 2013 年 7 月 1 日开始适用修订审查基准。

"变更发明的特别技术特征的修改"（法第 17 条之 2 第 4 款）2013 年修订的审查基准针对 2007 年 4 月 1 日以后的申请，适用于 2013 年 7 月 1 日以后的审查。

② 2015 年修订审查基准

在"发明的单一性要件"（法第 37 条）2015 年修订的审查基准中，明确记载了通过针对"包含权利要求书最初所记载的发明的全部特征的相同类别的权利要求"进行审查，对于实质上无须补充进行现有技术检索或判断就能够进行审查的发明，基于审查效率性也将作为审查对象。因此，关于"变更发明的特别技术特征的修改"要件的审查也适用上述明确记载的基准。"变更发明的特别技术特征的修改"2015 年修订的审查基准针对 2004 年 1 月 1 日之后的申请，适用于 2015 年 10 月 1 日以后的审查。

总之，由于发生在 2015 年 10 月 1 日以前可能被判断为违反法第 17 条之 2 第 4 款的权利要求在 2015 年 10 月 1 日以后会变成并不违反的情况，因此通过正确地理解 2015 年修订的审查基准并作出适当的答复，能够获得根据以往审查基准无法获得的利益。

11.2　基本的判断方法

（1）法第 17 条之 2 第 4 款是禁止进行变更发明的特别技术特征的修改（在本书中有时称为"技术特征变更修改"或"SHIFT 修改"）的规定，即禁止进行使如下两点所述所有发明之间不满足发明的单一性要件的修改的规定，将发明的单一性要件扩大至修改前的权利要求书所记载的发明与修改后的权利要求书所记载的发明之间。

（i）修改前的权利要求书所记载的发明之中的、在驳回理由通知书中就能否授予专利进行了判断的所有发明❶；

---

❶ "就能否授予专利进行了判断的所有发明"是指根据本规定的要旨就需要进行现有技术检索的新颖性（法第 29 条第 1 款）、创造性（法第 29 条第 2 款）、抵触申请（法第 29 条之 2）及先申请原则（法第 39 条）的专利要件进行了审查的所有发明。通过进行审查后就上述专利要件发现了驳回理由的发明及未发现驳回理由的发明均属于"就能否授予专利进行了判断的所有发明"。在本书中，有时仅称为"就新颖性等专利要件进行了审查的所有发明"。

第11章　技术特征变更修改（法第17条之2第4款）

（ii）由修改后的权利要求书中记载的内容所限定的所有发明。

（2）当就权利要求书进行了修改时，该修改是否为技术特征变更修改的判断是在假设上述（i）及（ii）的发明是以一个请求书进行专利申请的情况下判断该专利申请是否满足法第37条（发明的单一性）所规定的要件。

（3）具体的判断步骤如下。

① 假设由修改后的权利要求书中记载的内容所限定的所有发明是接着修改前就新颖性等专利要件进行了审查的所有发明之后记载。

② 在如上假定的情况下，按照本书的"5.4 审查对象的确定步骤"中的说明，判断是否将修改后的发明作为发明的单一性要件以外的要件的审查对象。

③ 在进行了②的判断后，当存在不作为单一性以外的审查对象的发明时，判断该修改为变更发明的技术特征的修改。

否则，在进行了②的判断后，将作为单一性以外的审查对象的发明作为法第17条之2第4款以外要件的审查对象（在本书中有时称为"SHIFT修改以外的审查对象"或仅称为"审查对象"）。

这样一来，相对于修改前的就新颖性等专利要件进行了审查的所有发明满足发明的单一性要件的修改后的发明将被作为SHIFT修改以外的审查对象。换言之，基于在修改前的权利要求中发现的特别技术特征而作为审查对象的修改后的发明以及基于审查效率性而作为审查对象的修改后的发明（包含权利要求1的全部特征的相同类别的权利要求所涉及发明及实质已审查发明）将被作为SHIFT修改以外的审查对象。

并不会根据基于在修改后的审查中新发现的现有技术所掌握的特别技术特征来判断是否为SHIFT修改。

（4）当在修改前多次收到驳回理由通知书时，（a）首先假设该修改是作为针对各个驳回理由通知书的答复所进行的修改；（b）并且假设该修改后的所有权利要求是针对各个驳回理由通知书分别接着在该驳回理由通知书中就新颖性等专利要件已被审查的所有权利要求之后记载；（c）在此基础上，针对各个驳回理由通知书分别判断修改后的权利要求就发明的单一性要件以外的要件是否应被作为审查对象。在以所有假设为基础进行的判断中就发明的单一性要件以外的要件被作为审查对象的该修改后的权利要求将被作为SHIFT修改以外的审查对象。

11.3 修改前的权利要求1具有特别技术特征的情况下的修改后的审查对象（参见＜例1＞）

在利用＜例1＞所进行的以下说明中，修改前的权利要求2、3分别是包含修改前的权利要求1、2的全部特征的相同类别的权利要求。在修改前的审查中判断权利要求1具有特别技术特征B，权利要求1～3具有新颖性但不具有创造性，并针对该申请发出了权利要求1～3缺乏创造性的第1次驳回理由通知书。在收到该驳回理由通知书后，将权利要求书修改为权利要求①～⑤。

（1）基于特别技术特征的审查对象

在＜例1＞中，对于具有与修改前的权利要求1的特别技术特征（B）相同的特别技术特征（B）的修改后的权利要求①～③，当假设其是接着修改前的权利要求记载时，由于针对权利要求1满足发明的单一性要件并被作为发明的单一性以外的审查对象，因此被作为SHIFT修改以外的审查对象。

＜例1＞

修改前的权利要求书	修改后的权利要求书
有特别技术特征　　　无创造性	
权利要求1　权利要求2　权利要求3	权利要求①　权利要求②　权利要求③
A+B　　　A+B+C　　A+B+C+D	B+E　　　B+C+E　　B+C+D+E
	包含相同的特别技术特征→OK
	权利要求④
	A+B+E
	权利要求⑤
	A+C+D+E　SHIFT修改

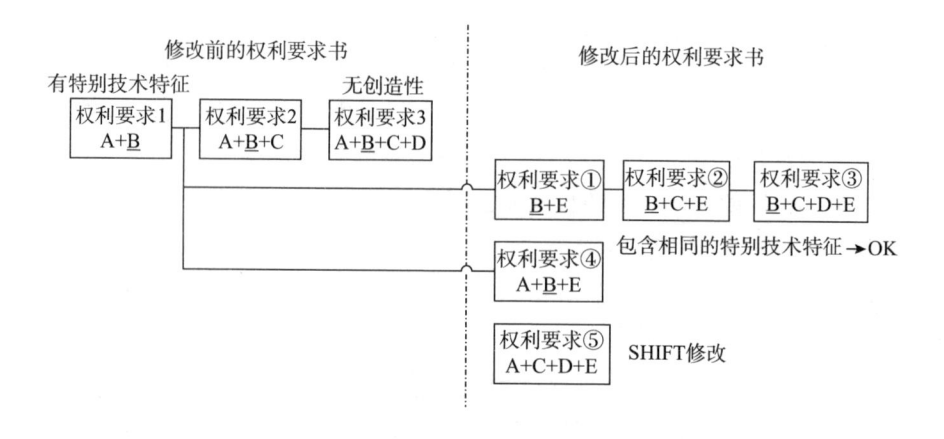

（2）基于审查效率性的审查对象（集中审查）

（i）包含修改前的权利要求1的全部特征的发明

一方面，对于包含权利要求1的全部特征的相同类别的权利要求④（除了技术问题关联性或技术关联性较低的权利要求），当假设其是接着修改前的权利要求记载时，由于其已被加为发明的单一性以外要件的审查对象，因此被作为SHIFT修改以外的审查对象。另一方面，当判断权利要求具有特别技术特征时，对于包含权利要求1的全部特征的相同类别的权利要求④，由于其必然具有权利要求1的特别技术特征,因此如上所述已经被作为SHIFT修改以外的审查对象。

(ii) 实质已审查发明

对于属于针对修改前的审查对象发明进行审查后实质上无须进行追加的现有技术检索及判断就能够进行审查的"实质已审查发明"的修改后的发明,作为与审查对象发明一起进行审查更有效率的发明,被加为SHIFT修改以外的审查对象。关于实质已审查发明的具体内容,请参见本书的5.4.2中的说明。

在＜例1＞中,对于不具有与权利要求1的特别技术特征(B)相同或对应的且未包含权利要求1的全部特征的权利要求⑤,当假设其是接着修改前的权利要求记载时,原则上不得被作为发明的单一性以外的审查对象,因此不被作为SHIFT修改以外的审查对象。

(3) 驳回理由通知书

在第2次的驳回理由通知书中,将针对修改后的权利要求之中未被作为法第17条之2第4款以外要件的审查对象(SHIFT修改以外的审查对象)的权利要求(权利要求⑤),发出违反法第17条之2第4款的驳回理由通知书。

针对修改后的权利要求之中被作为法第17条之2第4款以外要件的审查对象(SHIFT修改以外的审查对象)的权利要求(权利要求①～④),当在进行实质审查后发现了创造性等驳回理由时,将就该内容发出驳回理由通知书。

11.4　修改前的权利要求1以外的权利要求具有特别技术特征的情况下的修改后的审查对象(参见＜例2＞)

在利用＜例2＞所进行的以下说明中,修改前的权利要求2、3分别是包含修改前的权利要求1、2的全部特征的相同类别的权利要求。在权利要求1及2中不存在特别技术特征,在权利要求3中发现了特别技术特征D。针对该申请发出了权利要求1及2缺乏新颖性、权利要求3缺乏创造性的第1次驳回理由通知书。在收到该驳回理由通知书后,将权利要求书修改为权利要求①～⑧。

(1) 基于特别技术特征的审查对象

一般来说,对于修改后的权利要求之中的具有与在修改前的特别技术特征发现步骤中所发现的特别技术特征相同或对应的特别技术特征的权利要求,当假设其是接着修改前的权利要求记载时,由于可以作为发明的单一性以外的审查对象,因此被作为SHIFT修改以外的审查对象。

在 <例2> 中，对于具有与修改前的权利要求3 的特别技术特征（D）相同的特别技术特征的修改后的权利要求①~③，当假设其是接着修改前的权利要求记载时，由于被作为发明的单一性以外的审查对象，因此被作为SHIFT修改以外的审查对象。

<例2>

```
修改前的权利要求书                          修改后的权利要求书
无特别技术特征  无特别技术特征  有特别技术特征
                              无创造性
权利要求1      权利要求2      权利要求3      权利要求①      权利要求②
A+B            A+B+C          A+B+C+D        A+B+D+E        A+B+D+E+F
                                             权利要求③      包含相同的特别技术特征→OK
                                             A+B+D+H
                                             权利要求④      包含权利要求1的全部
                                             A+B+G          特征、相同类别→OK
                                             权利要求⑤
                                             A+B+D
                                             权利要求⑥      N：技术问题关联性
                                             A+B+N          及技术关联性较低
                                                            →SHIFT修改
                                             权利要求⑦      权利要求⑧      SHIFT修改
                                             A+C+X          B+C+X
```

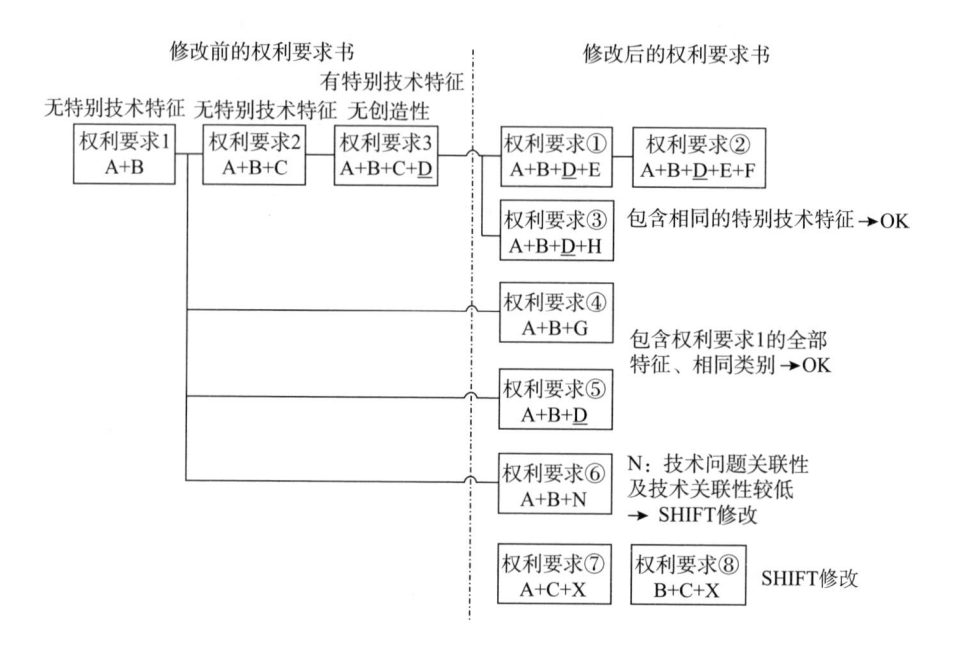

（2）基于审查效率性的审查对象（集中审查）

对于属于以下（ⅰ）或（ⅱ）的发明，将作为一起进行审查更有效率的发明，加为法第17条之2第4款以外要件的审查对象。

（ⅰ）包含权利要求1的全部特征的发明

包含修改前的权利要求1的全部特征（A+B）的相同类别的修改后的权利要求（权利要求④及⑤）。这是因为该类发明往往属于与修改前的权利要求所涉及发明相同或关联的技术领域，能够以类似的观点来进行现有技术检索。但是，在本书的5.4.2（1）中所说明的①技术问题关联性较低的发明或②技术关联性较低的发明将被排除（权利要求⑥被排除）。

（ⅱ）实质已审查发明

针对修改前的审查对象发明（修订审查基准明确记载是全体审查对象而非特别技术特征审查对象发明）进行审查后实质上无须进行追加的现有技术检索及判断就能够进行审查的发明。例如在本书的5.4.2（2）中所说明的属于实质已审查发明①~⑤任一种的发明将被加为法第17条之2第4款以外要

第11章 技术特征变更修改（法第17条之2第4款）

件的审查对象。

在＜例2＞中，对于不具有与权利要求3的特别技术特征（D）相同或对应的特别技术特征且未包含权利要求1的全部特征［排除虽然包含了但关联性较低的权利要求（权利要求⑥）］且并非实质已审查发明的权利要求（权利要求⑦及⑧），当假设其是接着修改前的权利要求记载时，不被作为发明的单一性以外的审查对象，因此不被作为SHIFT修改以外的审查对象。

（3）驳回理由通知书

在针对第1次驳回理由通知书进行答复并对权利要求书进行修改的情况下，当修改后的权利要求包括了不被作为法第17条之2第4款以外要件的审查对象的权利要求（权利要求⑥~⑧）时，在第2次的驳回理由通知书（通常为最后的驳回理由通知书）中，将针对该未被作为审查对象的权利要求（权利要求⑥~⑧），发出违反法第17条之2第4款的驳回理由通知书。

针对修改后的权利要求之中被作为法第17条之2第4款以外要件的审查对象的权利要求（权利要求①~⑤），当在进行实质审查后发现了创造性等驳回理由时，将就该内容发出驳回理由通知书。

11.5　在修改前的特别技术特征发现步骤中未发现特别技术特征的情况下的修改后的审查对象（参见＜例3＞）

在利用＜例3＞所进行的以下说明中，修改前的权利要求2、3分别是包含修改前的权利要求1、2的全部特征的相同类别的权利要求。在权利要求1~3中均不存在特别技术特征，针对该申请发出了权利要求1~3缺乏新颖性的第1次驳回理由通知书。在收到该驳回理由通知书后，将权利要求书修改为权利要求①~⑥。

（1）基于特别技术特征的审查对象

由于在修改前的特别技术特征发现步骤中未发现特别技术特征，因此当假设其是接着修改前的权利要求记载时，修改后的权利要求中不存在基于特别技术特征被作为发明的单一性以外的审查对象的权利要求。因此，在修改后的权利要求中不存在基于特别技术特征被作为SHIFT修改以外的审查对象的权利要求。

<例3>

```
修改前的权利要求书                          修改后的权利要求书
无特别技术特征  无特别技术特征  无特别技术特征
┌────────┐  ┌────────┐  ┌────────┐
│权利要求1│──│权利要求2│──│权利要求3│
│  A+B   │  │ A+B+C  │  │A+B+C+D │
└────────┘  └────────┘  └────────┘
      │                           ┌────────┐  ┌────────┐
      │                           │权利要求①│  │权利要求②│
      ├───────────────────────────│ A+B+E  │  │A+B+E+F │
      │                           └────────┘  └────────┘
      │                           ┌────────┐  包含权利要求1的全部
      ├───────────────────────────│权利要求③│  特征、相同类别→OK
      │                           │ A+B+H  │
      │                           └────────┘
      │                           ┌────────┐  N：技术问题关联性
      ├───────────────────────────│权利要求④│  及技术关联性较
      │                           │ A+B+N  │  → SHIFT修改
      │                           └────────┘
      │                           ┌────────┐  ┌────────┐
      └───────────────────────────│权利要求⑤│  │权利要求⑥│ SHIFT修改
                                  │ A+C+X  │  │ B+C+X  │
                                  └────────┘  └────────┘
```

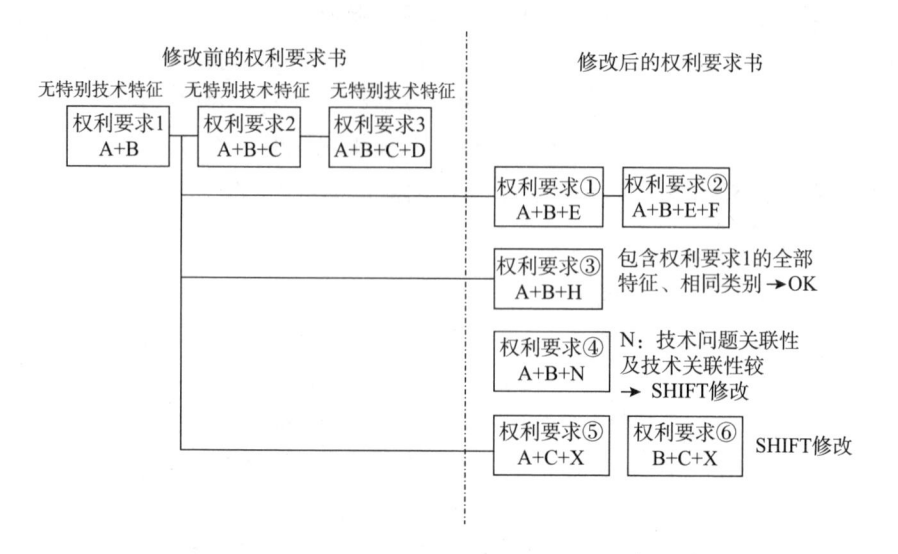

（2）基于审查效率性的审查对象（集中审查）

对于属于以下（i）或（ii）的发明，将作为对就修改前的审查对象发明的审查加以有效利用而一起进行审查更有效率的发明，加为法第17条之2第4款以外要件的审查对象。

（i）包含权利要求1的全部特征的发明

包含修改前的权利要求1的全部特征（A＋B）的相同类别的修改后的权利要求（权利要求①~③）。这是因为该类发明往往属于与修改前的权利要求所涉及发明相同或关联的技术领域，能够以类似的观点来进行现有技术检索。但是，在本书的5.4.2（1）中所说明的①技术问题关联性较低的发明或②技术关联性较低的发明将被排除（权利要求④被排除）。

（ii）实质已审查发明

针对修改前的审查对象发明（修订审查基准明确记载是全体审查对象而非特别技术特征审查对象发明）进行审查后实质上无须进行追加的现有技术检索及判断就能够进行审查的发明。例如在本书的5.4.2（2）中所说明的属于实质已审查发明①~⑤任一种的发明将被加为法第17条之2第4款以外要件的审查对象。

在<例3>中，对于未包含权利要求1的全部特征［排除虽然包含了但关联性较低的权利要求（权利要求④）］且并非实质已审查发明的权利要求（权利要求⑤及⑥），当假设其是接着修改前的权利要求记载时，不被作为发明的单一性以外的审查对象，因此不被作为SHIFT修改以外的审查对象。

第 11 章　技术特征变更修改（法第 17 条之 2 第 4 款）

（3）驳回理由通知书

在针对第 1 次驳回理由通知书进行答复并对权利要求书进行修改的情况下，当修改后的权利要求包括了不被作为法第 17 条之 2 第 4 款以外要件的审查对象的权利要求（权利要求④~⑥）时，在第 2 次的驳回理由通知书（通常为最后的驳回理由通知书）中，将针对该未被作为审查对象的权利要求发出违反法第 17 条之 2 第 4 款的驳回理由通知书。

针对修改后的权利要求之中被作为法第 17 条之 2 第 4 款以外要件的审查对象的权利要求（权利要求①~③），当在进行实质审查后发现了创造性等驳回理由时，将就该内容发出驳回理由通知书。

作为 SHIFT 修改以外要件的审查对象的发明

（1）修改前的权利要求 1 具有特别技术特征的情况

① 具有相同或对应的特别技术特征的发明

② 实质已审查发明

（2）修改前的权利要求 1 以外的权利要求具有特别技术特征的情况

① 具有相同或对应的特别技术特征的发明

② 包含修改前的权利要求 1 的全部特征的相同类别的发明

③ 实质已审查发明

（3）在修改前的特别技术特征发现步骤中未发现特别技术特征的情况

① 包含修改前的权利要求 1 的全部特征的相同类别的发明

② 实质已审查发明

11.6　关于技术特征变更修改的注意事项

（1）在收到驳回理由通知书之前所进行的修改（所谓的主动修改）并不会适用本规定，因此在进行主动修改时无须担心是否属于 SHIFT 修改。

（2）当在修改后的权利要求中存在未被作为 SHIFT 修改以外的审查对象的权利要求时，会在下次的驳回理由通知书中明确示出该权利要求并记载未被作为审查对象的理由。通常会对缺乏创造性等驳回理由一并进行通知，因此不要只顾这些驳回理由，还应注意针对未被作为 SHIFT 修改以外的审查对象的权利要求进行分析及应对，而非对其置之不理。

（3）当就修改后的权利要求依然存在修改前所指出的驳回理由（例如法第 37 条的驳回理由）未被克服时，被驳回的可能性很高。因此在对最初的驳回理由通知书进行答复时，最好修改后的权利要求能够无一遗漏地克服所有驳回理由（法第 37 条及第 29 条等）。

（4）当在第 1 次驳回理由通知书中仅指出了例如关于法第 36 条的驳回理由等而未对新颖性、创造性、抵触申请及先申请原则的专利要件进行审查时，按照本规定的要旨，针对通过对该驳回理由通知书进行答复的补正书所修改的权利要求并不要求禁止 SHIFT 修改的要件。

（5）当修改前的权利要求书中存在多项权利要求 1 的串列从属权利要求时，即便认为其全部不具有特别技术特征，也可以将包含修改前的权利要求 1 的全部特征的相同类别的权利要求记载在修改后的权利要求书中。因此，关于禁止 SHIFT 修改的要件，串列从属权利要求较多并不会特别带来不利。

（6）在指出缺乏单一性的驳回理由通知书中，会对哪一项权利要求的哪个特征是特别技术特征进行认定。然而，在现在的审查实务中，在指出缺乏新颖性、创造性，未指出缺乏单一性的驳回理由通知书中，不会进行特别技术特征的认定。虽然不会进行特别技术特征的认定，但往往会在驳回理由通知书中作为 <修改时的注意事项> 记载有 "在对权利要求书进行修改时，请注意不要进行违反法第 17 条之 2 第 4 款的修改" 的注意事项。在该类情况下（即使未记载上述注意事项），为了以防万一，可以根据驳回理由通知书中示出的主引用发明自身来确定能够作为特别技术特征的技术特征，以不构成 SHIFT 修改的方式进行修改，并在意见书中主张该内容。

（7）在现在的审查实务中，在仅指出涉及抵触申请或违反先申请原则，未指出缺乏单一性的驳回理由通知书中，不会进行特别技术特征的认定。由于所引用的在先申请在本案申请日尚未公开，因此会变成无法对特别技术特征进行认定的状况。虽然根据审查基准即使在该类状况下也适用禁止 SHIFT 修改的规定，但是难以理解在无法认定特别技术特征的状况下该如何适用禁止 SHIFT 修改的规定。因此，实际中，为了以防万一，可以由申请人自己来将修改前的权利要求的特征之中对申请人最为有利的特征确定为特别技术特征，以不构成 SHIFT 修改的方式进行修改，并在意见书中主张该内容。

按道理来说，当在驳回理由通知书中未认定特别技术特征时，不应适用禁止 SHIFT 修改的规定，如果要适用禁止 SHIFT 修改的规定，则应当在驳回理由通知书中认定特别技术特征。

第11章　技术特征变更修改（法第17条之2第4款）

（8）在修改后的几组权利要求之间理所当然需要满足发明的单一性要件。需要注意，即使修改后的权利要求不构成SHIFT修改，但如果修改后的几组权利要求之间不满足发明的单一性要件，则也会存在违反法第37条的驳回理由。

11.7　关于技术特征变更修改的处理

（1）对于主动修改不要求禁止技术特征变更。因此，在第1次的驳回理由通知书中不会指出技术特征变更的驳回理由。

（2）当针对最初的驳回理由通知书进行答复的修改包括未作为SHIFT修改以外的审查对象的权利要求时，将构成驳回理由（法第49条第1项），通常会发出最后的驳回理由通知书。

（3）当针对与基于法第50条之2规定的通知书一并发出的驳回理由通知书进行答复的修改、针对最后的驳回理由通知书进行答复的修改或复审请求时的修改包括未作为SHIFT修改以外的审查对象的权利要求时，将属于修改不予接受的对象（法第53条、第159条第1款）。通常，会一并发出驳回决定或维持驳回的复审决定。

（4）在虽然修改为技术特征变更修改但是被授权的情况下，该类修改所涉及的发明不会构成异议理由、无效理由。这是因为该类发明在实体上并不存在瑕疵，只不过是未满足仅为了方便审查而设置的手续上的要件并且也未给第三人的利益带来显著危害。

11.8　关于技术特征变更修改的应对

（1）当虽然在专利申请时认为权利要求1具有特别技术特征，但是由于之后存在发现现有技术从而判断权利要求1的串列从属权利要求均不具有特别技术特征时，最好在收到第1次驳回理由通知书之前对权利要求书进行修改使得权利要求1或至少使得其串列从属权利要求的任意一项包含特别技术特征。这样一来，可以提高收到驳回理由通知书后的权利要求书的修改自由度。

（2）在第2次驳回理由通知书中被指出技术特征变更修改的驳回理由的情况下的应对
① 主张并非技术特征变更修改的反驳通常比较困难。
② 可以通过对权利要求书进一步进行修改来克服技术特征变更修改的状

况。可以使修改后的所有权利要求为具有与在第 1 次驳回理由通知书中所发现的特别技术特征相同或对应的特别技术特征的权利要求或包含作为第 1 次驳回理由通知书的对象的原权利要求 1 的全部特征的相同类别的权利要求。

③ 当在最后的驳回理由通知书中被指出了技术特征变更修改的驳回理由时，由于针对该驳回理由通知书进行答复的修改被要求禁止目的外修改的要件，因此往往难以通过合法的修改来克服技术特征变更修改的状况。可以对能否进行满足禁止目的外修改的要件（例如特征的下位概念化或权利要求的删除）并且属于上述②的修改进行分析，如果可能，则可以如此修改。

④ 如果不能通过修改进行合法的应对，则可以考虑放弃已经收到最后的驳回理由通知书的本案申请（母申请），通过分案申请（子申请）来获得权利的策略。此时，需要注意包括法第 50 条之 2 的规定等分案的各种要件。

另外，希望这种仅因违反手续上的限制而非实体上的瑕疵就不得不提出分案申请并再次支付高额的实审请求费的制度上的弊病能够被消除。

(3) 修改作为技术特征变更修改被不予接受，并被作出驳回决定的情况

① 由于修改被不予接受，因此权利要求书回到修改前的状态。可以考虑提出复审请求，同时对权利要求书进行合法的修改。换言之，可以对能否以该修改前的状态为基准进行满足禁止目的外修改的要件（例如特征的下位概念化或权利要求的删除）并且属于上述（2）②的修改进行分析，如果可能，则可以如此修改。

② 如果不能通过修改进行合法的应对则可以提出分案申请。对于 2007 年 4 月 1 日以后申请的情况，即使不提出复审请求，也可以在驳回决定副本送达日起 3 个月内（外国申请人为 4 个月内）提出分案申请。因此，可以考虑放弃已经收到驳回决定的本案申请（母申请），通过分案申请（子申请）来获得权利的策略。此时，需要注意包括法第 50 条之 2 的规定等分案的各种要件。

构成修改不予接受的对象但不构成异议理由、无效理由

最后的驳回理由通知书等答复时的 SHIFT 修改及目的外修改（法第 17 条之 2 第 4、5 款）

构成驳回理由但不构成异议理由、无效理由

SHIFT 修改（法第 17 条之 2 第 4 款）

权利要求书的记载形式缺陷（法第 36 条第 6 款第 4 项）

发明的单一性缺陷（法第 37 条）

现有技术文献公开缺陷（法第 36 条第 4 款第 2 项）

第 *12* 章
目的外修改（法第 *17* 条之 *2* 第 *5* 款）

12.1　法第17条之2第5款的规定和要旨

> **法第17条之2第5款、第6款**
> 5. 除了前两款的规定以外，在第1款第1项、第3项及第4项所列的情况（在第1款第1项所列的情况下，仅限于一并收到驳回理由通知书与根据第50条之2的规定所发出的通知书的情况）下，对权利要求书进行的修改仅限于以下列事项为目的：
> 一、第36条第5款所规定的权利要求的删除；
> 二、权利要求书的缩小（仅限于针对根据第36条第5款的规定在权利要求中记载的用于限定发明的必要特征进行限定，并且该修改前的该权利要求中记载的发明与该修改后的该权利要求中记载的发明的产业上的应用领域及所要解决的技术问题相同）；
> 三、笔误的订正；
> 四、不清楚记载的澄清（仅限于针对驳回理由通知书中驳回理由所指出的内容）。
> 6. 第126条第7款的规定适用于前款第2项的情况。

（1）规定的要旨

禁止目的外修改（法第17条之2第5款）的规定是基于考虑到实现完善的发明保护的专利制度基本目的，同时为了确立用于保证迅速且准确授权的审查程序，从而将针对最后的驳回理由通知书等的修改限制在可有效利用已作出的审查结果的范围内并增设修改限制以实现审查便利的要旨而设置的。并且，由于违反该规定的修改与超范围增加新内容不同，并非就发明内容带来实体性瑕疵的修改，因此解释为即使被忽略而被驳回或授权也不会溯及以往而成为问题（法第 159 条第 1 款括号内容、法第 123 条第 1 款第 1 项），本规定与禁止超范围增加新内容（法第 17 条之 2 第 3 款）的规定在性质上不同。因此，在适用本规定时，不会进行超出必要范围的严格适用。

（2）法第 17 条之 2 第 5 款的适用对象

适用法第 17 条之 2 第 5 款的禁止目的外修改的修改如下。

① 针对最后的驳回理由通知书进行答复的修改（法第 17 条之 2 第 1 款第 3 项）；

② 复审请求时的修改（法第 17 条之 2 第 1 款第 4 项）；

③ 针对与基于法第 50 条之 2 的规定的通知书一并收到的驳回理由通知书进行答复的修改（法第 17 条之 2 第 1 款第 1 项）。

虽然对于上述①为本规定的适用对象能够理解，但是针对②已经追加缴纳了高额的复审请求费，针对③就分案申请已经再次缴纳了实审请求费，因此对于与限制为可有效利用已作出的审查结果的范围的本规定要旨之间的一致性难以理解。

（3）法第 17 条之 2 第 5 款的内容的概要

对于适用本规定的修改，除了要求不得违反作为通常的内容限制的禁止超范围增加新内容（本条第 3 款）及禁止技术特征变更（本条第 4 款）的要件之外，当该修改为针对权利要求书的修改时，仅允许以大致以下四种事项①～④中任一者为目的的修改。违反本规定的修改被称为"目的外修改"。如法第 17 条之 2 第 5 款主段中"对权利要求书进行的修改"的明确记载，对于就说明书或附图所进行的修改，并未要求禁止目的外修改。换言之，当修改为对于说明书或附图的修改时，仅要求禁止超范围增加新内容（本条第 3 款）的修改限制。

① 权利要求的删除（第 1 项）；

② 权利要求书的限定性缩小（第 2 项）及独立授权要件（第 6 款）；

③ 笔误的订正（第 3 项）；或

④ 不清楚记载的澄清（第 4 项）。

以下对这四种事项进行说明。

第12章　目的外修改（法第17条之2第5款）

目的外修改

- 权利要求的删除
- 权利要求书的限定性缩小 + 独立授权要件
- 笔误的订正
- 不清楚记载的澄清

12.2　权利要求的删除（法第17条之2第5款第1项）

（1）要旨

由于删除权利要求书中所记载的多项权利要求之中的一部分权利要求的修改无须再次进行审查、审理，因此被允许。

（2）判断手法

不仅是删除权利要求的修改，如下所述，伴随删除某一权利要求的修改所必然产生的其他权利要求的形式性修改也作为以权利要求的删除为目的的修改来处理。

具体例子：伴随某一权利要求的删除所必然产生的。

√例：① 对引用了所删除的权利要求的其他权利要求中的引用权利要求编号进行改变的修改。

√例：② 将引用了所删除的权利要求的其他权利要求的记载形式从从属权利要求形式改变为独立权利要求形式的修改。

12.3　权利要求书的限定性缩小（法第17条之2第5款第2项及第6款）

12.3.1　限定性缩小的要旨和要件

（1）要旨

考虑到由于相当于权利要求书的缩小的修改之中的以未改变发明的产业上的应用领域及所要解决的技术问题的方式对特征进行限定的修改并未大幅改变审查、审理的对象，一般来说能够利用以往的审查结果，因此该类修改被允许。

但是，即便是该类修改，当申请所涉及的发明无法获得授权时，有时也会需要再次发出驳回理由通知书。若此后进行修改则有时也需要再次进行审查、审理，因此从确保审查的迅速性及申请间处理的公平性的观点来看，认为应仅限于可获得授权的修改。

（2）要件

为了不违反第 17 条之 2 第 5 款第 2 项及第 6 款的规定，权利要求书的修改应当满足以下所有要件。

① 修改为权利要求书的缩小；

② 修改为修改前的权利要求中记载的发明（下称"修改前发明"）的用于对发明进行限定的特征（技术特征）的限定；

③ 修改前发明与修改后的权利要求中记载的发明（修改后发明）的产业上的应用领域及所要解决的技术问题相同；及

④ 对于修改后发明可独立授权（第 6 款）。

以下对该些要件进行说明。

12.3.2　权利要求书的缩小

（1）对于属于权利要求书的扩大的修改，作为不属于权利要求的缩小，无须判断是否满足②、③的要件而认定不属于第 17 条之 2 第 5 款第 2 项。

需要说明的是，由于权利要求书是针对要获得专利所记载的权利要求的集合，因此"权利要求书的缩小"的判断基本上是针对各个权利要求来进行的。

（2）不属于权利要求书的缩小的具体例子：

×例：① 一部分串列式记载的特征的删除。

×例：② 并列选择式记载的要素的增加。

×例：③ 权利要求项数的增加［除了属于以下（3）⑤的情况］。

（3）属于权利要求书缩小的具体例子：

√例：① 并列选择式记载的要素的删除。

√例：② 特征的串列式增加。

√例：③ 从上位概念改变为下位概念。

√例：④ 多项引用形式权利要求的引用权利要求项数的减少。

例：将权利要求书的记载"根据权利要求 1 至 3 中任一项所述的空调装置，其具有 A 机构"修改为"根据权利要求 1 或 2 所述的空调装置，其具有 A 机构"。

√例：⑤ 将引用 n 项的 1 个多项引用形式权利要求拆分为 $(n-1)$ 个以下的单项引用权利要求的修改（解释为拆分为 n 个权利要求的修改不属

于缩小）。

例：将权利要求书的记载"根据权利要求1至3中任一项所述的空调装置，其具有A机构"拆分为"根据权利要求1所述的空调装置，其具有A机构"和"根据权利要求2所述的空调装置，其具有A机构"两个权利要求的修改。

√例：⑥ 针对以择一方式记载特征的一个权利要求，对该择一方式的特征分别进行限定以改变为多个权利要求的修改。

仅属于权利要求书的缩小未必满足限定性缩小的要件，还需要满足以下的修改为对特征进行限定的要件。

12.3.3 修改前发明的技术特征的限定

（1）"用于对发明进行限定的特征"的解释

即便是权利要求书的缩小，如果不属于技术特征的限定，则也不认可该修改的本要件对于申请人来说过于苛刻。由于法第17条之2第5款第2项所规定的"用于限定发明的特征"（技术特征）是修改前的权利要求中记载的特征，因此是基于修改前的权利要求的记载内容来把握。另外，在法第36条第4款第1项的审查操作中，当对于发明的实施必要时，要求应当在说明书中记载技术特征的作用（功能）。

因此，本规定中的"技术特征"应当根据修改前的权利要求的记载内容，与说明书及附图中记载的其作用（功能）对应地来进行把握。

（2）"进行限定"的解释

针对"技术特征""进行限定"的修改是指以下修改。

√例：① 将修改前的权利要求中的一个以上的"技术特征"修改为概念上更下位的"技术特征"的修改。

×例：需要说明的是，对于使用了通过作用来限定产品的记载内容的技术特征（功能实现手段等），具有与该作用不同的作用的技术特征通常不被认为是概念上更下位的技术特征。

√例：② 在马库什形式权利要求等技术特征被表现为并列选择项的权利要求中，将该并列选择项的一部分删除的修改。

（3）判断手法

对于是否为技术特征的限定的判断，是通过对修改前发明与修改后发明各自的技术特征进行把握，对两者进行对比来进行。

属于限定性缩小的例子：

修改前权利要求：一种电弦乐器用弦，在铸铁制的钢线上具有青铜镀层的薄膜，并进一步在其上具有镍镀层的耐腐蚀性合金的薄膜。

√例：修改后权利要求：一种电吉他用弦……具有……耐腐蚀性合金的薄膜。

（说明）电吉他为电弦乐器的下位概念。

不属于限定性缩小的例子：

修改前权利要求：一种船舶用盖板，铺设有能够与蓄电池的充电器连接的太阳能电池，并且该太阳能电池的上表面被透光性素材覆盖。

×例：修改后权利要求：一种船舶用盖板，铺设有……并且该太阳能电池的上表面被透光性素材覆盖并将位于太阳能电池的上表面的部分以外的部分设成遮光性素材。

（说明）并非下位概念。另外，在修改后发明中增加了"保护船舶不受紫外线影响"的新技术问题。

12.3.4 修改前发明与修改后发明的产业上的应用领域及所要解决的技术问题相同

（1）"产业上的应用领域"及"所要解决的技术问题"的认定

在对发明的产业上的应用领域及所要解决的技术问题进行认定时，将在对说明书中的发明所属技术领域及技术问题的记载内容进行考虑的同时，基于根据权利要求的记载内容所把握的技术特征来具体认定应用领域、技术问题。需要说明的是，发明的技术问题无须是未解决的技术问题。

（2）关于产业上的应用领域相同

修改前后的发明的产业上的应用领域"相同"是指修改前后的发明的所属技术领域一致的情况以及修改前后的发明的所属技术领域在技术上密切关联的情况。

（3）关于所要解决的技术问题相同

√例：修改前后的发明所要解决的技术问题"相同"是指修改前后的发明所要解决的技术问题一致的情况以及修改前后的发明所要解决的技术问题在技术上密切关联的情况。

在技术问题的相同性的判断中，"技术上密切关联的情况"是指修改后发明的技术问题比修改前发明的技术问题在概念上更下位的情况（例如"提高强度"与"提高拉伸强度"）或者修改前后的发明的技术问题为相同种类的技术问题的情况（例如"小型化"与"轻量化"）。

×例：并且，对于由于对修改前发明的一个以上的技术特征进行修改从而变成技术问题不同的发明的情况，将作为不满足本要件的修改来处理。

√例：需要说明的是，在法第36条第4款第1项的委任省令要件的审查操作中，在如基于与现有技术完全不同的新构思所开发的发明或基于反复试验结果的发现的发明等本来并未设想要解决的技术问题的情况下，并不会要求记载技术问题。在该情况下，由于无论所要解决的技术问题如何均视为已对其进行了审查，因此并不要求技术问题的相同性。

（说明）在上述（2）及（3）中，之所以以修改前后的发明的技术问题及产业上的应用领域相同为要件，是由于考虑到对于与修改前发明处于上述关系的修改后的发明能够有效地利用最后的驳回理由通知书以前的审查结果，并且在进一步的审查中无须较大的负担就能够进行审查程序。

12.3.5 可独立授权

即便认定修改属于限定性缩小，修改后发明仍然应当满足创造性等授权要件（第6款）。该要件被称为"独立授权要件"。

作为修改要件要求该独立授权要件仅限于以限定性缩小为目的所修改的权利要求，对于仅以"笔误的订正"或"不清楚记载的澄清"为目的所修改的权利要求或者未进行修改的权利要求，即使存在无法独立获得授权的理由，也不会以其作为理由对该修改不予接受（构成驳回理由）。

作为修改后发明是否可独立授权所适用的条文，包括法第29条、法第29条之2、法第32条、法第36条第4款第1项或第6款（除了第4项）以及法第39条第1款至第4款。

12.4 笔误的订正（法第17条之2第5款第3项）

（1）要旨

当针对最后的驳回理由通知书进行答复时，对于就形式缺陷的轻微修改，即便认可该修改也不会改变审查、审理的对象，并且如果不认可该修改则会使申请人难以针对驳回理由进行答复，从保护发明的观点来看并不妥当。因此，允许被判断为"笔误的订正"的修改。

（2）"笔误的订正"的含义

"笔误的订正"是指根据作为本来含义的说明书、权利要求书或附图的记载内容等将对于所属领域技术人员来说显而易见的字词、语句的错误改正为其含义内容的字词、语句。

具体例子：将作为笔误的"所属解玛器"改正为"所述解码器"的修改。

★如果针对所属领域技术人员如何理解上述矛盾的记载进行分析，则……可以认定通过利用吊杆来对被后部盖以转动自如的方式枢轴支撑的耕地盖进行弹压，而非对后部盖进行弹压从而将来自上述土面的反作用力推回的方案在技术上常识是极其困难的。因此，可以认定对于接触到本案订正前的本案专利说明书及附图的所属领域技术人员来说，本案订正前的权利要求1中的"对该耕地盖进行弹压的吊杆"以及内容与其相同的说明书中的记载为"对该后部盖进行弹压的吊杆"的笔误显而易见。因此，可以认定本案订正并非实质上对权利要求书进行扩大或改变〔知识产权高等法院2000年3月14日判决，平成11年（行ケ）第213号［旋转式耕地装置案］〕。

12.5　不清楚记载的澄清（法第17条之2第5款第4项）

（1）要旨

当在驳回理由通知书中指出了缺陷时，用于改正该缺陷的轻微修改不会改变审查、审理的对象，并且如果不认可该修改则会使申请人难以针对驳回理由进行答复，如果不认可该修改则从保护发明的观点来看也不妥当。因此，允许被判断为"不清楚记载的澄清"且"针对驳回理由指出的内容所进行"的修改。

（2）"不清楚记载"的解释

"不清楚记载"是指在记载上产生了缺陷的记载，例如在上下文关系上含义不清楚的记载等。

关于权利要求书，"不清楚记载"是指以下（i）至（iii）中的任一者等。

（i）权利要求的记载的含义在上下文关系上的含义不清楚；

（ii）权利要求的记载在与其他记载的关系上产生了不合理；

（iii）虽然权利要求的记载明确，但是权利要求中记载的发明在技术上未正确限定而不清楚。

（3）"澄清"的解释

"澄清"是指对不清楚记载的不清楚之处进行改正，使"该记载本来的含义内容"清楚。

具体例一：

不属于"不清楚记载的澄清"的例子。

×例：在权利要求的记载本身清楚，并且技术上也明确地限定了发明的情

第 12 章　目的外修改（法第 17 条之 2 第 5 款）

况下，收到缺乏新颖性、创造性等驳回理由通知书，使新颖性、创造性等清楚的修改。

×例：用于克服缺乏新颖性、创造性等驳回理由，并且对权利要求中记载的特征进行限定而未改变技术问题的修改或者在权利要求中记载用于解决新技术问题的新技术特征等的修改。

对于不属于"不清楚记载的澄清"的修改，将进一步审查是否属于"权利要求的限定性缩小"等第 5 款各项的其他目的等。如果属于则允许，如果不属于则对该修改不予接受。

属于"不清楚记载的澄清"的例子。

√例：对其本身的记载内容不清楚的记载进行改正的修改。

√例：对其本身的记载内容在与其他记载的关系上产生了不合理的记载进行改正的修改。

√例：对发明的目的、方案或效果在技术上不清楚的记载等进行改正，使其记载内容清楚的修改。

(4) 与驳回理由指出的内容之间的关系

① 为了防止由于对驳回理由通知书中未指出的内容进行修改使得已经审查、审理的部分被修改而产生新的驳回理由，"不清楚记载的澄清"仅限于"针对驳回理由通知书中驳回理由所指出的内容"（法第 17 条之 2 第 5 款第 4 项括号内容）。

② 根据审查基准，作为属于"针对驳回理由所指出的内容"的修改（虽然未作为"修改的例子"），举出了用于克服在基于法第 36 条的驳回理由通知书中所指出的特定部分的记载缺陷的修改。

③ 另外，作为不属于"针对驳回理由所指出的内容"的修改的例子，在审查基准中举出了以下的 (i) 及 (ii)。

(i) 与在驳回理由通知书中所指出的特定部分的记载缺陷无关地对权利要求中记载的特征进行限定的修改。

(ii) 与在驳回理由通知书中所指出的特定部分的记载缺陷无关地在权利要求中记载用于解决新技术问题的新技术特征的修改。

然而，由于 (i) 及 (ii) 本来就是不属于"不清楚记载的澄清"的修改，因此笔者认为其作为例子均不合适。

相比之下，作为不属于"针对驳回理由所指出的内容"的修改的例子，笔者认为"与在驳回理由通知书中所指出的特定部分的记载缺陷无关地对不清楚记载进行澄清的修改"应更合适。

④ 在法第 17 条之 2 第 5 款第 4 项中，从专利法上来说，"针对驳回理由所指出的内容"中的"驳回理由"不应仅限于基于法第 36 条的驳回理由。另外，从审查基准上来说，"针对驳回理由所指出的内容"也不应仅限于用于克服基于法第 36 条的驳回理由所指出的特定部分的记载缺陷的修改。因此，笔者认为即使驳回理由为法第 36 条以外的驳回理由，用于克服该驳回理由的不清楚记载的澄清有时也不会违反本规定。

即便是基于法第 29 条第 2 款的驳回理由通知书的情况，也存在允许就该驳回理由所指出的内容进行以"不清楚记载的澄清"作为目的的修改的判例，因此可以参考该类情况的主张。

★作为驳回理由，记载了权利要求 1 及 2 所涉及发明（本申请发明 1 及 2）由于法第 29 条第 1 款第 3 项或法第 29 条第 2 款的规定无法获得授权，并且记载了关于权利要求 2 所涉及发明（本申请发明 2）容易通过在引用发明 1 的图钉刺入装置中容纳引用发明 2 的图钉来构成本申请发明 2。针对于此，对于修改内容 2，根据上述的认定可以认为本申请发明 2 通过明确示出是以"图钉"和"盒"两者作为该发明的对象，从而要克服在上述驳回理由通知书中所指出的涉及本申请发明 2 的驳回理由，因此修改内容 2 并不妨碍"针对驳回理由通知书中驳回理由所指出的内容"，不能采纳被告的主张……综上所述，应当认定修改内容 2 中的修改是以法第 17 条之 2 第 4 款第 4 项所规定的"不清楚记载的澄清"为目的〔知识产权高等法院 2009 年 5 月 26 日判决，平成 20 年（行ケ）第 10394 号［图钉及其盒案］〕。

但是，也存在判定用于对记载进行澄清的修改仅限于审查员在驳回理由中指出权利要求书不清楚的内容的判例〔知识产权高等法院 2008 年 3 月 19 日判决，平成 19 年（行ケ）第 10159 号［等离子处理装置及等离子处理方法案］〕，尽管该判例比上述判例更古老。

⑤ 在法第 17 条之 2 第 5 款第 4 项中，不清楚"针对驳回理由通知书中驳回理由所指出的内容"中的"驳回理由通知书"究竟仅是指给予该修改机会的最后的驳回理由通知书，还是也包括前一次收到的最初的驳回理由通知书，但从保护发明的观点来看希望是指后者。

12.6　目的外修改的处理

（1）对于主动修改或针对最初的驳回理由通知书进行答复的修改并不要

第12章 目的外修改（法第17条之2第5款）

求禁止目的外修改。

（2）即使是在针对"最后的驳回理由通知书"进行答复并进行了目的外修改的情况下，当审查员重新进行考虑后判断该"最后的驳回理由通知书"并不适合时，应当接受该修改，而不是驳回对其进行答复的目的外修改。并且，即使是在未克服早先通知的驳回理由的情况下，针对修改后的申请也不应直接发出驳回决定，而是应当再次发出"最初的驳回理由通知书"（即便当仅就因修改而产生需要通知的驳回理由进行通知时，也不应发出"最后的驳回理由通知书"而是应当再次发出"最初的驳回理由通知书"）。

（3）如果针对与基于法第50条之2规定的通知书一并收到的驳回理由通知书进行答复的修改、针对最后的驳回理由通知书进行答复的修改或者复审请求时的修改为目的外修改，则会构成修改不予接收的对象（法第53条、第159条第1款）。通常，将一并发出驳回决定等。

12.7 关于目的外修改的应对

（1）当认为收到的最后的驳回理由通知书应为"最初的驳回理由通知书"时，由于审查员通常不会主动地重新考虑，因此可以在意见书中附带理由地主张该内容，并以答复是针对"最初的驳回理由通知书"为前提来进行修改。当审查员认定应为"最初的驳回理由通知书"时，会将该驳回理由通知书作为"最初的驳回理由通知书"来处理。换言之，即便是目的外修改也会认可该修改，当克服了驳回理由时将发出授权通知书。

（2）由于如果收到最后的驳回理由通知书或驳回决定则针对其进行答复的修改会被额外要求禁止目的外修改，因此可以在对前一次的最初的驳回理由通知书进行答复修改时就事先进行预先考虑了限定性缩小限制的修改。例如，对于独立权利要求增加的限定可以尽量预先采用外在附加方式来进行，或者可以预先撰写具有外在附加方式限定的从属权利要求作为将来要上升为独立权利要求的候选项，从而预先对权利要求进行完善。如此棋先一招的答复对申请人非常有利。

（3）在最后的驳回理由通知书后进行多次修改的情况的注意事项

当在针对最后的驳回理由通知书的答复期限内多次对说明书、权利要求书或附图进行修改时，作为对于第二次以后的修改是否满足关于禁止目的外修改的要件进行判断时的基准的说明书、权利要求书或附图是该第二次以后的修改之前刚刚合法地修改的说明书、权利要求书或附图。但是，关于超范围增加新内容（法第 17 条之 2 第 3 款），是以原始说明书、权利要求书或附图为基准来判断。另外，不允许在同日提交针对说明书等的同一部分进行修改的多个补正书。其原因是，不清楚哪一个补正书为最后的修改。

（4）在对指出缺乏创造性的最后的驳回理由通知书进行答复时，有时需要通过对权利要求中的发明技术范围进行缩小来克服缺乏创造性。在该类情况下，如创造性一章中示出的答复例所示，对修改前的权利要求"一种 X 装置，具有 A；B；C；以及 D"增加构成要素 E 从而将权利要求改为"一种 X 装置，具有 A；B；C；D；以及 E"的修改（外在附加修改）在实务上往往被判断为违反限定性缩小。因此，尽管实质上是进行同样的缩小修改，但是为了降低违反限定性缩小的可能性，可以不采取明显地将构成要素 E 外在附加的方式，而是想办法使技术特征 E 的内容与现有的构成要素 A、B、C 或 D 关联，采用对构成要素 A、B、C 或 D 进行限定（内在附加）的表述方式。

（5）"不清楚记载的澄清"往往是针对基于法第 36 条第 6 款第 2 项规定的不清楚的驳回理由进行从而使其清楚。然而，在审查基准中，并非限定为针对在驳回理由通知书中所指出的基于法第 36 条第 6 款第 2 项的驳回理由的内容所进行的澄清。例如，也可以针对基于法第 36 条第 6 款第 1 项规定的违反支持要件的驳回理由进行答复，进行使其清楚并且克服不支持的修改。

另外，如上所述，也存在允许针对法第 29 条第 2 款的驳回理由的内容所进行的"不清楚记载的澄清"的判例〔知识产权高等法院 2009 年 5 月 26 日判决，平成 20 年（行ケ）第 10394 号［图钉及其盒案］〕。

（6）即使在驳回理由为缺乏创造性的最后的驳回理由通知书中，也有同时指出基于法第 36 条驳回理由的善意的驳回理由通知书。在该情况下，由于能够以针对被指出违反法第 36 条的内容进行"不清楚记载的澄清"为目的进行修改因而针对权利要求书的修改的自由度会变得宽松，因此可以对其进行有效利用。

（7）虽然现实中很少有对于仅针对说明书而非权利要求书进行修改的补正书，以不属于法第 17 条之 2 第 5 款的任意一项为理由错误地对修改不予接受的情况，但是其明显是违法的。当针对最后的驳回理由通知书等进行答复且仅针对说明书进行修改时，为了不收到该类错误的修改不予接受决定，慎重起见最好在意见书等中预先说明"仅针对说明书所进行的修改不适用法第 17 条之 2 第 5 款"。

第12章 目的外修改（法第17条之2第5款）

★旧专利法第17条之2第4款是涉及就权利要求书所进行的修改的规定，如上述法第2条之3的记载，本案修改是在说明书的段落［0011］的"跟踪"之后加上指代跟踪的英文单词"track"，并不属于就权利要求所进行的修改。对此，虽然被告主张本案修改实质上为就权利要求书所进行的修改，适用旧专利法第17条之2第4款，但是涉及说明书记载的修改不应适用该条款，因此该主张本身不当〔知识产权高等法院2012年6月26日判决，平成23年（行ケ）第10299号［无线的发动机监视系统案］〕。

（8）针对最后的驳回理由通知书答复时的改正译文错误

由于就外文文本申请或外文专利申请的改正译文错误也是说明书等的修改的一种（法第17条之2第3款），因此在针对最后的驳回理由通知书进行答复时也可以提出改正译文错误的书面请求。在对说明书中的译文错误进行改正的修改中，并不适用禁止目的外修改的限制。在对权利要求书中的译文错误进行改正的修改的情况下，只要该改正译文错误的内容不违反法第17条之2第4款至第6款就会被允许。针对最后的驳回理由通知书进行答复的改正译文错误如果不满足第17条之2第4款至第6款的任意一个要件则修改会被不予接受。需要注意，在改正译文错误还包括能够通过一般修改来应对的通常的修改内容的情况下，该通常的修改内容也会与改正译文错误一起被不予接受。

（9）关于目的外修改的应对

① 在作为目的外修改被不予接受的情况下，通常会与修改不予接受决定一起发出驳回决定，因此可以提出复审请求。由于修改作为目的外修改被不予接受，因此权利要求书会回到修改前的权利要求的发明（修改前发明）的状态，通常最后的驳回理由通知书中所指出的驳回理由未被克服。因此，提出复审请求时通常需要进行缩小修改，对于该类缩小修改以"修改前发明"为基准来判断是否违反限定性缩小的可能性较大，因此需要在针对是否符合修改要件进行慎重分析后再进行修改。

② 在难以克服驳回理由且难以进行合法的修改的情况下，或者在想就技术特征不同的权利要求获得权利的情况下，也可以在提出复审请求的同时提出分案申请。

③ 在2007年4月1日以后的申请的情况下，即使不提出复审请求，也可以在自驳回决定副本送达日起3个月内（外国申请人为4个月内）提出分案申请。因此，可以考虑放弃收到驳回决定的本案申请（母申请），通过分案申请（子申请）来获得权利的策略。此时，需要注意包括法第50条之2的规定等分

案的各种要件。

12.8　各审查阶段下的非法修改的通常的处理

违反修改的种类 → 特许厅的处分决定等 → 对策

（1）最初的驳回理由通知书前的修改

　　超范围增加新内容 → 最初的驳回理由通知书 → 反驳或治愈性修改
　　无其他修改限制

（2）针对最初的驳回理由通知书答复时的修改

　　超范围增加新内容 → 最后的驳回理由通知书 → 反驳、治愈性修改、考虑分案

　　技术特征变更 → 最后的驳回理由通知书 → 难以治愈性修改、考虑分案
　　无禁止目的外修改的限制

（3）针对最后的驳回理由通知书❶答复时的修改

　　超范围增加新内容 → 修改不予接受 + 驳回决定 → 复审请求、反驳、治愈性修改、考虑分案

　　技术特征变更 → 修改不予接受 + 驳回决定 → 难以治愈性修改、考虑分案

　　目的外修改 → 修改不予接受 + 驳回决定 → 复审请求、修改、考虑分案

（4）复审请求时的修改

　　超范围增加新内容 → 前置解除 → 修改不予接受 + 维持驳回复审决定 → 复审决定撤销诉讼、不可分案

　　技术特征变更 → 前置解除 → 修改不予接受 + 维持驳回复审决定 → 复审决定撤销诉讼、不可分案

　　目的外修改 → 前置解除 → 修改不予接受 + 维持驳回复审决定 → 复审决定撤销诉讼、不可分案

---

❶ 包括与基于法第 50 条之 2 规定的通知书一并发出的驳回理由通知书。

第13章
分案申请（法第44条）

13.1 分案申请制度的规定和概要

法第44条

专利申请人仅可以在下列情况下将包含两个以上发明的专利申请的一部分作为一件或两件以上的新的专利申请提出。

一、能够对请求书中所附的说明书、权利要求书或附图进行修改之时或期限内。

二、自授权通知书（除了在第163条第3款中适用的依据第51条的规定所作出的授权通知书以及针对第160条第1款所规定的发回审查的专利申请所作出的授权通知书）的副本送达之日起30日内。

三、最初的驳回决定的副本送达之日起3个月内。

2. 在前款情况下，新的专利申请被视为是在原申请的申请时提交的。但是，新的专利申请属于第29条之2中规定的另一件专利申请或实用新型法第3条之2中规定的专利申请的情况下的该些规定的适用以及第30条第3款、第41条第4款及第43条第1款（包括在前条第3款中适用的情况）规定的适用不在此限。

3. （省略）

4. （省略）

5. 当本条第1款中规定的期限依据第4条或第108条第3款的规定被延长时，视为第1款第2项中规定的30日的期限以该延长的期限为限被延长。

> 6. 当第 121 条第 1 款中规定的期限依据第 4 条的规定被延长时，视为第 1 款第 3 项中规定的 3 个月的期限以该延长的期限为限被延长。
>
> **法第 50 条之 2**（与已通知的驳回理由为相同理由内容的通知书）
>
> 在审查员欲根据前条的规定就专利申请发出驳回理由通知书的情况下，当该驳回理由与就另一件专利申请（仅限于通过对该专利申请和该另一件专利申请的至少任意一者适用第 44 条第 2 款的规定而与该专利申请同时提交的情况）的……（驳回理由）通知书（除了该专利申请的申请人在针对该专利申请的实质审查请求前未处于能够得知该内容的状态）中的驳回理由相同时，应当一并通知该内容。

（1）分案申请制度的要旨和概要

设立分案申请制度的要旨是，当专利申请（原申请）的权利要求书中所记载的多项发明不满足发明的单一性或者当申请人希望针对仅在说明书或附图中记载的发明另外获得专利权时，通过使申请人能够针对该些发明提出新的专利申请从而对于原申请中所公开的发明给予充分的保护。另外，也可以利用分案申请来应对最近过于严格的修改限制。

专利申请人可以在法定的期限内基于包含两项以上发明的专利申请针对一部分发明提出新的专利申请（分案申请）（法第 44 条第 1 款）。分案申请（在本书中也称为"子申请"）只要满足法律上的形式要件及实体要件，就被视为是在原专利申请（下称"原申请"或"母申请"）时提交的（法第 44 条第 2 款），也即承认保留原申请日的溯及力。基于分案申请（子申请）还可以进一步提出分案申请（孙申请）。

根据平成 18（2006）年修订的专利法（2007 年 4 月 1 日施行），以放宽分案的时机要件等为目的对法第 44 条进行了修订，并以防止滥用分案申请制度为目的新增加了法第 50 条之 2。对于基于 2007 年 3 月 31 日以前申请的原申请（母申请）提出分案申请（子申请）以及基于该子申请进一步提出分案申请（孙申请）时的分案要件等，根据修订前的法律进行判断。

针对 2007 年 4 月 1 日（修订法施行日）以后申请的原申请及其分案申请，适用平成 18（2006）年及平成 20（2008）年修订的专利法（在本章中称为"修订法"）第 44 条及第 50 条之 2 的规定。换言之，对于基于 2007 年 4 月 1 日以后申请的原申请（母申请）提出分案申请（子申请）以及基于该子申请进一步提出分案申请（孙申请）时的分案要件等，根据修订法进行判断。这样一来，需要注意，随着原申请的申请日不同，所适用的法律也会不同。作为

第 13 章　分案申请（法第 44 条）

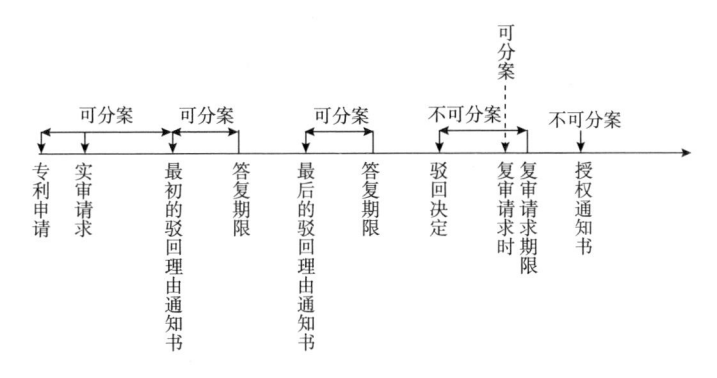

图 13-1　基于 2007 年 3 月 31 日以前的申请可提出分案申请的时机

用于确定分案申请制度的适用法律的基准日的原申请的申请日，在原申请为基于国际申请进入日本国家阶段的国际专利申请（法第 184 条之 3）的情况下是国际申请日，在原申请为要求《巴黎公约》优先权或本国优先权的申请（法第 41 条、第 43 条、第 43 条之 2）的情况下是实际申请日。

需要说明的是，随着 2009 年 4 月 1 日施行的平成 20（2008）年专利法修订将复审请求期限从 30 日内扩大至 3 个月内（外国申请人为 4 个月内）以及将复审请求时的可进行修改时机限定为"与复审请求同时"（法第 17 条之 2 第 1 款第 4 项），法第 44 条第 1 款第 3 项及第 1 项的规定也进行了修订。

（2）修订法的修订概要
可分案时机的放宽
① 变为在授权决定后 30 日内可以提出分案申请（法第 44 条第 1 款第 2 项）。
② 变为在驳回决定后，即使未提出复审请求，也可以在 3 个月内（外国申请人为 4 个月内）提出分案申请（法第 44 条第 1 款第 3 项）。
修改限制的严格化
③ 变为当在分案申请（子申请）中再次发出与在另一件专利申请（例如原申请）的审查中已通知的驳回理由相同的驳回理由通知书时，审查员会发出已进行过通知内容的通知书（法第 50 条之 2），并会受到与收到的最后的驳回理由通知书的情况同样的修改限制（法第 17 条之 2 第 5 款、第 6 款）。

13.2 关于分案申请的要件

13.2.1 关于分案申请的形式要件

（1）主体要件

原申请的"专利申请人"可以提出分案申请，需要原申请的请求书中所记载的申请人与分案申请的请求书中所记载的申请人在分案时完全相同（法第44条第1款）。当原申请为共同申请时，应当由全体申请人来提出分案申请。其原因是，原申请的请求书中所记载的全体申请人对于原申请的说明书等所公开的所有发明均共同具有申请专利的权利（法第34条第1款）。

对于未由原申请的全体申请人所进行的分案申请，除了能够确认分案申请是由受全体申请人委托的代理人提出并且显而易见是在分案申请文件填写时发生遗漏的情况以外，将被视为未提出（法第18条之2第1款）。当针对要提出分案的发明希望专利申请权的转移时，可以在分案提出后针对分案申请以申请人名义变更手续。

并不要求原申请的请求书中所记载的发明人与分案申请的发明人一致。其原因是，分案申请是对原申请的一部分进行分案，有时原申请的说明书等所公开的多项发明分别是由不同的发明人所作的发明。原本在日本的专利法中也不存在关于发明人的驳回理由、异议理由、无效理由（法第49条、第113条、第123条）。

（2）时机要件

分案申请应当在下列时间或期限①~③内提出（法第44条第1款各项）。

① 能够对原申请的说明书等进行修改之时或期限内（法第44条第1款第1项）

"能够……进行修改之时"：与复审请求同时（法第17条之2第1款第4项）提出分案的情况。

"能够……进行修改之……期限内"：在收到最初的驳回理由通知书之前任何时间（该款前段）均可以提出分案，之后在针对驳回理由通知书的答复期限内（通常为60天，外国申请人为3个月）（该款第1项及第3项）也可以提出分案。

在针对复审请求的审理中所发出的驳回理由通知书进行答复时也可以提出分案（该款第1项括号内容）。

第13章 分案申请（法第44条）

② 自原申请的授权通知书的副本送达日起30日内（法第44条第1款第2项）

由于是规定为"授权通知书"，因此在授权复审决定后不可提出分案。另外，在复审请求后的授权通知书（即前置审查中的授权通知书）（法第163条第3款）或案卷返回原审查部门的继续审查（法第160条第1款）后的授权通知书的情况下也不可提出分案（该项括号部分）。因此，当需要根据收到了驳回决定的原申请来提出分案申请时，最好在复审请求时就提出分案申请。

当专利登记费的缴纳期限被延长时（法第108条第3款），可进行分案的期限也随之被延长（法第44条第5款）。即便自授权通知书副本送达日起30日的期限未届满，如果已经缴纳专利登记费并办理了专利权的登记手续使得原申请的审批手续已结案，则之后将无法提出分案申请。因此，如果打算提出分案申请，则可以先不缴纳专利登记费而待分案申请的准备工作齐备后，与分案申请同时或在分案申请之后缴纳专利登记费。当在分案申请前误缴了专利登记费时，如果是在登记前则还可以提出分案申请，但最好尽快提出分案。

③ 最初的驳回决定的副本送达日起3个月内（法第44条第1款第3项）

对于2007年3月31日以前的申请，由于在收到驳回决定时如果不提出复审请求则无法提出分案，因此仅仅为了获得分案申请的机会就不得不缴纳高额的复审请求费（法第195条第2款）。根据修订后的专利法，针对2007年4月1日以后的申请，放宽为即使不提出复审请求也可以提出分案，因此作为针对驳回决定的专利法上的应对，可以采用仅提出复审请求、仅提出分案、复审请求+分案申请或搁置这四种对策的任意一种。

在复审请求期限被延长时（法第4条），可进行分案的期限也随之延长（法第44条第6款），外国申请人可以在自驳回决定副本送达日起4个月内提出分案申请。通常，驳回决定是通过电子方式送达，因此"送达日"与发送日为同一日。

在"最初的"驳回决定或因复审请求而被发回到原审查（法第160条第1款）后的第二次以后的驳回决定的情况下，不可提出分案。

④ 对于在可提出分案的期限以外的时间提出的分案申请，将作为超过期限而无法恢复的手续，在发出视为未提出通知书后被视为未提出（法第18条之2第1款）。

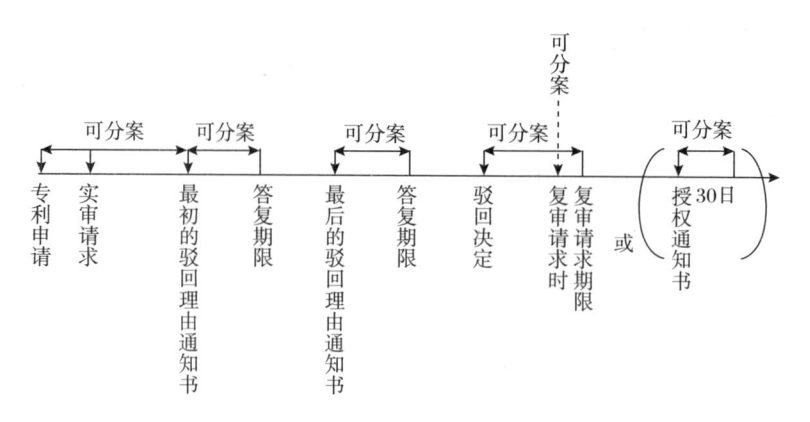

图 13-2　基于 2007 年 4 月 1 日以后的申请可提出分案申请的时机

13.2.2　关于分案申请的实体要件

可以根据"包含两个以上发明的专利申请"提出分案（法第 44 条第 1 款），也即需要原申请的审批程序尚未结案并且原申请公开了两个以上的发明。要提出分案的发明只要在原申请的说明书或附图中公开即可，无须在原申请的权利要求书中记载。通常，不会在针对分案申请的驳回理由通知书中指出不满足该客体要件。

在针对原申请的说明书等能够进行修改时提出分案的情况与在不能够进行修改时提出分案的情况的实体要件稍微有些不同。

（1）在能够对原申请进行修改之时或期限内（在本书中统称为"可修改期内"）提出分案的情况（法第 44 条第 1 款第 1 项）下，需要满足下列实体要件①及②。

① 并非将原申请的分案前最后一次提交的说明书等所记载的全部发明作为分案申请所涉及发明

换言之，将原申请的分案前的说明书等所记载的多个发明全部记载在权利要求书中的分案申请会违反分案要件。由于法第 44 条第 1 款中规定"将……的一部分"，因此要求该要件。然而，通常由于在专利申请的说明书等中会从多方面、层级式地包含各种各样的多个发明，因此分案申请的权利要求书中通常不会收罗原申请的分案前最后一次提交的说明书等所记载的全部发明。通常，不会指出违反该要件。

② 分案申请的说明书等所记载的内容未超出原申请的原始说明书等所记载内容的范围

不允许在分案申请的说明书等中超范围增加记载并非原申请原始记载内容

的新内容。这是在先申请原则下为了享有保留原申请日的溯及力而被要求的要件。相对于原申请的超范围新内容不仅不允许记载在权利要求书中而且不允许记载在说明书中。这是因为分案申请说明书所记载的内容可以记载在分案后的权利要求书中。关于是否超出原申请原始记载内容的范围的判断基准，与修改中的超范围增加新内容（法第17条之2第3款）的判断基准相同。

★为了满足法第44条1款的要件，判断本案专利发明是否记载在原申请中的原始说明书、权利要求书及附图中即可〔知识产权高等法院2010年2月25日判决，平成21年（行ケ）第10352号［折叠集装箱案］］。

★在本案发明1中，如原告所主张的，即便在满足"R>r"的要件的情况下，除了基座的旋转中心、肩关节部的旋转中心、支柱被配置在大致一条直线上的结构以外，虽然还能够想到未发挥减小机器人的旋转半径的作用效果，但是所属领域技术人员通常不会采用原告作为前提的极端的设计，并且权利要求书包含不具有作用效果的结构，因此未必总是欠缺分案要件〔知识产权高等法院2010年2月25日判决，平成21年（行ケ）第10352号［折叠集装箱案］］。

在以基于国际申请的外文专利申请为原申请提出分案的情况下，关于是否超出原申请的原始记载内容，是以作为记载了国际申请日的发明内容文本的原文说明书为基础进行判断。在以外文文本申请（法第36条之2）为原申请提出分案的情况下，关于是否超出原申请的原始记载内容，是以作为记载了原申请日的发明内容文本的外文文本为基础进行判断。因此，当在原申请的译文中存在译文错误时，原则上可以以改正了译文错误的说明书进行分案申请，而无须就原申请进行改正译文错误。

在以外文文本申请来提出分案申请的情况下，关于是否超出原申请的原始记载内容的范围的判断对象，并非是分案申请的外文文本本身，而是外文文本的译文。

（2）在不能够对原申请进行修改的期限（收到授权通知书30日内的期限）或收到驳回决定3个月内的期限（除了与复审请求同时进行分案）（在本书中称为"不可修改期内"）提出分案的情况下，除了上述要件①及②，还需要满足下列要件③。

③ 分案申请的说明书等所记载的内容未超出原申请的分案前最后一次提交的说明书等所记载内容的范围

不允许在分案申请的说明书等中记载虽然是原申请的原始记载内容但是并

未记载在分案前最后一次提交的原申请说明书等中的内容。换言之，在通过对原申请说明书等进行修改而将原申请的一部分原始记载内容从原申请说明书等中删除的情况下，不允许之后在不可修改期内所提出的分案申请的说明书等中记载上述删除的内容。

在原申请的可修改期内，虽然是未记载在分案前最后一次提交的原申请说明书等中的内容，但只要是原申请的原始记载内容，则可以通过对原申请进行修改而恢复记载在说明书等中后再提出分案申请，因此在手续上即使不对原申请进行修改也可以将曾经删除的内容记载在分案申请中（上述要件②）。然而，由于在不可修改期内不能进行该恢复修改，因此对于分案申请的说明书等也无须允许该类内容的记载。如果从分案申请所获得利益不得超出可从原申请所获得利益的角度来考虑则更容易理解。该要件是随着根据修订法允许在规定的不可进行修改期间内也能够进行分案而在修订审查基准中新增的要件。

在原申请的译文中存在译文错误，并且未进行改正译文错误的情况下，当在不可修改期内进行分案申请时，不能以改正了译文错误的说明书来进行分案。

这样一来，即便是在相同的驳回决定后所提出的分案申请，与复审请求同时提出分案申请的情况和在可请求复审的期限内未提出复审请求而仅提出分案的情况，在能够记载于分案申请中的内容的范围有时也会不同。因此，在已将原申请的说明书等的一部分记载内容进行删除修改的情况下，当在驳回决定后提出分案申请时，最好尽量与复审请求同时提出分案申请。

13.3　分案申请的手续

（1）分案的时机

需要在可提出分案之时或期限内，提出作为新的专利申请的分案申请，并交纳申请手续费（法第195条附表）。如在法第44条第1款中规定的"一件或两件以上的"，可以提出多件分案申请。

在补正书提交期限内提出分案申请的情况下，分案申请并非必须与补正书、意见书同时提交，在指定的答复期限内（法第50条），只要原申请未结案就可以在任意时间提出分案申请。

在与针对原申请提出复审请求之日同日提出分案申请的情况下，将作为分案申请是与复审请求同时（可进行修改之时）提出的情况，判断分案申请的实体要件。但是，提出该分案申请之时与该复审请求时显然并非同时的情况不在此限。对于电子方式手续，与复审请求同时提出分案申请的情况中的"同时"是指将复审请求的发送文件与分案申请的发送文件放入相同的发送文件夹内,选择这些发送文件,并在该状态下点击"电子申请"按钮。当由于通信错误等仅误发了复审请求书时,只要在同一日中发送分案申请的发送文件(不在请求书中填写母申请的复审请求号),就会作为同时提出分案的情况处理。

(2) 请求书

在分案申请的请求书中,如下所示,需要标注为分案申请的声明并填写原申请的申请号及申请日。

【特别记载事项】根据专利法第 44 条第 1 项的规定提出的专利申请
【原申请的表示】
　　【申请号】平成 12 专利申请第 123456 号
　　【申请日】平成 12 年 3 月 4 日

当在母申请 → 子申请 → 孙申请的情况下本次分案申请属于第三代的孙申请时,需要在【申请号】栏中填写子申请的申请号,在【申请日】栏中填写母申请的申请日(保留的原申请日)。

(3) 书面说明

当审查员无法容易地判别是否满足实体要件时,可以基于法第 194 条第 1 款的规定要求申请人提出就以下事项(i)、(ii)等进行说明的文件。以往曾要求申请人在分案申请时主动提出对详细内容进行说明的书面说明。

(i) 与原申请的原始说明书等或分案前最后一次提交的原申请说明书等相比的改变部分;

(ii) 作为分案申请权利要求的依据的原申请的原始说明书等的记载内容。

(4) 保留

对于在原申请中已经提交的规定文本或文件(例如在先申请文件副本),在分案申请中可省略提交(法第 44 条第 4 款)。只要在原申请中合法地要求了优先权,则即使在分案申请的请求书中未要求优先权,也能够享受优先权。

(5) 实审请求

由于实质审查期限(法第 48 条之 3 第 1 款)的 3 年是从原申请的申请日开始计算,因此需要在自原申请日起 3 年内就分案申请提出实质审查请求。但是,特例规定如果自原申请日起 3 年的期限已经届满,则可以在自分案日起 30 日内就分案申请提出实质审查请求(法第 48 条之 3 第 2 款)。如果在法定期限内未提出实审请求,则该分案申请将被视为撤回(法第 48 条之 3 第

4款）。

（6）法第 50 条之 2 的通知

当在分案申请的审查中发出与在原申请等其他申请的审查中已通知的驳回理由相同的驳回理由通知书时，审查员会一并发出为相同理由内容的通知书（法第 50 条之 2）。对于针对通知了该内容的驳回理由通知书（即使是最初的驳回理由通知书）进行答复的权利要求书的修改，会进一步要求所谓的禁止目的外修改的修改限制（法第 17 条之 2 第 5 款、第 6 款）。

13.4 分案申请的效果

（1）保留原申请日的溯及力

合法的分案申请被视为是在原申请之时提出的申请（法第 44 条第 2 款），也即承认保留原申请日的溯及力。因此，在分案申请的审查时，对新颖性、创造性、法第 39 条的先申请原则等专利要件进行判断的基准日被提前至原申请的申请日。该保留原申请日的溯及力本身即为采纳了实审原则、先申请原则等原则的日本专利法中的分案申请制度的存在意义。由于对分案申请赋予了保留原申请日的溯及力，因此对于例如因缺乏单一性或不可修改等理由而无法通过原申请来获得授权的发明，开辟了可以通过具有保留原申请日效果的分案申请来获得授权的途径。当在新颖性、创造性的判断中要判断到申请的时刻时，如法第 44 条第 2 款所规定，分案申请将被视为是在原申请的申请时提出的申请来进行判断。因此，可能更正确来说应将其称为保留原申请时的溯及力，但是由于通常不会判断到申请的时刻，因此习惯将其称为保留原申请日的溯及力。

当在原申请中要求了优先权时，在分案申请中也同样承认优先权的要求及效果。因此，在分案申请的审查中，对新颖性、创造性、法第 39 条的先申请原则等专利要件进行判断的基准日为原申请中的优先权日。

当在原申请中享有发明不丧失新颖性的宽限期时，在分案申请中会同样承认不丧失新颖性的宽限期的要求及效果。

（2）法定期限的计算的起算日

对于以申请日为起算日的法定期限，原则上以原申请日为起算日进行计算。例如，实审请求期限为自原申请日起 3 年（或自分案递交日起 30 日）内（法第 48 条之 3 第 1 款、第 2 款），专利权的期限自原申请日起算原则上为 20 年（法第 67 条第 1 款）。

第13章 分案申请（法第44条）

（3）保留原申请日的溯及力的例外

① 关于作为法第29条之2的抵触申请规定中的"另一件专利申请"而具有在后申请排除效果的在先申请的地位并不具有保留申请日的溯及力，而是根据分案申请的实际递交日来给予法第29条之2的在先申请的地位（法第44条第2款但书）。这是因为有可能在分案申请中记载新的技术内容，由于关于原申请原始记载内容会根据原申请给予在后申请排除效果，因此不会有问题。

② 关于主张适用发明不丧失新颖性的宽限期的文件提出期限（法第30条第3款）、要求本国优先权或《巴黎公约》优先权的文件提出期限（法第41条第4款、法第43条第1款），并不溯及申请日，保障了该些手续的机会。另外，关于《巴黎公约》优先权的在先申请文件副本提出期限（法第43条第2款）及外文文本申请的译文提出期限（法第36条之2第2款），也增设了可提出手续的期限（法第44条第3款、法第36条之2第2款但书）。当然，如果在原申请中已经提出了所需的规定文件，则在分案申请中可以省略提出（法第44条第4款）。

（4）法第39条的在先申请

① 分案申请的权利要求中记载的发明（分案申请所涉及发明）对于原申请日以后的在后申请具有作为法第39条的在先申请的在后申请排除效果。

② 在分案申请所涉及发明与分案审查时的"原申请所涉及发明"（原申请的权利要求书中记载的发明）相同的情况下，会变成同日相同发明（法第39条第2款）的情况（由于并未违反分案要件因此未失去保留原申请日的溯及力），将以日本特许厅厅长名义发出协商通知书（法第39条第6款），同时由审查员发出关于法第39条第2款的驳回理由通知书。对此，通常不会对原申请［即便尚未结案也应该已经授权（法第39条第5款）］进行修改，而是以对分案申请的权利要求书进行修改从而克服两发明的相同性的方式来应对。需要提出补正书及意见书，无须提出协商结果的报告（法第39条第6款）。

该类相同发明的情况通常是姑且先将与原申请的权利要求1相同的发明记载为分案申请的权利要求1并在尚未确定在分案后以何发明来获得专利权时就收到了最初的驳回理由通知书的情况。由于如果收到了最初的驳回理由通知书则修改限制会因禁止SHIFT修改的规定而变严，并且如果还收到了法第50条之2的通知书则修改限制会因禁止目的外修改的规定而变得更严，因此最好在收到最初的驳回理由通知书之前预先对分案申请的权利要求的内容及项数进行适当修改。

13.5　分案申请的有效利用

（1）就原申请中未被作为审查对象的发明获得权利

在将被认为具有特别技术特征的发明记载在权利要求1中并提出了包括多项权利要求的专利申请（原申请）后，经审查引用公知文献否定在权利要求1中存在特别技术特征并发出了违反发明单一性（法第37条）规定的驳回理由通知书的情况下，当就未被作为新颖性、创造性等的审查对象的发明希望获得专利权时，可以就该些发明提出分案申请。

（2）就不满足修改要件的发明获得权利

① 在就原申请收到最后的驳回理由通知书或驳回决定的情况下，当想针对权利要求进行改变或增加（外在附加）某些特征（技术特征）的修改时，也即就不属于限定性缩小而构成目的外修改的发明希望获得专利权时，可以就该些发明提出分案申请。例如，经常出现在针对仅指出记载缺陷的驳回理由（法第36条）的最初的驳回理由通知书进行答复之后，严格的审查员会紧接着以最后的驳回理由通知书的形式发出缺乏创造性的驳回理由通知书的严酷事态。在该类事态的情况中，由于严格的审查员已不会再允许外在附加的修改方式，因此可以放弃通过原申请来获得授权，针对利用外在附加方式修改而具有创造性的权利要求提出分案申请。

② 有时在收到指出之前作出的修改属于超范围增加新内容（法第17条之2第3款）的最后的驳回理由通知书的情况下，当对被指出为超范围新内容的技术特征进行删除或改变的修改不属于限定性缩小时，严格的审查员不会允许该类修改，因此有时会陷入无法进行应对的窘境。在该类情况下，可以就将被指出为超范围新内容的技术特征删除或改变后的权利要求提出分案申请。

（3）针对驳回决定的应对

当针对指出缺乏创造性的驳回决定以具有挑战性的较宽的权利要求提出复审请求时，由于最终收到维持驳回的复审决定的可能性较大，因此作为更保险的方案可以预先提出分案申请。当就原申请的驳回决定或维持驳回的复审决定生效时，由于原申请并不构成法第39条的在先申请（法第39条第5款），因此可以在分案申请中以同样的权利要求再从其他的角度进行挑战。

（4）按照申请后的技术标准或市场变化来获得权利

可以根据专利申请后的技术标准或事实标准（de facto standard）的确定、市场状况的变化或竞争对手新产品的发售等有效地利用尚未结案的关联专利申请来构建合适的权利要求群组。为了取得符合技术标准的必需专利权或具有完全覆盖竞争对手产品的有效技术范围的专利权，可以根据关联专利申请预先提出分案申请，待技术标准确定后，对分案申请的权利要求书进行修改从而使权利覆盖该技术标准等。另外，作为针对许可费的数额取决于必须专利的件数的专利池的对策，姑且不论其是非如何，可以在合理的件数范围内提出分案申请。

（5）专利授权后的分案

根据2006年修订法，提供了在自专利授权通知书副本收到日起30日内进行分案的机会，因此在未发出驳回理由通知书而直接授权的情况下，也可以通过就与被授权的权利要求的发明技术范围不同的发明提出分案申请来实现权利化。当分案申请用的权利要求尚未确定时，可以姑且先以与原申请的权利要求1相同的权利要求提出分案申请，之后再慎重地考虑欲获得专利权的发明。

（6）用于变更为外观设计申请的分案

当在发明专利申请的附图中充分地表现了外观设计（产品的形态等）时，通过先根据该专利申请（原申请）提出分案申请，再进行将该分案申请变更为外观设计申请的申请变更（外观设计法第13条），从而能够在保留原申请日的情况下获得外观设计专利权的保护，而不产生原申请被视为撤回的效果。

13.6　关于分案申请的注意事项

（1）手续上的注意事项

① 需要注意随着申请日不同，可提出分案的时机也会不同。其需要基于母案的申请日进行判断。当母案为分案申请时，以母案的母案的申请日进行判断。在关于申请日为2007年3月31日以前的申请收到驳回决定的情况下，如果不是与关于该申请的复审请求同时提出，则不能提出分案申请。

② 当超过自原申请日起3年以上时，不要忘记就分案申请自分案递交日起30日内提出实审请求（法第48条之3第2款）。

③ 需要注意，即便是在自原申请的授权通知书收到日起30日内，在已经办理了专利权的登记手续之后，由于原申请的审批手续已结案，因此也无法提出分案申请。当在分案申请前误缴了专利登记费时，如果是在登记前则还可以提出分案申请。

④ 由于在提出复审请求后收到授权通知书、授权复审决定或维持驳回的

复审决定时就已经无法提出分案申请，因此最好在提出复审请求时就考虑是否要分案。

⑤ 在原申请为外文专利申请，并且在进入日本国家阶段时未提交所有附图而是仅提交了需要翻译的附图的情况下，需注意在根据该原申请提出分案申请时需要提交所有附图。

（2）实体上的注意事项

① 需要注意，与美国的部分延续申请（continuation–in–part）不同，分案申请的说明书等所记载的内容被限制在原申请的原始记载内容的范围内。因此，如果记载了并非原申请的原始记载内容的超范围内容，则不满足分案要件并且会被不认可保留原申请日的溯及力。

② 需要注意，当在不可修改期内提出分案申请时，分案申请的内容会被进一步限制在原申请的分案申请前最后一次提交的说明书等的记载内容的范围内。因此，对于与复审请求同时提出分案申请的情况和在复审请求期限内未提出复审请求而仅提出分案申请的情况，在能够记载于分案申请中的范围上有时会不同。

③ 分案申请中发明（权利要求书中记载的发明）应当与分案后的原申请所涉及发明不同。当两发明相同时，违反一件发明一件专利的原则，适用法第39条第2款的规定，将以日本特许厅厅长名义发出协商通知书。

④ 当从原申请中抽出一部分发明提出分案申请时，需要注意不要将关于分案申请（子申请）发明的说明从原申请的说明书等中删除。其原因是，有可能根据原申请（母申请）再次提出分案申请（弟申请）。

⑤ 对于将专利申请中的一部分说明书记载内容删除的修改，应当充分慎重对待。其原因是，在不可修改期内将不能以该专利申请为原申请就所删除的内容提出分案申请。当就专利申请对权利要求书进行缩小修改后，有时会有个别的审查员（以维持申请的一致性等的名义）要求将修改后的权利要求的发明技术范围中未包含的实施例部分删除或变更为参考例，但最好不要盲目地按照该类要求进行修改。由于专利代理的实际工作就是将说明书所公开的多种多样的多个发明之中的一部分发明记载在权利要求书中，因此我认为上述要求本身就存在问题。

⑥ 需要注意，还需要将原申请的说明书等所记载的内容毫无遗漏地记载在分案申请的说明书等中。由于法第44条第1款中规定"将……专利申请的一部分"，因此容易误解为仅将一部分记载在分案申请的说明书等中即可，然而应当将关于分案申请发明以外的发明的说明也毫不省略地记载在分案申请的

第13章　分案申请（法第44条）

说明书等中，并且应当提出所有附图。其原因是，有可能根据分案申请（子申请）进一步提出分案申请（孙申请）。当原申请为外文专利申请时，需要注意在分案申请中较容易忘记提交一部分附图（特别是没有文字的附图）。

⑦ 当原申请为外文专利申请或以英文等外文提出的外文文本申请时，分案申请最好也是使用了作为原文的外文说明书等的外文文本申请。其目的是保留之后能够基于外文说明书等进行改正译文错误的后路。

⑧ 当根据从原申请（母申请）所分出的申请（子申请）进一步提出分案申请（孙申请）时，要注意子申请需要针对母申请满足所有分案要件，孙申请需要针对子申请满足所有分案要件，并且孙申请需要针对母申请满足分案要件之中的所有实体性分案要件。因此，当还可以根据母申请进行分案时，最好不要根据子申请来分案，上策是根据要件相对宽松的母申请直接进行分案。

⑨ 当在分案申请的审查中发出与在原申请等其他申请的审查中已通知的驳回理由相同的驳回理由时，审查员会一并发出为相同理由内容的通知书（法第50条之2）。需要注意，当发出了为相同理由的通知书时，对于针对该驳回理由通知书进行答复的权利要求书的修改，会进一步要求所谓的禁止目的外修改的修改限制（法第17条之2第5款、第6款）。

⑩ 有时在确定分案申请的专利权所涉及发明的技术范围时会参考母申请中的申请文档〔京都地方法院1999年9月9日判决，平成8年（ワ）第1597号［热感头案］〕。因此，无论是母申请的意见书，还是分案申请的意见书，都需要充分注意其中的主张内容。

⑪ 需要注意，与意见书的记载内容同样，审查员基于法第194条第1款的规定要求申请人提出的书面说明的记载内容会构成申请文档参考的对象及申请文档禁止反悔原则的考虑对象，会起到限制后续主张的作用。

⑫ 需要注意，如果不认可子分案申请的保留原申请日的溯及力的情况生效，则其还会影响到孙申请，针对孙申请也会不认可保留原申请日的溯及力。例如，如果在子申请中原样保留了并非母申请的原始记载内容的超出母申请范围的新内容，并且基于该原因的子申请的驳回决定生效，则子申请不满足分案要件并不被认可保留原申请日的溯及力的情况生效，由此孙申请也会无法享有保留原申请日的溯及力。因此，在提出孙申请分案时，最好务必预先克服子申请的分案要件缺陷。

⑬ 违反实体要件的分案申请（并不会被视为未提出）不会获得保留原申请日的溯及力，会作为通常的专利申请来处理。关于实体要件，相比将分案申请视为特殊的申请，如果将分案申请视为可以享有保留原申请日的溯及力这一附加利益的申请则更易于理解。违反实体要件通常是在分案申请的审查时被发

— 275 —

现，并在驳回理由通知书中指出。以分案申请的实际递交日为基准来判断分案申请所涉及发明的创造性等，通常由于原申请已经被公开，因此会基于其来否定分案申请所涉及发明的创造性等。

第 *14* 章
复审（法第 *121* 条）

14.1　复审制度的规定和要旨

> **法第 121 条第 1 款（复审）**
> 收到驳回决定的人对该决定不服时，可以自该决定的副本送达之日起 3 个月内请求复审。
>
> **法第 162 条（审查前置）**
> 在收到复审请求的情况下，当在该请求的同时对该请求涉及的专利申请的请求书中最初所附的说明书、权利要求书或附图进行了修改时，特许厅厅长应当责令审查员对该请求进行审查。

制度的要旨

特许厅审查员针对大量提出了实质审查请求的专利申请进行审查，并且应当针对判断为未克服驳回理由的专利申请作出驳回决定（法第 49 条）。然而，也有时在驳回决定的判断中存在瑕疵，因此应当针对收到驳回决定的人对决定不服的情况设置就不服进行申诉的途径。因此，为了判断驳回决定是否妥当，作为审查程序的续审，并且作为对法令的解释或适用及事实的认定进行重新考虑并对申请进一步进行审查的严正的准司法程序，设置了复审制度。

14.2　可提出复审请求的人

(1) 复审请求人
① 收到驳回决定的人（法第 121 条第 1 款），即收到驳回决定的该专利申

请的申请人或继承人可以提出复审请求。

② 共同复审请求

专利申请权涉及共有（所谓的共同申请）时，应当由全体共有人（共同申请人）共同提出复审请求（法第 132 条第 3 款）。相当于民事诉讼法中所说的固有必要的共同诉讼（民诉第 40 条第 1、2 款）。

当复审请求是由一部分共同申请人提出时，将进行如下处理。

i）在通过对自申请至复审请求期限届满所提出的文件进行综合查看后判定表示了实质上为共同复审的意思的情况下，将以合议组组长（或特许厅厅长）的名义发出手续补正通知书（法第 133 条第 1 款），当请求人通过答复对缺陷进行了补正时，作为合法的复审请求来处理。

ii）当请求人通过答复未能对缺陷进行了补正时，合议组组长将作出复审请求视为未提出的决定（法第 133 条第 3 款）。

iii）在通过对自申请至复审请求期限届满所提出的文件进行综合查看后未能判定表示了实质上为共同复审的意思的情况下，将作为未能对缺陷进行补正的情况，作出视为未提出的复审决定（法第 135 条）。

★ 如就涉及共有的专利申请权的复审请求，在规定为应当由全体共有人共同提出请求的情况下，无论代理人是否接受了来自全体共有人的就复审请求的委托，仅代理一部分共有人来提出复审请求是勉强进行不合法的复审请求，可以说该类行为既不自然也不合理，因此通常不会考虑是代理人进行了危害全体共有人利益的行为。于是，作为受理来自其代理人的复审请求书的特许厅，先不论推定代理人不得不进行该类不合理行为的特殊理由的情况，只要不存在该类理由，即便是在复审请求书的记载中表示了仅为了一部分共有人提出的情况下，也应当判断该类复审请求书是基于笔误造成的〔知识产权高等法院平成 22 年（行ケ）第 10363 号［噻吨酮衍生物案］〕。

(2) 参加人

针对复审，参加（法第 148 条）及参加的申请（法第 149 条）的规定并不适用。因此，即便是登记的临时独占实施权人（法第 34 条之 2）等利害关系人，也不能参加复审。

14.3　可提出复审请求的时机

(1) 自驳回决定副本送达日起 3 个月

复审请求可以在自驳回决定的副本送达之日起 3 个月内进行（法第 121 条

第 1 款）。以往复审请求期限为"30 日内"，从保障复审请求人的手续等观点，自 2008 年修订法起将其扩大至"3 个月内"。同时删掉了说明书等的修改必须与复审请求"同时"进行的部分。对于外国申请人，可以在自驳回决定副本的送达日起"4 个月内"提出复审请求。由于驳回决定是由日本特许厅通过电子方式发送的，因此以电子方式接收到驳回决定副本之日即为送达日。

（2）超过请求期限的复审请求

超过复审请求期限的复审请求将作为不合法且无法补正的请求被作出不予受理的复审决定（法第 135 条）。但是，"存在不可归责的理由时"除外（法第 121 条第 2 款）。"存在不可归责的理由时"被解释为基于天灾等客观理由而无法进行手续的情况以及认定具有通常注意力的当事人即使尽到通常所期待的注意仍无法避免的事由〔知识产权高等法院 2012 年 6 月 14 日判决，平成 24 年（行ケ）第 10084 号［超过复审请求期限案］〕。

14.4 复审请求的手续

（1）复审请求书

提出复审请求的人应当向特许厅厅长提出满足法第 131 条第 1 款所规定的形式要件的复审请求书（施行规则第 46 条）。

复审请求书中应当记载复审的请求主旨及请求理由。

（2）请求主旨

需要在［请求主旨］栏中记载例如"撤销针对日本专利申请 2012—123456 号所作出的驳回决定。请求作出对本申请授予专利权的复审决定"。

与专利无效宣告请求（法第 123 条）不同，不能以权利要求为单位提出复审请求。

（3）请求理由

需要在［请求理由］栏中具体、明确地记载关于不服原驳回决定的实质理由的请求人的主张、举证。例如最好如下所示对［请求理由］栏分项来记载。

<例 1>关于创造性的例子
- 手续经过
- 驳回决定的理由要点
- 本申请发明应被授权的理由
  （a）本申请发明的说明
  （b）修改依据的明示
  （c）引用发明的说明

(d) 本申请发明与主引用发明的对比
- 总结

＜例2＞关于说明书的记载缺陷的例子
- 手续经过
- 驳回决定的理由要点
- 针对记载缺陷指出内容的应对
- 总结

在例1的"理由"中最重要的项目是"(d) 本申请发明与主引用发明的对比"，在该项中需要针对本申请发明并非基于主引用发明能够容易得到的理由（具备创造性的理由）进行具有说服力的说明。虽然与在针对缺乏创造性的驳回理由进行答复的意见书中所主张的内容基本相同，但是由于一般在由复审合议组所进行的审理中会比审查更详细地进行考虑，因此可以比主张具备创造性理由的意见书更详细地进行说明。例如，可以利用图表或概要图等进行说明。另外，需要注意［请求理由］栏的主张会在事后作为申请文档被参考，有可能会被对手利用。

(4) 说明书等的修改

说明书等的修改应当与复审请求同时进行（法第17条之2第1款第4项）。对于修改内容附加禁止目的外修改的限制（法第17条之2第5款）。当对权利要求书进行修改时，应当以权利要求书全文为单位进行修改（施行规则第11条表格13备考7）。当违反时，会发出补正通知书。

(5) 手续费

应当向日本特许厅缴纳的复审请求手续费为49500日元加上每项权利要求5500日元的数额（法第195条附表）。由于随着权利要求项数的增加，复审请求手续费也会增加，因此最好在提出复审请求时对权利要求的项数进行考虑。即使在复审请求后进行减少权利要求个数的修改，也不会部分返还复审请求手续费。

14.5　前置审查

(1) 在针对专利申请的驳回决定提出复审请求的情况下，如果与复审请求同时对该请求所涉及的申请的说明书、权利要求书或附图进行修改，则会附加由审查员所进行的前置审查（法第162条）。前置审查是鉴于大部分在复审中驳回决定被推翻的案件是由于在驳回决定后对说明书等进行了修改的情况，通过让作出该驳回决定的审查员对该案件再次进行审查，从而减少应由复审审查员处理的案件数，以促进复审的制度。

如果附加前置审查，则会向复审请求人发出审查前置移交通知书。虽然前置审查根据其宗旨原则上由作出驳回决定的审查员自身来进行，但也有时由于人事变动等原因使得本人无法进行审查而是由其他审查员进行审查。作为向前置审查员申请会晤的方法，可以在提出复审请求时提出记载有希望进行会晤的书面说明或者打电话给前置审查员口头告知希望进行会晤。作为向前置审查员口头申请会晤的时机，最好在案件被移交到前置审查之后迅速提出申请。其原因是，如果审查员已完成前置审查并起草前置报告书则会来不及进行会晤。

不仅是对权利要求书进行修改，即使对说明书或附图进行修改也会附加前置审查。除了存在特别理由的情况以外，最好通过至少进行微小的形式上的修改从而使案件移交到前置审查。

（2）通过前置审查发出的授权通知书

在前置审查中，当驳回决定的理由被复审请求时的合法修改克服，但审查员就修改后的申请发现了与驳回决定的理由不同的新驳回理由时，将发出驳回理由通知书。

当修改后的说明书等克服了驳回决定的理由，且也未发现其他驳回理由时，前置审查员应当撤销原驳回决定并发出授权通知书（法第164条第1款、第163条第3款）。复审请求案件也会因发出授权通知书而终止。虽然未接受到由合议组进行的审理，但也不会部分返还复审请求手续费。当由前置审查员发出授权通知书时，不适用授权通知书后的可提出分案申请的规定（法第44条第1款第2项括号内容）。需要通过在自授权通知书副本送达日起30日内一次性缴纳第1年至第3年的专利费（法第108条第1款），来办理专利权的登记手续（法第66条）。

复审请求件数和各结果件数

年份	请求件数	前置授权	授权复审决定	驳回复审决定	撤回或放弃
2007年	32586	12095	6290	7963	2472
2008年	31019	13208	6511	8482	3216
2009年	24137	11595	7400	7982	3863
2010年	27889	13627	8503	7928	3114
2011年	26663	14030	8783	7490	2811
2012年	24958	13459	8518	6688	2378
2013年	24644	12998	6726	5483	1662
2014年	25710	12506	6589	3612	1351
2015年	21858	11631	8890	4372	1191

（3）审查前置解除

针对修改后的说明书、权利要求书及附图进行前置审查后仍然维持原驳回决定时，前置审查员会向特许厅厅长报告（前置报告）该前置审查的结果以及维持原驳回决定的所有理由（有时还会示出追加的引用文献）（法第164条第3款）。当附带前置审查的复审请求到达前置解除的状态时，会向复审请求人发出审查前置解除通知书。

即便是在复审请求时的修改被判断为不合法的情况下，除了发出授权通知书的情况以外，前置审查员也不得作出修改不予接受的决定（法第164条第2款），而是会在前置报告书中记载复审请求时的修改不被接受的理由。

在前置审查被解除的情况下，特许厅厅长会让复审审查员对复审请求案件进行审理（法第137条），委托复审合议组就原驳回决定是否妥当进行审理。

当收到审查前置解除通知书时，可以在日本特许厅主页内的专利信息平台（J – PlatPat）上进行检索，在审查信息文件介绍栏获知前置报告书的内容。还可以对前置报告的内容进行分析，通过书面说明的方式向合议组组长提出针对前置报告的反驳。另外，由于此时还是申请会晤的较佳时间点之一，因此可以根据需要向复审审查员申请会晤。

14.6　由复审合议组进行的审理

（1）复审审查员

复审请求案件由3名或5名复审审查员组成的合议组进行审理（法第136条）。虽然重要的案件是由5名复审审查员进行审理并将其称为大合议，但是大部分案件是由3名复审审查员进行审理。其中，指定1名合议组组长来总体负责关于复审案件的事务（法第138条）。作为审查员参与了原驳回决定（参与前审）的人不得成为该复审案件的复审审查员（法第139条第6项）。

（2）续审

复审中的审理被定位为审查程序的续审（续审主义，参见法第158条）。因此，当对驳回决定是否妥当进行判断时，并非与在审查阶段所进行的程序或结果毫无关系地从头重新进行审理（再审主义），而是以在审查阶段所进行的程序为前提，有时还会补充新的资料，进行"能否维持原驳回决定的审理"。在复审中不会再次通知与在审查中所通知的驳回理由完全相同的驳回理由（例如针对相同的权利要求基于相同的引用文献1相同地否定创造性的驳回理由）。

第 14 章　复审（法第 121 条）

"能否维持原驳回决定的审理"的对象为原驳回决定的结论，而非其理由。因此，例如通过在复审中对驳回决定是否妥当进行审理后，虽然作为驳回决定依据的理由（例如由于引用文献 1 缺乏新颖性）并不妥当，但是当复审审查员因发现了新的驳回理由（例如由于引用文献 1 及引用文献 2 缺乏创造性）而得出原决定的结论（即应当驳回的结论）时，会得出维持驳回决定的结果，因此复审的结论为"本复审请求不成立"（维持原驳回决定）。当基于与原驳回决定不同的驳回理由作出请求不成立的复审决定时，应当预先对复审请求人通知该驳回理由并给予提出意见书等的机会（程序的保障，参见法第 159 条）。但是，关于与原驳回决定的理由仅存在微小差别的驳回理由也并非一律发出驳回理由通知书，而是根据在具体的案件中是否实质上已给予了请求人陈述意见的机会的观点，判断是否需要发出驳回理由通知书。因此，例如当申请在原驳回决定中因基于引用文献 1 被否定创造性而被驳回，在复审中基于相同的引用文献 1 被否定新颖性并判断驳回妥当，并且显然请求人也已进行了就新颖性陈述意见等应对时，有时在复审中不会再次发出驳回理由通知书而是直接作出复审决定。

当在复审中明确了原驳回决定所认定的主引用发明与本申请发明的相同点实际上为重要的不同点，并且为了示出该不同点的显而易见性而将引用文献 2 与主引用发明组合时，本来应当在作出维持驳回的复审决定之前对驳回理由进行通知（法第 159 条第 2 款）。然而，在该类情况下，有时复审审查员并不会发出驳回理由通知书，而是通过引用引用文献 2 作为示出公知技术的公知文献，并认定上述不同点仅为公知技术，从而直接作出维持驳回的复审决定（程序未得到保障），使复审请求人陷于困难的境地。

★根据平成 18 年法律第 55 号所规定的修订前的法第 50 条正文规定，当要作出驳回决定时，应当向申请人通知驳回理由，指定相应的期限给予其提出意见书的机会，根据法第 17 条之 2 第 1 款第 1 项，给予申请人在指定的期限内进行修改的机会，根据法第 159 条第 2 款，该些规定也适用于在复审中发现了与驳回决定的理由不同的驳回理由的情况。作为该适用的宗旨，是因为对基于在审查阶段未示出的驳回理由来直接作出请求不成立的复审决定，与审查阶段不同未设有后续的修改机会（原本在复审决定撤销诉讼中就不容修改），会使作为申请人的复审请求人措手不及，对于复审请求人来说过于严酷。因此，从程序保障的观点来看可以理解为是为了给予申请人提出意见书的机会从而实现公正的复审，并通过给予修改的机会从而实现对所申请专利发明的保护。实现该公正复审与专利发明的保护之间的平衡当然也适于在复审中与复审请求同时进行修改，并就修改后的权利要求书的记载发现了与驳回决定的理由不同的驳回理由的情况，并且同样应当重视之后无修改机会的复审请求人的程序保障。如果考虑上述各点，则在如本案在复审请求时作为修改进行了限定性缩小并对独立专利要件进行判断的情况下，假定发现了与驳回决定的理由完全不同的驳回理由时，应当向复审请求人发出驳回理由通知书，给予其提出意见书并进行修改的机会。因此，具体进行分析来说，本案驳回决定的理由是修改前发明为引用文献 1 中记载的发明，相比之下，复审决定是所属领域技术人员能够将公知技术应用到引用文献 1 所记载的发明从而容易地得到修改后发明，两者的差异在于，在复审决定中，将未限定引用发明中的脂质成分及结合剂成分是否形成了分子分散体认定为与修改后发明之间的不同点，并且认定用于形成分子分散体的技术为公知技术，通过将其应用到引用文献 1 所记载的发明从而能够想到不同点的方案……复审决定在复审程序中未指出存在不同点 3 及 4，也未示出关于熔融推出技术的上述各文献，直至作出判断才首次认定存在不同点 3 及 4，并应用该技术作出不成立的结论，其实质上等于基于与驳回决定的理由完全不同的理由作出判断，就该技术的公知性或应用可能性的有无以及与其对应的补正等未给予专利申请人任何主张的机会，从对于专利申请人的程序保障的观点来看不应允许〔知识产权高等法院平成 26 年（行ケ）第 10272 号［自乳化的活性物质混合物及其混合物的使用案］〕。

当要引用与原驳回决定不同的主引用文献来进行驳回时，应当在作出维持驳回的复审决定之前发出驳回理由通知书（法第 159 条第 2 款）。然而，在该类情况下，有时不会发出驳回理由通知书，而是直接作出维持驳回的复审决定。

★一般来说，如果作为与本申请发明进行对比的对象的主引用文献不同，则相同点及不同点的认定会不同，基于其所进行的显而易见性的判断内容也会不同。因此，当要引用与驳回决定不同的主引用文献进行判断时，只要不存在即使改变主引用文献也不会剥夺申请人的防御权的特殊情况，原则上法第 50 条应当适用于法第 159 条第 2 款中所说的"发现了与驳回决定的理由不同的驳回理由的情况"。……尽管本案复审决定中未给予申请人提出意见书的机会而替换主引用文献并判断本申请发明容易得出相当于"发现了与驳回决定的理由不同的驳回理由的情况"，

第 14 章　复审（法第 121 条）

但是却违反了由法第 159 条第 2 款所适用的"应当向专利申请人发出驳回理由通知书，并指定相应的期限给予提出意见书的机会"的法第 50 条的规定〔知识产权高等法院平成 24 年（行ケ）第 10056 号［具备电动式作业机用致动器和旋转驱动装置的建筑机械案］〕。

（3）主审员

复审合议组的复审审查员之中负责案件的主审员（有时也由合议组组长来担任主审员）对复审请求书或复审请求时所提出的补正书及审查经过（全部审查资料）的内容进行把握、整理，并进行合议的准备。当复审请求书的内容不清楚或需要进行技术上的确认时，有时也会由主审员通过电话等对复审请求人进行询问。在复审的合议中，在由主审员进行了关于案件的说明（申请的说明、关于审查经过及驳回决定的说明、复审请求理由的说明等）之后，合议组以过半数通过的方式进行判断。由于主审员掌握着审理程序的主导权，因此使主审员充分理解复审请求理由非常重要。

（4）审理对象

当在复审请求时未进行修改（未进行前置审查）时，作为驳回决定对象的说明书等为审理对象，复审合议组进行能否基于该说明书等维持原驳回决定的审理。

当在复审请求时进行了修改但变成前置审查解除时，首先进行复审请求时的修改是否合法的审理。换言之，对该修改是否并非超范围增加新内容或目的外修改进行审理。一方面，当判断该修改合法时，复审合议组进行能否基于修改后的说明书等维持原驳回决定的审理；另一方面，当判断修改不合法（例如为超范围增加新内容或目的外修改）时，以将作出该修改不予接受的决定为前提进行审理，能否维持原驳回决定的审理是基于修改前的（驳回决定时的）说明书等进行。在该类情况下，通常是在复审决定中作出修改不予接受的决定（由法第 159 条第 1 款所适用的法第 53 条第 1 款），但是无法针对该修改不予接受的决定提出不服申诉（法第 53 条第 3 款），而是在复审的复审决定撤销诉讼（法第 178 条）中进行争辩（由法第 159 条第 1 款所适用的法第 53 条第 3 款）。

例如，当在复审请求时所限定性缩小的修改后权利要求中依然存在驳回理由（例如缺乏创造性）时，并非基于修改后的权利要求来判断能否维持原驳回决定。其原因是，该修改由于违反独立专利要件（由法第 17 条之 2 第 6 款所适用的法第 126 条第 7 款）而被不予接受，因而基于修改前（驳回决定时）的说明书等来进行能否维持原驳回决定的判断。当判定在复审请求时的修改不

— 285 —

合法时，复审合议组以不予接受该修改为前提（基于驳回决定时的说明书等）进行后续的审理。当经过审理后直接作出请求不成立的复审决定时，会在复审决定的理由中指出修改不予接受的决定的结论及理由（准许请求复审决定的情况也同样）。

当复审合议组就新的驳回理由发出驳回理由通知书时，会在对修改不予接受的决定进行通知的基础上，发出驳回理由通知书。

（5）针对审查阶段的修改不予接受决定的不服申诉

针对在审查阶段所作出的修改不予接受的不服，只能在复审中进行申诉（法第53条第3款）。

在对审查阶段所作出的修改不予接受决定不服并提出了复审请求的情况下，当复审请求人在复审请求时未进行修改时，首先复审审查员对审查阶段的修改不予接受决定是否合适进行判断。一方面，作为判断结果，当判定由审查员所作出的修改不予接受决定不合法时，以将在复审中撤销该修改不予接受决定为前提，进行后续的审理。换言之，进行能否基于该修改后的说明书等维持原驳回决定的审理。另一方面，当判定审查阶段的修改不予接受决定合法时，以修改不予接受决定后的说明书等（即作为驳回决定对象的说明书等）作为后续审理（能否维持原驳回决定）的对象。

在对审查阶段所作出的修改不予接受决定不服并提出了复审请求的情况下，当在复审请求时进行了修改及在对复审请求时的修改（包括在审查阶段不予接受的修改内容的修改）是否合适进行判断时，将参考复审请求书的请求理由中记载的针对修改不予接受决定的不服理由（修改合法的主张）。由此，复审合议组将实质上就对审查阶段的修改不予接受决定的不服进行判断。在修改是否合适的判断后，如果确定了作为审理对象的说明书等，则复审合议组将基于所确定的说明书等对审查员的驳回决定的理由是否妥当进行审理。在审理时，将对在驳回决定中审查员所指出的驳回理由或审查经过进行分析，并将参考复审请求人在复审请求书的"请求理由"中所主张的应当撤销原驳回决定的理由。当判定驳回决定妥当时，将作出维持原驳回决定的复审决定（维持驳回复审决定）。针对维持驳回复审决定，不可提出分案申请（法第44条第1款第2项）。

（6）多项权利要求

由于就算认定多项权利要求之中的一项权利要求中存在驳回理由也会基于此作出维持原驳回决定的复审决定（维持驳回复审决定），因此未必是对所有权利要求均进行了专利要件的判断。另外，即便存在多个驳回理由，只要认定一个驳回理由即可，因此未必是对其他驳回理由也进行了判断。也许是因为担心在复审决定撤销诉讼中败诉，往往是通过对最不具备创造性的一项权利要求认定驳回理由来对请求复审的所有权利要求作出维持驳回复审决定。因此有时会使人联想对于缴纳了高额复审请求费的复审请求人的发明究竟是否给予了充分的保护。

（7）公知技术等

作为日本特许厅的实际操作，为了示出公知技术、惯用技术或技术常识而引用新的文献通常不属于新的驳回理由，因此当新附加该类公知技术等并判定原驳回决定的驳回理由妥当时，有时会直接作出维持原驳回决定的复审决定（维持驳回复审决定）。然而，如果在复审审查员对引用文献的解释有误或者错误地将非公知技术认定为公知技术的情况下依然不给复审请求人陈述意见的机会而直接作出维持驳回的复审决定，则还是存在很大问题的。因此，复审请求人最好对在审查阶段所示出的所有现有技术或技术常识充分进行考虑，并进一步针对有可能被误认作公知技术的技术特征以书面或口头的方式预先向复审审查员充分进行说明。

★当复审决定示出了对驳回理由通知书或驳回决定中示出的理由进行附加或改变的判断时，姑且不论存在即使不给予当事人（请求人）陈述意见的机会也不会危害程序的公正及当事人（请求人）的利益等特殊原因的情况，只要不存在该类原因，就应当给予请求人提出意见书的机会（法第159条第2款、第50条）。并且，对于是否存在即使不给予请求人提出意见书的机会也不会危害程序的公正及当事人（请求人）的利益等特殊原因，如果是关于显而易见性有误的判断，则应当综合性地斟酌导致本申请发明被容易想到的作为基础的技术的定位、重要性、当事人（请求人）是否已获得了实质的防御机会等诸因素来进行判断……关于复审决定中认定及判定不同点1中的上述方案根据公知技术容易想到是否合适，给予作为请求人的原告提出意见书的机会必不可少，剥夺该机会存在危害程序公正及原告利益的程序上的瑕疵。该瑕疵会对复审决定的结论产生影响因而违法〔知识产权高等法院平成20年（行ケ）第10124号［科里奥利流量计的本质上安全的信号调节装置案］〕。

（8）依职权审查

由于作为复审或无效审查结论的审查决定的效力会产生波及第三人的较大影响，因此在复审或无效审查中采用复审审查员可以依职权对审查决定的基础资料积极地进行收集的方针（依职权审查原则）。特别是在复审中，依职权审查为审查原则，当原驳回决定的驳回理由不合适时，通常也可以在复审中对与驳回决定的理由不同的驳回理由依职权进行调查（法第 159 条第 2 款）。除了新的驳回理由以外，例如当原驳回决定的驳回理由不充分时，在复审中还可以依职权对原驳回决定中未示出的公知技术或惯用技术进行调查或者对原驳回决定中所引用的出版物的公开日进行调查。

当发现了与驳回决定的理由不同的驳回理由时，将发出关于该驳回理由的通知书，并给予申请人在合议组组长指定的期限（日本国内申请人为 60 日、外国申请人为 3 个月 + 可延长）内提出意见书的机会（由法第 159 条第 2 款所适用的法第 50 条）。

(9) 驳回理由通知

即使在复审阶段发现了在审查阶段所进行的权利要求书的修改属于目的外修改时，也不会对该修改不予接受（由法第 159 条第 1 款所适用的法第 53 条），并且也不构成驳回理由。当在复审阶段发现了在审查阶段所进行的说明书等的修改属于超范围增加新内容时，将在复审中发出驳回理由通知书（由法第 159 条第 2 款所适用的法第 50 条）。

当复审请求时的权利要求书的修改或复审请求后针对最后的驳回理由通知书的权利要求书的修改属于目的外修改时，适用修改不予接受决定的规定（由法第 159 条第 1 款所适用的法第 53 条），并在维持驳回复审决定中作出修改不予接受的决定。

当在复审请求时的说明书等的修改或复审请求后针对最后的驳回理由通知书的说明书等的修改中超范围增加了新内容时，虽然也属于"与驳回决定的理由不同的驳回理由"，但是优先适用修改不予接受决定的规定（由法第 159 条第 2 款所适用的法第 50 条但书），并在维持驳回复审决定中作出修改不予接受的决定。

关于在复审中发出的驳回理由通知书应当为"最初的驳回理由通知书"还是"最后的驳回理由通知书"，由于复审是以审查阶段的程序为前提所进行的"续审"，因此也会对在审查阶段中所发出的"最初的驳回理由通知书"进行考虑，来判断在复审阶段中发出的驳回理由通知书应当为"最初"还是"最后"。

① 对于包括从申请时就存在且应当在最初的驳回理由通知书（包括审查阶段的驳回理由通知书）中指出驳回理由的驳回理由通知书，原则上应当为最初的驳回理由通知书。

② 仅针对由于对最初的驳回理由通知书（包括审查阶段的驳回理由通知

书）进行的修改而产生需要通知的驳回理由进行通知的情况，应当为最后的驳回理由通知书。

③ 对于复审中的下列驳回理由，将作为例外发出最后的驳回理由通知书。

（a）当在说明书的记载上不存在轻微瑕疵以外的缺陷时，所发出的驳回理由通知书。

（b）由于不满足发明的单一性要件，因而就未进行审查（复审）的权利要求所发出的驳回理由通知书。

在针对前审的修改不予接受的决定提出不服且复审请求时未进行修改的情况下的驳回理由通知书中，应当与修改不予接受决定是否合法的判断相关联地在该驳回理由通知书中明示出驳回理由是基于哪一个说明书等作出的。

针对驳回理由通知书的答复基本上与审查阶段的答复相同。针对驳回理由通知书的答复期限中是向复审审查员提出会晤要求的较佳时机之一。有时以会晤或电话讨论为契机可以通过传真等方式进行非正式的修改草案、驳回理由的沟通，通过积极地与复审审查员进行意见沟通，从而能够顺利地获得授权复审决定。

复审平均时间	
从复审请求到最终处分的平均时间	
2009 年	25 个月
2010 年	24 个月
2011 年	20 个月
2012 年	15.8 个月
2013 年	12.6 个月
2014 年	12.4 个月
2015 年	12.5 个月

（10）撤回

复审请求可以在复审决定确定之前撤回（法第155条）。例如，日本特许厅希望当复审请求人对在复审中所发出的驳回理由通知书的内容进行考虑后，如果没有继续进行复审程序的意愿，则最好撤回复审请求。另外，日本特许厅希望复审请求人在撤回复审请求时最好尽早地告知合议组组长。其原因大概是为了减少待进行审理的件数从而对复审整体进行促进。另外，日本特许厅也不愿意针对好像没有继续意愿的复审请求案件漫不经心地作出维持驳回的复审决定，以防被提起复审决定撤销诉讼。复审请求人最好能够理解该情况，从协助日本特许厅促进审理的角度尽量就无继续意愿的案件撤回复审请求并告知合议组组长，以使真正需要审理的其他复审案件能够被细致地审理。

如果撤回了复审请求，则视为复审未被请求，因此驳回决定生效。为了避免该情况，最好在复审决定确定之前撤回专利申请。这样一来，驳回决定不会生效，有时能够最大限度地不给基于其他国家对应申请的权利行使带来不利影响。

（11）审理终结通知书

当就案件作出复审决定的时机成熟时，合议组组长将向复审请求人发出审理终结的通知书（审理终结通知书或结束审理通知书）（法第156条第1款）。当作出请求成立的复审决定（授权复审决定）时，也会发出审理终结通知书。审理终结通知书是向复审请求人预先通知即将作出复审决定的通知书，复审请求人在收到该通知书之后所提出的理由补充书等原则上不被作为审理的对象。"作出复审决定的时机成熟时"是指对审理所需的事实已完全进行考虑，对应当调取的证据已完全进行调查，已达到能够作出结论的状态。

（12）审理的重新启动

即使在发出了审理终结的通知书后，合议组组长也可以在必要时根据复审请求人的请求或依职权重新启动审理（法第156条第3款）。审理的重新启动是为了审理的完全性所进行的程序，在重大证据的调取未完成、审理终结通知书的发出与请求理由的补充相互错过、在先申请的驳回决定生效等情况下经合议组组长认可后进行。当就非常重要的复审请求案件收到审理终结通知书时，联系合议组组长在说明合理的理由的同时申请审理的重新启动也不失为一种对策。当审理被重新启动时，会通知复审请求人将重新启动审理。

14.7 复审决定

（1）复审决定是由作为行政部门的日本特许厅所作出的最终的行政处分，以复审审查员合议组过半数通过的方式作出。对于尚未结案的所有复审请求将作出复审决定，当复审请求被撤回时无须作出复审决定。存在复审决定应当在自审理终结通知日起20日内作出的训示规定（法第156条第4款）。在复审决定中应当记载复审编号、复审决定的结论及理由等规定的事项（法第157条第2款）。将以日本特许厅厅长的名义向复审请求人发送复审决定的副本。在实务中，复审决定副本的送达通常采用电子方式进行。当作出复审决定时，复审程序终止（法第157条第1款）。

复审决定包括授权复审决定（准许请求复审决定）及维持驳回复审决定（驳回请求复审决定）。除此以外，当复审审查员认为原审查员的驳回决定的理由不妥当时，也可以撤销原决定（驳回决定）并发回审查部门（发回重审复审决定）（法第 160 条第 1 款），但在一般实务中，不会作出发回重审复审决定。

当认为原审查员的驳回决定的理由不妥当时，通常在复审中会进一步进行审理，由复审审查员合议组依职权审查是否存在其他的驳回理由（法第 153 条第 1 款）。

一方面，当复审审查员合议组发现了新的驳回理由时，将以合议组组长的名义发出驳回理由通知书（法第 153 条第 2 款），经请求人针对驳回理由通知书进行答复后依然判定应当驳回时，将作出驳回复审请求（维持原驳回决定）的复审决定。针对维持驳回的复审决定不可提出分案申请。

另一方面，当未发现新的驳回理由或者经复审请求人针对复审合议组所发出的驳回理由通知书进行答复后克服了驳回理由时，将撤销原决定（驳回决定），并作出对本申请发明授予专利权的复审决定（授权复审决定）。针对授权复审决定也不可提出分案。

（2）复审决定撤销诉讼

由于复审决定是一种行政处分，因此与针对通常的行政处分的撤销诉讼同样，当对维持驳回的复审决定不服时，可以提起对其进行撤销的复审决定撤销诉讼。针对授权复审决定不能提出不服的申诉。复审决定撤销诉讼应当在自复审决定副本的送达日起 30 日（针对外国申请人附加 90 日）内以日本特许厅厅长为被告向东京高等法院（知识产权高等法院）提起（法第 178 条）。根据诉讼的专属管辖的规定，可提起复审决定等撤销诉讼的法院仅限于东京高等法院（知识产权高等法院）（法第 178 条第 1 款、知识产权高等法院设置法）。

14.8　复审的有效利用及注意事项

（1）审查主体的改变

有时因为与原审查的审查员沟通不畅或本申请发明的技术领域与审查部门不匹配等各种原因，改变审查主体更容易获得快速授权。在该类情况下，与其接受来自同一审查员的多次驳回理由通知书并反复缩小权利要求的范围，不如尽早收到驳回决定并请求复审，让复审审查员从不同的角度就较宽的权利要求进行审查来获得授权。

(2) 因轻微瑕疵导致的驳回决定

当错将轻微的瑕疵遗留在说明书中时，有时会收到驳回决定。在该类情况中，通过在请求复审的同时对轻微的瑕疵进行修改，往往能够在前置审查中迅速获得授权。在该类情况中，虽然从申请人的角度希望是尽可能发出最后的驳回理由通知书而非驳回决定，但在现实中有时也会存在明明知道是轻微的瑕疵却还会发出驳回决定的审查员，使申请人陷入不得不向特许厅缴纳高额复审请求费的境地。

(3) 针对专利要件的再审

当虽然就创造性进行了反驳但未被审查员接受而收到驳回决定时，为了接受特许厅再次严正、公平的审查可以提出复审请求。该情况是复审请求制度最原本的使命。可以根据需要通过在复审请求的同时进行修改，从而在对权利要求进一步进行整理后接受审查，通过会晤的方式确认复审审查员的想法，并最终获得授权。

(4) 违背程序的主张

在虽然是与之前所通知的驳回理由不同的新驳回理由却未被发出驳回理由通知书并且未被给予提出意见书的机会而是收到基于新驳回理由的驳回决定（法第50条）或者本应收到驳回理由通知书却收到了以修改违法为理由的修改不予接受决定和驳回决定等审查程序中存在瑕疵的情况下，可以在复审中主张审查员的审查违法。虽然由于复审合议组是针对复审请求的理由及请求所涉及发明的专利性进行自主判断，审查程序违法的主张未必能导致获得授权复审决定，但是我认为专利性主张以外的程序违法主张还是有价值的。以下列出了有可能被认定属于程序违法的情况。

① 以在驳回理由通知书中未指出的驳回理由作出驳回决定的情况；

② 作为上述情况的更具体的例子，在驳回理由通知书中仅指出了缺乏新颖性，但以缺乏创造性作出驳回决定的情况；

③ 以基于与驳回理由通知书中的主引用文献不同的主引用文献缺乏创造性的理由作出驳回决定的情况；

④ 虽然主引用文献相同，但是根据与驳回理由通知书中的否定创造性的逻辑构建完全不同的逻辑构建以缺乏创造性的理由作出驳回决定的情况；

⑤ 作为针对未附带根据法第50条之2规定的通知书的最初的驳回理由通知书的答复提出了补正书，却收到该修改不予接受的决定和驳回决定的情况；

⑥ 提出了仅针对说明书进行修改的补正书，却收到以属于违反法第17条

之2第5款规定的目的外修改为理由的修改不予接受的决定和驳回决定的情况。

（5）与分案申请的并用

在收到缺乏创造性的驳回理由的情况下，当从商业战略上考虑无论如何都不能对权利要求进行缩小时，可以在收到驳回决定后请求复审并以挑战性的权利要求再次请求审查。同时，为了安全起见可以预先提出分案申请，以具有易被授权的限定内容的权利要求在另外的申请中实现获得授权。究竟是以复审中的权利要求进行挑战还是以分案申请中的权利要求进行挑战可以随着情况而定，但一般来说最好以希望尽早授权的权利要求来提出复审请求。

（6）分案申请的机会

在收到驳回决定时由于修改限制等理由使得答复陷入僵局或者无法修改为所希望的权利要求等情况下，当由于其专利申请日为2007年3月31日以前因而如果不请求复审则无法提出分案申请时，有时会提出仅为了获得分案申请机会的名义上的复审请求。在该类情况下，虽然不得不向特许厅缴纳高额的复审请求手续费、分案申请手续费及分案申请的实审请求手续费，但是为了尽量减轻负担，可以在提出名义上的复审请求的同时将权利要求的项数削减为1项从而降低复审请求手续费。由于分案申请必须与复审请求同时提出，因此当以电子方式提出复审请求及分案申请时需要注意应当以电子方式同时发送两者的文件。有时由于操作的失误或电子系统上的问题，会发生仅发送了复审请求书而未发送分案申请请求书的事故。在该类情况下，可以通过立即再次发送分案申请请求书，使得分案申请被视为是与复审请求同时提出的。此时，虽然在分案申请请求书中记载了母申请的申请号，但除此以外不要记载刚被给出的复审号。其原因是，如果记载了复审号，则无法被视为同时提出分案申请。

第 15 章
与审查员等的会晤

15.1 会晤的参加人和会晤要求

（1）会晤

"会晤"是指用于使负责该专利申请的审查、复审的特许厅审查员或复审审查员与专利申请的代理人等就审查、复审实现意见沟通的面谈或利用电视会议系统的面谈，关于其程序在日本特许厅发行的"会晤指南"中进行了说明。用于意见沟通的"利用电话、传真等的联系"也作为适用"会晤"的程序来处理。

虽然也可以采用电话或电视会议系统方式的面谈，但还是前往日本特许厅实际面对面地向审查员等进行说明更佳。

（2）参加人和会晤要求

当委托专利代理人来代理该专利申请时，该专利代理人可以进行会晤，无代理权的专利代理人如果持有委托书则可以进行会晤。流程人员可以参加会晤。当没有代理人时，申请人本人或知识产权部的负责人员等可以进行会晤。

会晤的要求（约请）可以由申请人（专利代理人）或审查员等进行，申请时应当具体告知对方进行会晤的主旨或内容。申请人方的会晤申请通过书面或电话方式进行，审查员方主要通过电话方式进行。

除了存在无法进行会晤的事由的情况以外，通常双方均会同意进行会晤。以往日本特许厅一度存在拒绝会晤的倾向，但现在基本上会同意最初的会晤要求。

15.2　会晤的对象、时机及地点

可以针对处于审查中或复审中的专利申请进行会晤。在提出实审请求前、授权通知书后或维持驳回的复审决定后通常不会进行会晤。

由申请人方提出会晤要求的典型时机包括审查、复审中针对驳回理由通知书的答复期间中、处于前置审查中、审查前置解除通知书的发送后等。由审查员、复审审查员方提出的会晤约请多数是在针对驳回理由通知书进行答复之后进行的。

与审查员的会晤在日本特许厅办公大楼内的会晤室进行。

15.3　会晤的内容

（1）用于对本申请发明进行说明的会晤

代理人等可以向审查员等就本申请实施例的技术内容进行说明，针对本申请发明满足可实施要件并且满足被说明书所支持的支持要件进行说明。在说明时，为了便于理解，可以预先准备附图或流程图等资料，向审查员等出示。

（2）用于对具有创造性进行说明的会晤

代理人等可以向审查员等就本申请发明的技术问题、技术方案、技术效果简单进行说明，并对主引用发明进行简单说明后，对本申请发明与主引用发明之间的对比关系进行说明。可以进一步对本申请发明与主引用发明之间的不同点详细进行说明，并对具备创造性的理由进行说明。在该情况下，在说明时，为了便于理解，也可以预先准备附图或流程图等资料，向审查员等出示。

（3）用于对修改草案等进行说明的会晤

当本申请发明较复杂或者修改或改正译文错误的依据难以理解时，代理人等有时可以在正式向日本特许厅提交补正书、改正译文错误的书面请求、意见书等文件之前，预先向审查员等就该草案进行说明。通过说明，能够使审查员等的理解更深入，同时能够确认双方的意见。

15.4　会晤的效果

（1）会晤记录

会晤结束时，审查员等应当在代理人等的面前填写会晤记录。代理人等在对会晤记录的内容进行确认后，在会晤记录上签字。以往，代理人等需要签字及盖章，现在只要签字即可。会晤记录之后会成为查阅的对象。

（2）会晤后的程序

双方约定日后由审查员发出用于给予修改机会的驳回理由通知书或者由代理人等以传真方式提出修改草案。最终往往通过双方达成一致而获得授权。

15.5　关于会晤的注意事项

① 在会晤时，不要单方面地进行一连串的说明，而是最好一边确认审查员是否理解一边进行说明。当与复审审查员合议组进行会晤时，最好一边确认3人是否均已理解一边进行说明。随时接受提问，并应诚实回答。最好对于任何提问均保持笑容、细致地进行说明。针对不知道如何回答的提问，最好诚实地回答目前不知道，日后调查、考虑后再进行回答，而非刻意回避提问。虽然审查员、复审审查员中也有盛气凌人者，有时也会因会晤参加人的个人原因而非仅因本申请发明而被驳回，但是不要忘记自己是代理人的身份，最好为了申请人的利益保持忍耐，保持笑容进行细致的应对。

② 在会晤时，也可以视情况提出针对缺乏创造性的驳回理由的修改方案。在该情况下，可以基于修改方案的发明进行技术性说明。

③ 由于可以请求不将在会晤中口头说明的内容保留在作为申请文档的会晤记录中，因此会晤具有能够比较自由地发言、与书面方式相比就本发明与主引用发明的不同点等更易于说服审查员的优点。如果将所说明的内容作为会晤记录保留，则其会构成申请文档，因此对于不想记载在会晤记录中的内容，最好在审查员填写会晤记录之前就向其提出请求。

④ 需要进行会晤的案件原本就是对于本申请发明的创造性难以进行主张的案件，仅在这点上就是非常具有挑战性的工作。最好一边逐步确认审查员的反应，一边有条理地进行说明以使审查员能恍然大悟般地理解申请人预先准备好的本发明具有创造性的因果关系。由于有时也会因与事先预想的发明点略有不同的发明点而使审查员认可创造性，因此需要随机应变。当与复审合议组进行会晤时，应当尽力一边确认全部3名复审审查员的反应一边进行说明，以使所有复审审查员均能理解。通常往往是3人之中最年轻的复审审查员最为严格，因此最好对所有复审审查员均进行留神，而非仅留意合议组组长。

⑤ 双方就针对本申请发明的理解以及与主引用发明的不同点达成一致并

获得授权对于申请人本人来说固然很重要，但并不应仅此而已，在会晤中显示出诚意并与审查员或复审审查员建立信任关系对于今后将面临的案件也同样至关重要，甚至能给申请人本人带来更大的利益。

原版用语索引

说明：本索引的编制格式为原版词汇＋中文译文＋原版页码。

日文词汇	中文译文	原版页码
絶＜アルファベット＞		
PCT – PPH	PCT – PPH	11
PPH	PPH	11
PPH – MOTTAINAI	PPH – MOTTAINAI	12
STF	特别技术特征	194
STFに基づく審査対象	基于特别技术特征的审查对象	298、300、303
＜あ＞		
明らかに実施できない発明	显然无法实施的发明	240
後知恵	事后诸葛亮	68
新たな技術事項	新的技术内容	289
＜い＞		
意見書	意见书	20
意見書の記載項目の例	意见书的记载项目的例子	111
意見書の効果	意见书的效果	22
意見書の提出期間	意见书的提出期限	20
意見書の様式	意见书的格式	22
医師が行う工程	由医生进行的步骤	236
意識的除外	有意识的排除	121、125
異質な効果	性质不同的效果	59
一発明一特許の原則	一件发明一件专利的原则	246
一物一権主義	一物一权原则	246
一致点・相違点の認定	相同点及不同点的认定	51
一致点の認定に対する反論	针对相同点的认定的反驳	78
委任省令要件	委任省令要件	156、189

日文词汇	中文译文	原版页码
医療機器、医薬等の物の発明	医疗设备、医药等的产品发明	236
医療機器の作動方法	医疗设备的工作方法	236
引用形式請求項	引用形式权利要求	190
引用発明	引用发明	31
引用発明中の内容の示唆	引用发明中的内容的暗示	56
引用発明の組合せと本願発明との相違点の主張	关于引用发明的组合与本申请发明的不同点的主张	101
引用発明の認定	引用发明的认定	42、50
引用発明の認定に対する反論	针对引用发明的认定的反驳	78
引用文献記載事項の認定に対する反論	针对引用文献记载内容的认定的反驳	75
引用文献中の示唆不存在に基づく反論	基于引用发明中不存在暗示的反驳	85
引用文献の記載事項の認定	引用文献的记载内容的认定	41、50

<お>

日文词汇	中文译文	原版页码
親出願	母申请	328

<か>

日文词汇	中文译文	原版页码
下位概念	下位概念	42
下位概念化又は付加する補正	下位概念化或附加的修改	286
外国語書面出願及び外国語特許出願の特例	外文文本申请及外文专利申请的特例	283
外的付加	外在附加	102
拡大先願	抵触申请	259、260
課題の共通性	技术问题的共同性	55
課題の共通性に関する反論	关于技术问题的共同性的反驳	82
簡潔性要件	简洁性要件	188
簡潔性要件違反の類型	违反简洁性要件的类型	188
刊行物	出版物	30
刊行物に記載された発明	出版物所记载的发明	30
慣用技術	惯用技术	31、143

<き>

日文词汇	中文译文	原版页码
記載されているに等しい事項	等于记载的内容	30

日文词汇	中文译文	原版页码
技術	技术	222、227
技術常識	技术常识	30、142
技術的思想	技术思想	222
技術的特徵	技术特征	194
技術的特徵変更補正	技术特征变更修改	295、296
技術分野の関連性	技术领域的关联性	54
技術分野の関連性に関する反論	关于技术领域的关联性的反驳	81
機序・原理	机制、原理	89
機能的クレーム	功能性权利要求	34、63
機能的クレームに関する主張	关于功能性权利要求的主张	94
業として利用できない発明	无法作为事业进行利用的发明	240
拒絶査定不服審判	复审	345
拒絶理由通知	驳回理由通知书	12
均等論	等同侵权	124

<け>

原出願	原申请	328

<こ>

効果の参酌	效果的参考	60
工業所有権法	工业所有权法	221
公然実施をされた発明	公开实施的发明	30
公然知られた発明	为公众所知的发明	29
公知発明	公知发明	27
誤記の訂正	笔误的订正	318
子出願	子申请	328
誤訳訂正	改正译文错误	278
コンピュータソフトウェア関連発明	计算机软件相关发明	230

<さ>

最後の拒絶理由通知	最后的驳回理由通知书	14
最初の拒絶理由通知	最初的驳回理由通知书	14
先後願	在先在后申请	247
サブコンビネーションクレーム	构件权利要求	38、64

原版用语索引

日文词汇	中文译文	原版页码
サブコンビネーションクレームに関する主張	关于构件权利要求的主张	95
サポート要件	支持要件	161
サポート要件違反の類型	违反支持要件的类型	163
作用、機能の共通性	作用、功能的共同性	55
作用、機能の共通性に関する反論	关于作用、功能的共同性的反驳	84
産業上の利用可能性	产业上的可利用性	223、233

＜し＞

日文词汇	中文译文	原版页码
自然法則	自然规律	222
実施可能要件	可实施要件	141
実施不能	不能实施	43
シフト補正	SHIFT 修改	296
シフト補正以外の審査対象	SHIFT 修改以外的审查对象	297
主引例	主引用文献	51
主引用発明	主引用发明	51
従属請求項についての主張	关于从属权利要求的主张	103
従属請求項の種類	从属权利要求的种类	198
周知技術	公知技术	31、143
周知の認定に対する反論	关于公知认定的反驳	98
出願経過参酌	申请文档参考原则	118
出願審査の請求	实质审查的请求	6
上位概念	上位概念	42
上位概念化、削除又は変更する補正	上位概念化、删除或改变的修改	284
商業的成功	商业上的成功	69
情報の単なる提示	信息的单纯表示	227
職権探知	依职权审查	358
新規事項追加補正	超范围增加新内容修改	281
新規性	新颖性	27
新規性喪失の例外	不丧失新颖性的例外	46
新規性の判断の手順	新颖性的判断步骤	31
審決	复审决定	361

日文词汇	中文译文	原版页码
審決取消訴訟	复审决定撤销诉讼	362
審査基準	审查基准	4
審査対象	审查对象	197、297
審査対象の決定手順	审查对象的确定步骤	203
審査の効率性に基づく審査対象	基于审查效率性的审查对象	299、301、303
審査の効率性に基づく審査対象の決定工程	基于审查效率性的审查对象的确定步骤	205
人体から資料を収集する方法	从人体收集资料的方法	239
人体に対する作用工程	针对人体的作用步骤	236
審判官	复审审查员	351
審判合議体による審理	由复审合议组进行的审理	351
審判請求ができる時期	可提出复审请求的时机	347
審判請求人	复审请求人	345
審判請求の手続	复审请求的手续	347
進歩性	创造性	47
進歩性ある物の製造方法等の発明	具有创造性的产品的制造方法等的发明	69
進歩性欠如の拒絶理由に対する反論	针对缺乏创造性的驳回理由的反驳	72
進歩性欠如の説明責任	缺乏创造性的说明责任	72
進歩性判断の手順	创造性的判断步骤	49
進歩性否定の例	否定创造性的例子	71
審理終結通知	审理终结通知书	360
審理の再開	审理的重新启动	360
審理の対象	审理对象	355

<す>

日文词汇	中文译文	原版页码
推測	推测	43
数値限定	数值限定	287
数値限定クレーム	数值限定权利要求	40、66
数値限定クレームに関する主張	关于数值限定权利要求的主张	96
スーパー早期審査制度	超级加快审查制度	10
図面に基づく補正	基于附图的修改	288
図面の補正	附图的修改	290

原版用语索引 **IP**

日文词汇	中文译文	原版页码
<せ>		
請求項1に係る発明	权利要求1所涉及发明	196
製造方法不明な物等	制造方法不明的产品等	42
施行規則	施行规则	4
設計的事項	常规手段	57
設計変更等	常规改变等	56
設計変更等に関する反論	关于常规改变等的反驳	87
先願	先申请原则	245
先行技術文献情報	现有技术文献信息	158
選択肢を有する請求項	具有并列选择项的权利要求	69
選択発明	选择发明	40、67
選択発明に関する主張	关于选择发明的主张	97
前置審査	前置审查	349
前置審査解除	前置审查解除	355
<そ>		
早期審査制度	加快审查制度	9
創作	创造	222
阻害事由	阻碍理由	60
阻害要因	阻碍因素	60
阻害要因に基づく主張	基于阻碍因素的主张	90
阻害要因の類型	阻碍因素的类型	61
続審	续审	352
<た>		
単純方法	单纯方法	145
単なる寄せ集め	简单叠加	57
単なる寄せ集めに関する反論	关于简单叠加的反驳	88
<ち>		
置換可能性	替换可能性	125
置換容易性	替换容易性	124
中位概念	中位概念	43
中間体	中间物	213
直列従属系列請求項	串列形式从属体系的权利要求	219

日文词汇	中文译文	原版页码
直列従属請求項	串列从属权利要求	198
<つ>		
通常のPPH	通常的PPH	11
通常の早期審査制度	通常的加快审查制度	10
<て>		
手続違背の主張	违背程序的主张	363
手続補正書	补正书	17
<と>		
同一性の判断	相同性的判断	45
同一性の判断の手法	相同性的判断手法	251
動機づけ	启示	54
当業者	所属领域技术人员	47
同質の効果	性质相同的效果	59
当初明細書	原始说明书	281
当初明細書に記載した事項	原始说明书所记载的内容	282
特別な技術的特徴	特别技术特征	194
特別な技術的特徴（STF）に基づく審査対象の決定工程	基于特别技术特征（STF）的审查对象的确定步骤	205
特別な技術的特徴（STF）の発見工程	特别技术特征（STF）的发现步骤	203
特別な技術的特徴と新規性との関係	特别技术特征与新颖性的关系	199
特別な技術的特徴の判断基準	特别技术特征的判断基准	198
独立形式請求項	独立形式权利要求	190
独立して特許可能	可独立授权	318
特許出願前	专利申请前	27
特許請求の範囲の限定的減縮	权利要求书的限定性缩小	313
特許請求の範囲の補正の類型	权利要求书的修改的类型	284
<な>		
内的付加	内在附加	103
<に>		
人間から採取したものを処理する方法	对人体采取物进行处理的方法	239

日文词汇	中文译文	原版页码
人間を手術する方法	对人进行手术的方法	233
人間を診断する方法	对人进行诊断的方法	235
人間を治療する方法	对人进行治疗的方法	234

<の>

除くクレーム	排除式权利要求	287

<は>

ハードウェア資源	硬件资源	231
発見	发现	223
発明	发明	222
発明該当性	不属于发明的客体	221、223
発明特定事項	发明特征	194
発明のカテゴリー	发明的类别	144
発明の単一性	发明的单一性	193
ハンドブック	手册	4
頒布	发布	30

<ひ>

微差	细微差别	251、266
ビジネスモデル発明	商业模式发明	242
美的創造物	美术创作品	228
非本質性	非本质性	123

<ふ>

副引用発明	副引用发明	52
副引例	副引用文献	53
複数の相違点に関する主張	关于多个不同点的主张	100
複数の手続補正書	多份补正书	279
複数の反論、主張	多方面反驳、主张	104
プログラム	程序	230
プロダクト・バイ・プロセス・クレーム	方法限定产品权利要求	39、65、136、185、256
プロダクト・バイ・プロセス・クレームに関する主張	关于方法限定产品权利要求的主张	96
分割出願	分案申请	327、334

日文词汇	中文译文	原版页码
分割出願可能時期	可提出分案申请的时机	332
分割出願に関する留意事項	关于分案申请的注意事项	341
分割出願についての形式的要件	关于分案申请的形式要件	330
分割出願についての実体的要件	关于分案申请的实体要件	332
分割出願の活用	分案申请的有效利用	339
分割出願の効果	分案申请的效果	337
分割出願の手続	分案申请的手续	335

<へ>

並列従属請求項	并列从属权利要求	198
返還請求	退款请求	8

<ほ>

法源	法源	5
包袋禁反言	申请文档禁止反悔原则	120
冒認出願	冒认申请	268
冒認出願の先願の地位	冒认申请的在先申请的地位	249
補正の効果	修改的效果	18
補正の根拠	修改的依据	291
補正の時期的要件	修改的时机要件	273
本願	本申请	31
本願発明	本申请发明	32
本願発明と引用発明との対比	本申请发明与引用发明的对比	44
本願発明の認定	本申请发明的认定	32、49
本願発明の認定に対する反論	针对本申请发明的认定的反驳	73
本願明細書中の従来技術	本申请说明书中的现有技术	68

<ま>

マーカッシュ形式請求項	马库什形式权利要求	189、288
孫出願	孙申请	328
まとめ審査	集中审查	299、301、303

<め>

明確性違反の類型	清楚性缺陷的类型	174
明確性要件	清楚性要件	172
明細書の補正の類型	说明书的修改的类型	289

日文词汇	中文译文	原版页码
明瞭でない記載の釈明	不清楚记载的澄清	319
面接	会晤	367
面接に関する留意事項	关于会晤的注意事项	369

<も>

日文词汇	中文译文	原版页码
目的外補正	目的外修改	311、312

<ゆ>

日文词汇	中文译文	原版页码
優先権と拡大先願	优先权与抵触申请	262
有利な効果	有益效果	58
有利な効果に基づく主張	基于有益效果的主张	88

<よ>

日文词汇	中文译文	原版页码
容易想到性	容易想到性	52
用途限定クレーム	用途限定权利要求	35、63
用途限定クレームに関する主張	关于用途限定权利要求的主张	95
用途発明	用途发明	36
要約書	摘要	129、276

<り>

日文词汇	中文译文	原版页码
リサイクル品	再利用产品	131
臨界的意義	临界意义	67

<る>

日文词汇	中文译文	原版页码
類推	类推	43

<ろ>

日文词汇	中文译文	原版页码
論理づけ	逻辑构建	53
論理づけに関する反論	关于逻辑构建的反驳	80

原版条文索引

说明：本索引的编制格式为原版条文+中文译文+原版页码。

日文条文	中文译文	原版页码
民法	民法	
第 85 条	第 85 条	293
民事訴訟法	民事诉讼法	
第 40 条第 1 項	第 40 条第 1 款	346
第 40 条第 2 項	第 40 条第 2 款	346
行政手続法	行政手续法	
第 5 条	第 5 条	5
特許法	专利法	
第 1 条	第 1 条	141、221
第 2 条	第 2 条	247
第 2 条第 1 項	第 2 条第 1 款	181、221、222、225、294
第 2 条第 3 項	第 2 条第 3 款	142、143、204
第 2 条第 3 項第 1 号	第 2 条第 3 款第 1 项	147
第 4 条	第 4 条	332
第 5 条第 1 項	第 5 条第 1 款	20
第 6 条第 4 項第 1 号	第 6 条第 4 款第 1 项	155
第 6 条第 6 項第 1 号	第 6 条第 6 款第 1 项	155
第 9 条	第 9 条	294
第 17 条	第 17 条	17
第 17 条の 2	第 17 条之 2	13、17、273
第 17 条の 2 第 1 項各号	第 17 条之 2 第 1 款各项	17
第 17 条の 2 第 1 項柱書	第 17 条之 2 第 1 款前段	273
第 17 条の 2 第 1 項第 1 号	第 17 条之 2 第 1 款第 1 项	14、312、353

日文条文	中文译文	原版页码
第 17 条の 2 第 1 項第 3 号	第 17 条之 2 第 1 款第 3 项	14、312
第 17 条の 2 第 1 項第 4 号	第 17 条之 2 第 1 款第 4 项	312、329、331、349
第 17 条の 2 第 3 項	第 17 条之 2 第 3 款	18、227、281、283、311、312、323、325、333、340
第 17 条の 2 第 4 項	第 17 条之 2 第 4 款	195、214、277、278、295、296、297、300、301、302、303、304、306、309、312、325
第 17 条の 2 第 4 項第 4 号	第 17 条之 2 第 4 款第 4 项	293、321
第 17 条の 2 第 5 項	第 17 条之 2 第 5 款	14、16、18、278、309、311、312、324、325、330、337、343、349、364
第 17 条の 2 第 5 項第 1 号	第 17 条之 2 第 5 款第 1 项	313
第 17 条の 2 第 5 項第 2 号	第 17 条之 2 第 5 款第 2 项	313、314、315
第 17 条の 2 第 5 項第 3 号	第 17 条之 2 第 5 款第 3 项	318、319、320、321、322
第 17 条の 2 第 5 項柱書	第 17 条之 2 第 5 款前段	312
第 17 条の 2 第 6 項	第 17 条之 2 第 6 款	14、16、18、278、314、325、330、337、343、355
第 17 条の 3	第 17 条之 3	276
第 18 条	第 18 条	248
第 18 条の 2	第 18 条之 2	18、248、249、276
第 18 条の 2 第 1 項	第 18 条之 2 第 1 款	330、332
第 29 条	第 29 条	15、172、252、260、305、318
第 29 条の 2	第 29 条之 2	13、248、252、257、259、265、266、267、268、297、318、338
第 29 条の 2 第 1 項	第 29 条之 2 第 1 款	264、265
第 29 条の 2 第 2 項	第 29 条之 2 第 2 款	265
第 29 条第 1 項	第 29 条第 1 款	13、44、72、80、199、257、288、297
第 29 条第 1 項柱書	第 29 条第 1 款前段	13、105、181、221、294
第 29 条第 1 項各号	第 29 条第 1 款各项	27、45、48、198、199
第 29 条第 1 項第 3 号	第 29 条第 1 款第 3 项	16、159、200、252

日文条文	中文译文	原版页码
第29条第2项	第29条第2款	13、47、72、80、84、106、108、122、297、321、324
第30条	第30条	46
第30条第1项	第30条第1款	30
第30条第2项	第30条第2款	30、46
第30条第3项	第30条第3款	338
第32条	第32条	13、288、318
第34条第1项	第34条第1款	330
第34条の2	第34条之2	345
第36条	第36条	13、15、105、134、141、143、305、320、321、324、340
第36条の2	第36条之2	334
第36条の2第2项	第36条之2第2款	338
第36条の2第2项ただし書	第36条之2第2款但书	338
第36条の2第4项	第36条之2第4款	283
第36条第1项第1号	第36条第1款第1项	162
第36条第3项	第36条第3款	143
第36条第4项	第36条第4款	141、144
第36条第4项第1号	第36条第4款第1项	141、142、156、157、160、289、315、317、318
第36条第4项第2号	第36条第4款第2项	158、159、289、309
第36条第5项	第36条第5款	32、49、141
第36条第6项	第36条第6款	141、161、318
第36条第6项第1号	第36条第6款第1项	161、324
第36条第6项第2号	第36条第6款第2项	34、66、96、136、161、172、181、182、187、324
第36条第6项第3号	第36条第6款第3项	161、188
第36条第6项第4号	第36条第6款第4项	161、189、309
第37条	第37条	13、105、193、194、195、197、200、208、213、219、295、296、297、305、307、309、339

日文条文	中文译文	原版页码
第 39 条	第 39 条	13、245、246、252、256、257、258、259、260、265、267、268、297、337、338、340
第 39 条第 1 項	第 39 条第 1 款	253、318
第 39 条第 1 項第 3 号	第 39 条第 1 款第 3 项	321
第 39 条第 2 項	第 39 条第 2 款	251、253、254、255、256、318、339、342
第 39 条第 3 項	第 39 条第 3 款	318
第 39 条第 4 項	第 39 条第 4 款	318
第 39 条第 5 項	第 39 条第 5 款	339、340
第 39 条第 6 項	第 39 条第 6 款	339
第 41 条	第 41 条	329
第 41 条第 2 項	第 41 条第 2 款	28、250、263
第 41 条第 3 項	第 41 条第 3 款	262
第 41 条第 4 項	第 41 条第 4 款	338
第 43 条	第 43 条	329
第 43 条の 2	第 41 条之 2	329
第 43 条第 1 項	第 43 条第 1 款	338
第 43 条第 2 項	第 43 条第 2 款	338
第 44 条	第 44 条	17、23、327、329
第 44 条第 1 項	第 44 条第 1 款	328、330、332、333、335、336、343
第 44 条第 1 項各号	第 44 条第 1 款各项	331
第 44 条第 1 項第 1 号	第 44 条第 1 款第 1 项	329、331、333
第 44 条第 1 項第 2 号	第 44 条第 1 款第 2 项	329、331、350、356
第 44 条第 1 項第 3 号	第 44 条第 1 款第 3 项	329、330、331
第 44 条第 2 項	第 44 条第 2 款	28、262、328、337
第 44 条第 4 項ただし書	第 44 条第 4 款但书	261、338
第 44 条第 3 項	第 44 条第 3 款	338
第 44 条第 4 項	第 44 条第 4 款	336、338
第 44 条第 5 項	第 44 条第 5 款	331
第 44 条第 6 項	第 44 条第 6 款	332

日文条文	中文译文	原版页码
第46条第6项	第46条第6款	28
第46条の2第2项	第46条之2第2款	28
第47条第1项	第47条第1款	4
第47条第2项	第47条第2款	4
第48条の2	第48条之2	6
第48条の3第1项	第48条之3第1款	6、7、337、338
第48条の3第2项	第48条之3第2款	7、337、338、341
第48条の3第3项	第48条之3第3款	7
第48条の3第4项	第48条之3第4款	7、249、337
第48条の5第2项	第48条之5第2款	6
第48条の6	第48条之6	9
第48条の7	第48条之7	158、160、161、274
第49条	第49条	4、13、330、345
第49条第1号	第49条第1项	277、292、307
第49条第5号	第49条第5项	158、161
第49条第6号	第49条第6项	284
第49条第7号	第49条第7项	250
第50条	第50条	4、12、13、17、20、274、275、335、353、354、357、358、359、363
第50条の2	第50条之2	14、15、215、216、218、256、277、307、308、309、312、322、326、328、329、330、337、339、364
第51条	第51条	4
第53条	第53条	4、16、292、307、322、358
第53条第1项	第53条第1款	277、278、355
第53条第3项	第53条第3款	355、356
第66条	第66条	350
第66条第1项	第66条第1款	128、338
第68条	第68条	128
第69条	第69条	240
第69条第2项第2号	第69条第2款第2项	294

日文条文	中文译文	原版页码
第 70 条	第 70 条	18、22
第 70 条第 1 項	第 70 条第 1 款	128、136、172
第 72 条	第 72 条	253、255
第 74 条	第 74 条	250
第 98 条第 1 項第 1 号	第 98 条第 1 款第 1 项	19
第 107 条第 4 項	第 107 条第 4 款	178
第 108 条第 1 項	第 108 条第 1 款	350
第 108 条第 3 項	第 108 条第 3 款	331
第 113 条	第 113 条	330
第 113 条第 1 号	第 113 条第 1 项	277、278、292
第 113 条第 4 号	第 113 条第 4 项	255
第 113 条第 5 号	第 113 条第 5 项	284
第 114 条第 2 項第 3 号	第 114 条第 2 款第 3 项	248
第 121 条	第 121 条	276、345
第 121 条第 1 項	第 121 条第 1 款	345
第 121 条第 2 項	第 121 条第 2 款	347
第 123 条	第 123 条	330、348
第 123 条第 1 項第 1 号	第 123 条第 1 款第 1 项	277、278、292、311
第 123 条第 1 項第 2 号	第 123 条第 1 款第 2 项	255
第 123 条第 1 項第 5 号	第 123 条第 1 款第 5 项	284
第 125 条	第 125 条	248
第 126 条第 7 項	第 126 条第 7 款	355
第 131 条第 1 項	第 131 条第 1 款	347
第 132 条第 3 項	第 132 条第 3 款	346
第 133 条第 1 項	第 133 条第 1 款	346
第 133 条第 3 項	第 133 条第 3 款	346
第 135 条	第 135 条	346、347
第 136 条	第 136 条	4、351
第 137 条	第 137 条	351
第 138 条	第 138 条	351
第 139 条第 6 号	第 139 条第 6 项	351
第 148 条	第 148 条	345
第 149 条	第 149 条	345

日文条文	中文译文	原版页码
第153条第1项	第153条第1款	362
第153条第2项	第153条第2款	362
第155条	第155条	360
第156条第1项	第156条第1款	360
第156条第3项	第156条第3款	361
第157条第1项	第157条第1款	361
第157条第2项	第157条第2款	361
第158条	第158条	352
第159条	第159条	352
第159条第1项	第159条第1款	277、278、292、307、311、322、355、358
第159条第2项	第159条第2款	13、352、353、354、357、358、359
第160条第1项	第160条第1款	331、332、361
第162条	第162条	345、349
第163条第1项	第163条第1款	292
第163条第3项	第163条第3款	331、350
第164条第1项	第164条第1款	350
第164条第2项	第164条第2款	292、351
第164条第3项	第164条第3款	351
第178条	第178条	355、362
第178条第1项	第178条第1款	362
第184条の12第1项	第184条之12第1款	274
第184条の12第2项	第184条之12第2款	284
第184条の18	第184条之18	284
第184条の3	第184条之3	28、250、329
第184条の3第1项	第184条之3第1款	263
第184条の4第1项	第184条之4第1款	283
第184条の4第6项	第184条之4第6款	274
第185条	第185条	19
第194条第1项	第194条第1款	336、344
第195条第2项	第195条第2款	331
第195条第9项	第195条第9款	8

日文条文	中文译文	原版页码
第 195 条別表	第 195 条附表	7、335、349
第 195 条の 3	第 195 条之 3	5
施行令	施行令	
第 12 条	第 12 条	4
施行規則	施行规则	
第 11 条様式 13 の備考 7	第 11 条表格 13 备考 7	349
第 13 条の 2	第 13 条之 2	6
第 24 条様式第 29	第 24 条表格第 29	146
第 24 条の 2	第 24 条之 2	156
第 24 条の 3	第 24 条之 3	189
第 24 条の 3 第 1 号	第 24 条之 3 第 1 项	189
第 24 条の 3 第 2 号	第 24 条之 3 第 2 项	190
第 24 条の 3 第 3 号	第 24 条之 3 第 3 项	190
第 24 条の 3 第 4 号	第 24 条之 3 第 4 项	190
第 25 条の 4	第 25 条之 4	263
第 25 条の 8	第 25 条之 8	193、194、200
第 25 条の 8 第 1 項	第 25 条之 8 第 1 款	194
第 25 条の 8 第 2 項	第 25 条之 8 第 2 款	194
第 25 条の 8 第 3 項	第 25 条之 8 第 3 款	195
第 46 条	第 46 条	347
実用新案法	实用新型法	
第 10 条	第 10 条	23
意匠法	外观设计法	
第 13 条	第 13 条	23、228、341
手数料令	手续费令	
第 1 条第 2 項	第 1 条第 2 款	7
パリ条約	巴黎公约	
第 4 条 B	第 4 条 B	28、263、350

原版判例索引

说明：本索引的编制格式为原版项目+原版页码。

項目	頁
東京高裁昭和 31 年 12 月 11 日判決、昭和 30 年（行ナ）第 39 号	247
東京高裁昭和 31 年 12 月 25 日判決、昭和 31 年（行ナ）第 12 号	226
東京高裁昭和 38 年 10 月 31 日判決、昭和 34 年（行ナ）第 13 号	98
東京高裁昭和 44 年 2 月 25 日判決、昭和 37 年（行ナ）第 199 号	59
最高裁昭和 50 年 7 月 10 日判決、昭和 42 年（行ツ）第 29 号	247
最高裁昭和 51 年 4 月 30 日判決、昭和 51 年（行ツ）第 9 号	42
東京地裁昭和 51 年 10 月 15 日判決、昭和 50 年（ワ）第 11 号	119
東京高裁昭和 52 年 9 月 7 日判決、昭和 44 年（行ケ）第；107 号	59
東京地裁昭和 54 年 5 月 21 日判決、昭和 51 年（ワ）第 902 号	119
大阪地裁昭和 55 年 2 月 29 日判決、昭和 53 年（ワ）第 952 号	119
最高裁昭和 55 年 7 月 4 日判決、昭和 53 年（行ツ）第 69 号	30
東京高裁昭和 55 年 12 月 8 日判決、昭和 54 年（行ケ）第 114 号	67
東京高裁昭和 57 年 3 月 18 日判決、昭和 55 年（行ケ）第 177 号	55
東京地裁昭和 59 年 5 月 14 日判決、昭和 57 年（ワ）第 10801 号	134
大阪地裁昭和 59 年 6 月 28 日判決、昭和 56 年（ワ）第 9453 号	126
東京高裁昭和 59 年 12 月 20 日判決、昭和 56 年（行ケ）第 93 号	41
大阪地裁昭和 61 年 1 月 20 日判決、昭和 59 年（ワ）第 1675 号	121
東京地裁昭和 61 年 2 月 26 日判決、昭和 56 年（ワ）第 2886 号	121
東京高裁昭和 61 年 9 月 29 日判決、昭和 61 年（行ケ）第 29 号	264
東京高裁昭和 62 年 7 月 21 日判決、昭和 59 年（行ケ）第 180 号	67

項目	頁
東京高裁平成1年6月20日判決、昭和60年（行ケ）第167号	47
東京地裁平成1年7月24日判決、昭和62年（ワ）第1201号	119
東京高裁平成1年10月12日判決、昭和63年（行ケ）第107号	67
東京高裁平成2年2月13日判決、昭和63年（行ケ）第133号	223
最高裁平成2年7月17日判決、平成2年（行ツ）第39号	47
東京高裁平成2年9月20日判決、平成1年（行ケ）第226号	266
東京高裁平成2年12月27日判決、昭和63年（行）第4号	33
最高裁平成3年3月8日判決、昭和62年（行ツ）第3号	33
東京高裁平成3年6月27日判決、平成2年（行ケ）第182号	55
東京高裁平成4年12月9日判決、平成元年（行ケ）第180号	69
東京高裁平成5年12月21日判決、平成4年（行ケ）第116号	33
東京高裁平成6年9月22日判決、平成4年（行ケ）第214号	68
東京高裁平成7年10月19日判決、平成6年（行ケ）第78号	34
東京高裁平成8年5月30日判決、平成6年（行ヶ）第97号	267
東京高裁平成9年6月17日判決、平成8年（ネ）第4682号	136
東京高裁平成9年9月25日判決、平成6年（行ヶ）第43号	91
東京高裁平成9年11月18日判決、平成8年（行ケ）第310号	101
最高裁平成10年2月24日判決、平成6年（オ）第1083号	18、22
東京高裁平成10年2月24日判決、平成7年（行ケ）第169号	97
東京高裁平成10年4月14日判決、平成8年（行ケ）第26号	91
東京高裁平成10年5月13日判決、平成6年（行ケ）第274号	74
東京高裁平成10年5月28日判決、平成8年（行ケ）第91号	62、91
東京高裁平成10年6月3日判決、平成8年（行ケ）第252号	75
東京高裁平成10年7月9日判決、平成9年（行ヶ）第317号	98
東京高裁平成10年7月9日判決、平成9年（行ヶ）第137号	100
東京高裁平成10年7月28日判決、平成8年（行ヶ）第136号	59
東京高裁平成10年9月3日判決、平成5年（行ヶ）第205号	97
東京高裁平成10年10月15日判決、平成8年（行ヶ）第262号	56
東京高裁平成10年10月27日判決、平成9年（行ヶ）第198号	60

項目	頁
東京高裁平成 10 年 11 月 26 日判決、平成 7 年（行ケ）第 112 号	91
東京地裁平成 10 年 12 月 22 日判決、平成 8 年（ワ）第 22124 号	94、130、135
東京高裁平成 11 年 2 月 10 日判決、平成 10 年（行ケ）第 131 号	62
東京高裁平成 11 年 5 月 26 日判決、平成 9 年（行ケ）第 130 号	89
東京高裁平成 11 年 5 月 26 日判決、平成 9 年（行ケ）第 206 号	222、228
東京地裁平成 11 年 5 月 31 日判決、平成 10 年（ワ）第 17867 号	126
京都地裁平成 11 年 9 月 9 日判決、平成 8 年（ワ）第 1597 号	343
東京高裁平成 12 年 2 月 1 日判決、平成 10 年（ネ）第 5507 号	22
知財高裁平成 12 年 3 月 14 日判決、平成 11 年（行ケ）第 213 号	319
東京地裁平成 13 年 3 月 3 日判決、平成 12 年（ワ）第 8204 号	122
東京高裁平成 13 年 3 月 28 日判決、平成 12 年（ネ）第 2087 号	125
東京地裁平成 13 年 3 月 30 日判決、平成 12 年（ワ）第 8204 号	122
大阪高裁平成 13 年 4 月 19 日判決、平成 11 年（ネ）第 2198 号	115、127、131
知財高裁平成 13 年 4 月 25 日判決、平成 10 年（行ケ）第 401 号	264
東京高裁平成 13 年 5 月 23 日判決、平成 11 年（行ケ）第 246 号	287
東京地裁平成 13 年 9 月 28 日判決、平成 11 年（ワ）第 25247 号	134
大阪地裁平成 13 年 10 月 9 日判決、平成 10 年（ワ）第 12899 号	120
東京高裁平成 13 年 10 月 31 日判決、平成 12 年（行ケ）第 354 号	148、154
東京高裁平成 13 年 11 月 1 日判決、平成 12 年（行ケ）第 238 号	55、116
東京高裁平成 13 年 12 月 27 日判決、平成 12 年（行ケ）第 396 号	290
東京高裁平成 14 年 1 月 31 日判決、平成 12 年（行ケ）第 385 号	72
東京高裁平成 14 年 4 月 11 日判決、平成 12 年（行ケ）第 65 号	233
東京高裁平成 14 年 4 月 25 日判決、平成 11 年（行ケ）第 285 号	43
東京高裁平成 14 年 4 月 30 日判決、平成 13 年（ネ）第 2296 号	124
東京高裁平成 14 年 7 月 13 日判決、平成 12 年（行ケ）第 388 号	54
東京高裁平成 14 年 8 月 22 日判決、平成 13 年（ネ）第 3394 号	135
東京高裁平成 15 年 2 月 26 日判決、平成 13 年（ネ）第 3453 号	133
東京高裁平成 15 年 3 月 13 日判決、平成 13 年（行ケ）第 346 号	174
知財高裁平成 15 年 3 月 25 日判決、平成 13 年（行ケ）第 519 号	85

項目	頁
東京地裁平成 16 年 12 月 28 日判決、平成 15 年（ワ）第 19733 号	136
知財高裁平成 17 年 6 月 2 日判決、平成 17 年（行ケ）第 10112 号	97
大阪高裁平成 17 年 6 月 30 日判決、平成 17 年（ネ）第 217 号	122、131
大阪地裁平成 17 年 7 月 21 日判決、平成 16 年（ワ）第 10541 号	118
知財高裁平成 17 年 11 月 11 日判決、平成 17 年（行ケ）第 10042 号	5、171、172
大阪地裁平成 17 年 12 月 15 日判決、平成 17 年（ワ）第 4204 号	125
知財高裁平成 18 年 6 月 6 日判決、平成 17 年（行ケ）第 10564 号	33
知財高裁平成 18 年 6 月 29 日判決、平成 17 年（行ケ）第 10490 号	88
知財高裁平成 18 年 9 月 28 日判決、平成 18 年（ネ）第 10007 号	33、134
知財高裁平成 18 年 10 月 11 日判決、平成 17 年（行ケ）第 10717 号	81
知財高裁平成 18 年 11 月 19 日判決、平成 18 年（行ケ）第 10227 号	37
知財高裁平成 19 年 3 月 28 日判決、平成 18 年（行ケ）第 10211 号	77
知財高裁平成 19 年 3 月 29 日判決、平成 18 年（行ケ）第 10422 号	54
知財高裁平成 19 年 3 月 29 日判決、平成 18 年（行ケ）第 10422 号	87
知財高裁平成 19 年 7 月 19 日判決、平成 18 年（行ケ）第 10488 号	82
最高裁平成 19 年 11 月 8 日判決、平成 18 年（受）第 826 号	137
知財高裁平成 19 年 12 月 18 日判決、平成 18 年（行ケ）第 10537 号	74
知財高裁平成 19 年 12 月 25 日判決、平成 19 年（行ケ）第 10148 号	94
知財高裁平成 20 年 3 月 19 日判決、平成 19 年（行ケ）第 10159 号	322
知財高裁平成 20 年 3 月 27 日判決、平成 19 年（行ケ）第 10147 号	170
知財高裁平成 20 年 4 月 23 日判決、平成 19 年（ネ）第 10096 号	123
知財高裁平成 20 年 5 月 30 日判決、平成 18 年（行ケ）第 10563 号	282
知財高裁平成 20 年 6 月 24 日判決、平成 19 年（行ケ）第 10369 号	225
知財高裁平成 20 年 10 月 30 日判決、平成 20 年（行ケ）第 10107 号	182
知財高裁平成 20 年 11 月 26 日利決、平成 19 年（行ケ）第 10406 号	150、181
知財高裁平成 20 年 12 月 24 日判決、平成 20 年（行ケ）第 10188 号	75
知財高裁平成 21 年 1 月 28 日判決、平成 20 年（行ケ）第 10096 号	53、84、86
知財高裁平成 21 年 2 月 17 日判決、平成 20 年（行ケ）第 10026 号	86、99
知財高裁平成 21 年 2 月 26 日判決、平成 20 年（行ケ）第 10128 号	265

項目	頁
知財高裁平成 21 年 3 月 25 日判決、平成 20 年（行ケ）第 10261 号	75
知財高裁平成 21 年 5 月 26 日判決、平成 20 年（行ケ）第 10394 号	321、324
知財高裁平成 21 年 6 月 24 日判決、平成 21 年（行ケ）第 10002 号	77
知財高裁平成 21 年 7 月 29 日判決、平成 20 年（行ケ）第 10237 号	187
知財高裁平成 21 年 9 月 29 日判決、平成 20 年（行ケ）第 10484 号	167
知財高裁平成 21 年 11 月 5 日判決、平成 21 年（行ケ）第 10081 号	91
知財高裁平成 21 年 11 月 11 日判決、平成 20 年（行ケ）第 10483 号	155、187、266
知財高裁平成 22 年 1 月 28 日判決、平成 21 年（行ケ）第 10265 号	102
東京地裁平成 22 年 2 月 24 日判決、平成 20 年（ワ）第 2944 号	120
知財高裁平成 22 年 2 月 25 日判決、平成 21 年（行ケ）第 10352 号	333、334
知財高裁平成 22 年 3 月 24 日判決、平成 21 年（行ケ）第 10179 号	93
知財高裁平成 22 年 3 月 24 日判決、平成 21 年（行ケ）第 10281 号	187
東京地裁平成 22 年 4 月 23 日判決、平成 20 年（ワ）第 18566 号	127
知財高裁平成 22 年 7 月 14 日判決、平成 21 年（行ケ）第 10412 号	99
知財高裁平成 22 年 7 月 15 日判決、平成 21 年（行ケ）第 10238 号	90
知財高裁平成 22 年 7 月 20 日判決、平成 21 年（行ケ）第 10246 号	171
知財高裁平成 22 年 10 月 28 日判決、平成 22 年（行ケ）第 10064 号	101
知財高裁平成 22 年 12 月 22 日判決、平成 19 年（行ケ）第 10059 号	80
知財高裁平成 23 年 1 月 18 日判決、平成 22 年（行ケ）第 10055 号	90
知財高裁平成 23 年 1 月 31 日判決、平成 22 年（行ケ）第 10260 号	80
知財高裁平成 23 年 1 月 31 日判決、平成 22 年（行ケ）第 10075 号	84
知財高裁平成 23 年 2 月 3 日判決、平成 22 年（行ケ）第 10184 号	92
知財高裁平成 23 年 2 月 8 日判決、平成 22 年（行ケ）第 10056 号	96
知財高裁平成 23 年 2 月 28 日判決、平成 22 年（行ケ）第 10221 号	163
知財高裁平成 23 年 3 月 17 日判決、平成 22 年（行ケ）第 10237 号	80
知財高裁平成 23 年 4 月 14 日判決、平成 22 年（行ケ）第 10247 号	151
知財高裁平成 23 年 5 月 30 日判決、平成 22 年（行ケ）第 10363 号	346
東京地裁平成 23 年 8 月 30 日判決、平成 21 年（ワ）第 35411 号	126
知財高裁平成 23 年 10 月 4 日判決、平成 22 年（行ケ）第 10329 号	99

項目	頁
知財高裁平成 23 年 10 月 11 日判決、平成 23 年（行ケ）第 10050 号	90
知財高裁平成 23 年 10 月 24 日判決、平成 22 年（行ケ）第 10245 号	44、72
知財高裁平成 23 年 11 月 29 日判決、平成 23 年（行ケ）第 10106 号	182
知財高裁平成 23 年 11 月 30 日判決、平成 23 年（行ケ）第 10018 号	89
知財高裁平成 23 年 12 月 26 日判決、平成 22 年（行ケ）第 10407 号	92
知財高裁平成 24 年 1 月 16 日判決、平成 23 年（行ケ）第 10130 号	88
知財高裁平成 24 年 1 月 27 日判決、平成 22 年（ネ）第 10043 号	39
知財高裁平成 24 年 1 月 31 日判決、平成 23 年（行ケ）第 10121 号	79
知財高裁平成 24 年 1 月 31 日判決、平成 23 年（行ケ）第 10142 号	82
知財高裁平成 24 年 6 月 6 日判決、平成 23 年（行ケ）第 10254 号	163
知財高裁平成 24 年 6 月 13 日判決、平成 23 年（行ケ）第 10228 号	79
知財高裁平成 24 年 6 月 14 日判決、平成 24 年（行ケ）第 10084 号	347
知財高裁平成 24 年 6 月 26 日判決、平成 23 年（行ケ）第 10299 号	325
知財高裁平成 24 年 8 月 8 日判決、平成 23 年（行ケ）第 10358 号	102
知財高裁平成 24 年 9 月 19 日判決、平成 23 年（行ケ）第 10398 号	103
知財高裁平成 24 年 9 月 27 日判決、平成 23 年（行ケ）第 10385 号	77
大阪地裁平成 24 年 10 月 18 日判決、平成 23 年（ワ）第 10712 号	243
知財高裁平成 24 年 10 月 29 日判決、平成 24 年（行ケ）第 10076 号	172
知財高裁平成 24 年 11 月 27 日判決、平成 23 年（行ケ）第 10211 号	77
知財高裁平成 24 年 11 月 29 日判決、平成 23 年（行ケ）第 10425 号	93
知財高裁平成 24 年 12 月 13 日判決、平成 23 年（行ケ）第 10339 号	166
知財高裁平成 25 年 1 月 17 日判決、平成 24 年（行ケ）第 10166 号	85、93
知財高裁平成 25 年 1 月 30 日判決、平成 24 年（行ケ）第 10233 号	78
知財高裁平成 25 年 1 月 31 日判決、平成 24 年（行ケ）第 10020 号	147
知財高裁平成 25 年 2 月 6 日判決、平成 22 年（行ケ）第 10155 号	56
知財高裁平成 25 年 2 月 7 日判決、平成 24 年（行ケ）第 10148 号	58
知財高裁平成 26 年 3 月 25 日判決、平成 25 年（行ケ）第 10193 号	82
知財高裁平成 25 年 4 月 10 日判決、平成 24 年（行ケ）第 10328 号	83
知財高裁平成 27 年 3 月 19 日判決、平成 26 年（行ケ）第 10184 号	57

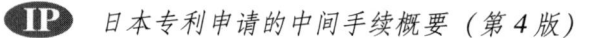

項目	頁
最高裁平成27年6月5日判決、平成24年（受）第2658号	39、96、136、185
最高裁平成27年6月5日判決、平成24年（受）第1204号	185
知財高裁平成28年2月17日判決、平成26年（行ケ）第10272号	354
知財高裁平成28年2月24日判決、平成27年（行ケ）第10130号	227
知財高裁平成28年3月23日判決、平成27年（行ケ）第10165号	100
知財高裁平成28年3月23日判決、平成27年（行ケ）第10127号	100

原版专栏索引

说明：本索引的编制格式为原版词条＋中文译文＋原版页码。

日文词条	中文译文	原版页码
以下、以上、未満、超える等	以下、以上、未满、超过等	178
意見書における重要な主張	意见书中的重要主张	111
意見書における必須ではない主張	意见书中的非必要的主张	110
意見書の効果	意见书的效果	22
一次審査着手前の取下・放棄の件数	审查启动前的撤回或放弃的件数	9
一致点・相違点の認定の例	相同点及不同点的认定的例子	51
引用発明認定の例	引用发明认定的例子	44、50
引用文献記載事項認定の例	引用文献记载内容认定的例子	42、50
主な拒絶の理由	主要的驳回理由	13
及び、並びに、若しくは、又は	及、以及、或、或者	242
外的付加の応答の例	外在附加的答复例	104
刊行物に記載された発明	出版物所记载的发明	30
拒絶理由となるが異議理由、無効理由とはならないもの	构成驳回理由但不构成异议理由、无效理由	309
均等論	等同侵权	124
権利行使への影響が比較的小さい意見書の主張	对于权利行使的影响较小的意见书主张	117
権利行使を制限し得る意見書の主張	可能会限制权利行使的意见书主张	115
権利範囲の解釈	权利范围的解释	137
サポート要件違反の類型	违反支持要件的类型	168
産業上利用することができる発明についての問題点	关于产业上可利用发明的问题点	241
実施可能要件違反の類型	违反可实施要件的类型	152

日文词条	中文译文	原版页码
シフト補正の要件以外の審査対象となる発明	作为SHIFT修改以外要件的审查对象的发明	304
主引用発明に副引用発明を適用する動機付け	将副引用发明应用到主引用发明的启示	54
従属請求項の種類	从属权利要求的种类	198
十大発明家	日本十大发明家	269
主要な法定期間、指定期間	主要的法定期限、指定期限	139
出願経過参酌	申请文档参考原则	118
上位概念、下位概念	上位概念、下位概念	43
新規性判断の手順	新颖性判断的步骤	31
審査手続の流れ	审查程序的流程	3
審判請求件数と結果別件数	复审请求件数和各结果件数	350
進歩性が肯定される方向に働く要素	肯定创造性方面的要素	53
進歩性が否定される方向に働く要素	否定创造性方面的要素	53
進歩性肯定のための有利な効果	用于肯定创造性的有益效果	60
進歩性判断に関する留意事項	关于创造性判断的注意事项	69
進歩性判断の手順	创造性判断的步骤	49
進歩性否定の例	否定创造性的例子	71
進歩性欠如の拒絶理由に対する反論	针对缺乏创造性的驳回理由的反驳	73
審理期間	复审时间	360
戦略的な請求項の補正	战略性的权利要求的修改	129
単一性の要件以外の審査の対象となる発明	作为单一性以外要件的审查对象的发明	212
単純方法の発明の実施形態	单纯方法发明的实施方式	145
中間手続の法源	中间手续的法源	5
手続補正の効果	补正的效果	18
当初明細書等に記載された事項	原始说明书等所记载的内容	283
動機付け以外に進歩性が否定される方向に働く要素	启示以外的否定创造性方面的要素	58
特定の場合における「同一又は対応するSTF」の判断類型	特定情况下的"相同或对应的特别技术特征"的判断类型	213
独立項と従属項	独立权利要求和从属权利要求	190
特許出願時における平均請求項数	专利申请时的平均权利要求数	8
特許第1号	专利第1号	220

日文词条	中文译文	原版页码
内的付加の応答の例	内在附加的答复例	103
発明に該当しないものの類型	不属于发明的类型	229
発明のカテゴリー	发明的类别	144
発明の単一性の基本的な判断類型	发明单一性的基本判断类型	201
発明の日	发明日	258
場合、とき、時	情况、时	161
平均審査期間	平均审查时间	9
平均審理期間	平均复审时间	360
放棄、取下、却下	放弃、撤回、视为未提出	249
包袋禁反言	申请文档禁止反悔原则	120
包袋禁反言の影響の可能性	申请文档禁止反悔原则的影响的可能性	127
包袋禁反言等を構成し得る書面	能够构成申请文档禁止反悔原则等的书面文件	122
補正の制限	修改的限制	279
補正の留意事項	修改的注意事项	133
補正の例	修改的例子	128
補正却下の対象となるが異議理由、無効理由とはならないもの	构成修改不予接受的对象但不构成异议理由、无效理由	309
本願発明と引用発明との対比の例	本申请发明与引用发明的对比的例子	45
本願発明認定の資料	本申请发明认定的资料	34
本願発明の認定の例	本申请发明认定的例子	41、49
本書で引用した訴訟事件番号中の符号の意味	在本书中所引用的诉讼案件编号中的符号的含义	46
マーカッシュ形式請求項	马库什形式权利要求	189
みなす、推定する	视为、推定	258
明確性要件違反の類型	清楚性要件缺陷的类型	186
明細書には「発明の詳細な説明」という欄は存在しない	说明书中不存在"发明的详细说明"一栏	143
目的外補正	目的外修改	313
物を生産する方法の発明の実施形態	产品制造方法发明的实施方式	146
物の発明の実施形態	产品发明的实施方式	145
用途発明	用途发明	37
論理づけに関する反論	关于逻辑构建的反驳	81

译者后记

首先非常感谢原著作者大贯进介先生对于我翻译此书给予的莫大信任及帮助。我曾受教于大贯先生的日本专利制度讲座并多次就日本专利实务问题向先生直接请教。针对我提出的问题，大贯先生总会根据其自身的丰富经验给予极其精准且非常易懂的答疑解惑，使我在日本专利制度的学习道路上受益匪浅。

与介绍中国专利制度的日文著作相比，介绍日本专利制度的中文著作，特别是涉及日本专利申请实务操作的中文著作仍然较少，想见国内不懂日语的同仁往往很难获得关于日本专利制度的第一手资料。希望本书能为国内的专利申请人、专利代理人等实务从业者提供借鉴参考。

古人云"闻道有先后，术业有专攻"，本人才疏学浅，对于日本专利制度也仅是略窥一斑，非常期待各方专家及各位读者对本书的中文翻译给予批评指正。

另外，在此对为本书出版付出辛勤劳动的卢海鹰老师、可为老师、龙文老师深表感谢。同时对我的家人的支持也表示感谢。

张小珣
2019 年 10 月